新编大学计算机基础实训教程

黄正鹏　余廷忠　主编

顾嘉楠　时帅帅　陈小青　副主编

电子工业出版社·

Publishing House of Electronics Industry

北京·**BEIJING**

内 容 简 介

本书是《新编大学计算机基础教程》（主教材）配套的实训教材，在教学内容选取、教学方法运用、教学环节设计、训练任务设置、教学资源配置等方面都力求创新。

本书主要实训内容为计算机基础实验、Windows 操作系统、Word 2016 文字处理、Excel 2016 表格处理、PowerPoint 2016 演示文稿制作、WPS 办公软件，以及程序设计基础及实践。本书力求做到基本知识条理化、技能训练层次化、教学资源多样化，充分发挥学习者的主观能动性，提高知识应用能力，强化对学习者动手能力和职业能力的训练。本书采用样例驱动模式，所用样例的遴选及内容的编写充分贴近日常生活，注重学以致用。

此外，本书精编了适用期末复习和考试的综合复习题库，内容涵盖主教材的所有章节。

本书内容丰富、层次清晰，侧重应用能力的培养和计算思维的训练，适合作为应用型本科院校计算机公共课的配套教材和普通高等院校、职业院校各专业信息技术基础课程的配套教材。本书也可以作为计算机操作的培训教材及计算机爱好者的自学参考书。

图书在版编目（CIP）数据

新编大学计算机基础实训教程 / 黄正鹏，余廷忠主编. -- 北京 : 电子工业出版社，2024. 9. -- ISBN 978-7-121-48653-1

Ⅰ. TP3

中国国家版本馆 CIP 数据核字第 2024GS2952 号

责任编辑：吴　琼　　文字编辑：张　彬
印　　刷：湖北画中画印刷有限公司
装　　订：湖北画中画印刷有限公司
出版发行：电子工业出版社
　　　　　北京市海淀区万寿路 173 信箱　邮编 100036
开　　本：787×1 092　1/16　印张：15　字数：384 千字
版　　次：2024 年 9 月第 1 版
印　　次：2024 年 9 月第 1 次印刷
定　　价：52.00 元

凡所购买电子工业出版社图书有缺损问题，请向购买书店调换。若书店售缺，请与本社发行部联系，联系及邮购电话：(010) 88254888，88258888。

质量投诉请发邮件至 zlts@phei.com.cn，盗版侵权举报请发邮件至 dbqq@phei.com.cn。

本书咨询联系方式：(010) 88254573，zyy@phei.com.cn。

前　　言

本书是电子工业出版社出版的《新编大学计算机基础教程》（主教材）配套的实训教材。本书以计算机的日常应用为核心，旨在提高学生动手操作、活学活用及学以致用的计算机基本技能，最终培养学生使用计算机解决实际问题的综合能力。

第 1 章～第 6 章按章编排实验，包括计算机基础实验、Windows 操作系统、Word 2016 文字处理、Excel 2016 表格处理、PowerPoint 2016 演示文稿制作及 WPS 办公软件，实验的设计充分考虑了对主教材的辅助作用，以及实用性、代表性及学以致用性，充分体现设计性及创新性等特点。

第 7 章为程序设计基础及实践，以编程语言为平台，介绍程序设计的思想和方法。通过本章的学习及实践，学生将掌握程序设计基础知识，更重要的是在实践中逐步掌握程序设计的思想和方法，提升求解问题的能力。因此，本章是以培养程序设计基本方法和技能为目标，以实践能力为重点的特色鲜明的章节。

第 8 章为综合复习题库，设置了多种类型的题目，用于强化和训练，题型包括选择题、填空题、判断题及操作题等，后面附有参考答案。题目内容较为经典，注重概念性、基础性、实用性及操作性，能够覆盖主教材各章主要知识点及计算机相关应用领域。

本书由黄正鹏、余廷忠任主编，顾嘉楠、时帅帅、陈小青任副主编。第 1 章、第 2 章、第 7 章由黄正鹏编写；第 8 章及参考答案由余廷忠编写；第 3 章和第 6 章（文字处理部分）由顾嘉楠编写；第 4 章和第 6 章（表格处理部分）由时帅帅编写；第 5 章和第 6 章（演示文稿制作部分）由陈小青编写；最后由黄正鹏、余廷忠负责统稿。

使用本书的学校可与作者联系索取相关教学资料（E-mail：61194610@qq.com）。

本书内容丰富、层次清晰，侧重应用能力的培养和计算思维的训练，适合作为应用型本科院校计算机公共课的配套教材和普通高等院校、职业院校各专业信息技术基础课程的配套教材。本书也可以作为计算机操作的培训教材及计算机爱好者的自学参考书。

由于本书涉及计算机多个方面的相关知识，加之编者水平有限，疏漏与不足之处在所难免，恳请广大读者与专家批评指正。

编　者
2024 年 6 月

目　　录

第1章 计算机输入基础

1.1 键盘输入技能

【实训目的】

1．熟悉键盘结构，熟记各键的位置，了解常用键、快捷键的使用。
2．了解键盘字母的分布结构和输入文字的标准。
3．掌握英文字母大小写、各种符号的输入方法及汉字输入法的使用。

【实训内容】

1．了解键盘的结构与功能。
2．学习击键规则与手指分工。
3．进行键盘输入练习。

【实训要求】

1．掌握键盘的基本结构和各个键位的基本功能。
2．掌握正确的击键姿势、方法和技巧。
3．自我强化键盘输入训练，为实现快速盲打的目标打下坚实基础。

【任务1】 熟悉键盘的结构和功能

常见的键盘有 101 键及 104 键等规格。为了便于记忆与理解，根据功能的不同，这些键被划分为功能键区、状态指示区、主键盘区、编辑键区及辅助键区，如图 1-1 所示。以下将对键盘的各个键区进行详细介绍。

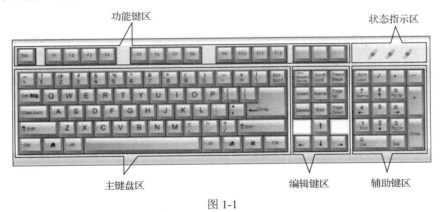

图 1-1

1．功能键区

功能键区位于键盘顶部，包括 Esc 键（取消键）、F1 至 F12 键（特殊功能键）、PrintScreen

键（屏幕打印键）、ScrollLock 键（滚动锁定键）、Pause 键（暂停键）。

2．状态指示区

状态指示区包括 CapsLock 键的指示灯、NumLock 键的指示灯和 ScrollLock 键的指示灯。当用户按 CapsLock 键、NumLock 键或 ScrollLock 键时，相应的指示灯将被点亮或熄灭，以表示键盘的当前状态。

3．主键盘区

主键盘区是键盘的主体部分，包含字母键、数字键、符号键和控制键。该区域主要用于在文档中输入数字、文字和符号等文本内容。

4．编辑键区

编辑键区位于主键盘区的右侧，主要用于移动鼠标指针和执行翻页操作。该区域包括四个方向键（↑、↓、←、→键）、Insert 键（插入键）、Delete 键（删除键）、Home 键（行首键）、End 键（行尾键）、PageUp 键（向上翻页键）和 PageDown 键（向下翻页键）等。

5．辅助键区

辅助键区位于键盘的右侧，又称小键盘区。该区域主要为了方便输入数据而设计，其中大部分为双字符键。这包括 0 至 9 数字键及常用的加减乘除运算符号键，主要用于输入数字和执行基本的算术运算。

【任务 2】 熟悉键盘指法

键盘指法是一种技术，规定了如何分配十根手指以操作键盘上的各个键位。为每根手指分配特定的键位，旨在最大限度地发挥每根手指的功能，并实现无须注视键盘的输入，即盲打。盲打不仅能提高输入速度，还能增强文字处理的准确性和效率。

1．基本键位

主键盘区设有八个基准键，分别为 A、S、D、F、J、K、L、；键。在输入时，左右手的八根手指（不包括大拇指）应依次平放在这些键位上。同时，两只手的大拇指应放置在键盘最下方的空格键上，如图 1-2 所示。

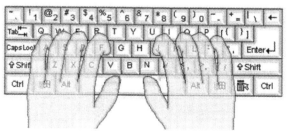

图 1-2

2．手指分工

在使用键盘输入的过程中，十根手指各负其责。遵循正确的手指分工进行按键，能有效提升输入的速度，并有可能实现盲打。部分键位正确的手指分工如图 1-3 所示。

图 1-3

3．正确的击键方法

在进行键盘输入之前，手指应放置在各自的基准键上。输入过程中，进行击键的手指应迅速敲击目标键，避免持续按住目标键，并在完成后立即返回其基准键位置，为下一次按键操作做好准备。左右手的大拇指共同负责空格键的敲击。

实践证明，这种分工能有效提高击键的准确性和速度。在进行键盘指法训练时，应保持正确的坐姿和准确的指法。键盘输入的首要要求是准确性，其次才是速度。在确保准确性的基础上，对于速度的要求如下：初学者的及格标准为每分钟 50 个中文字符及以上，良好标准为每分钟 80 个中文字符及以上，优秀标准为每分钟 120 个中文字符及以上。

1.2　文字输入

【实训目的】

利用近一个学期的课余时间，按照指法规则进行文字输入训练，以达到非计算机专业学生每分钟至少录入 40 个中文字符，计算机专业学生每分钟至少录入 50 个中文字符的标准。

【实训内容】

1．利用微软拼音输入法进行键盘输入练习。

2．利用五笔输入法进行键盘输入练习。

【实训要求】

1．能够安装和设定适合自己的输入法。

2．进行自我强化键盘输入训练。

【任务 1】　使用微软拼音输入法

1．打开微软拼音-新体验 2010

在语言栏上单击"键盘"按钮，然后在弹出的菜单中选择"微软拼音-新体验 2010"命令，如图 1-4 所示。随后，微软拼音输入法的状态条将显示在语言栏中，如图 1-5 所示。

图 1-4

图 1-5

2．中英文输入切换

用户在输入中文文本时，可能经常需穿插输入英文单词或英文缩略语。针对这种情况，微软拼音输入法为用户提供了多种输入方法。使用时，输入法能够自动识别以大写字母开头的英文单词，在将英文转换为中文之前，用户按 Enter 键即可。这种方式适合输入含有少量英文单词的中文文本。为了满足连续输入较多英文单词的需求，用户可以单击状态条上的"中/英文"按钮来切换输入状态；也可以通过快捷键进行切换。操作步骤如下：

a．在状态条上单击"功能菜单"按钮，弹出"功能"菜单。

b．选择"输入选项"命令，打开"Microsoft Office 微软拼音新体验（或简捷）2010 输入选项"（以下简称"输入选项"）对话框。

c．切换到"常规"选项卡。

d．在"中英文输入切换键"选项下选择适当的快捷键，然后单击"确定"按钮。

注意：中英文输入切换设置在微软拼音-新体验 2010 和微软拼音-简捷 2010 中均适用。

3．候选设置

在微软拼音输入法中，候选设置的作用是调整候选词的显示方式，如横排或竖排，以及是否在输入时显示候选窗口。此外，用户还可以设置候选词的个数。这些设置允许用户根据个人偏好定制输入法的外观和行为，以提高输入效率和用户体验。操作步骤如下：

a．打开"输入选项"对话框，切换到"高级"选项卡。

b．在"候选设置"选项下选中"横排"或"竖排"单选项。

c．选中"输入时显示候选窗口"复选框。这样可以确保用户在打字时，候选窗口会显示出来，方便选择。

d．单击"确定"按钮，保存所做的更改。

注意：候选设置仅在微软拼音-新体验 2010 中有效。

4．输入板设置

在"输入板插件设置"对话框中，用户可以调整插件在输入板中的显示顺序，以及添加或移除插件。在移除插件时，必须确保输入板中至少保留一个插件。操作步骤如下：

a．单击状态条上的"输入板"按钮，打开输入板。

b．单击左上角的"输入板"按钮。

c．在弹出的"输入板"菜单中选择"输入板插件菜单"命令。

d．在弹出的"输入板插件"菜单中选择"设置"命令，打开"输入板插件设置"对话框。

5．字符集设置

微软拼音输入法允许用户根据需要选择不同的字符集，以支持更广泛的汉字和符号输入。这对于需要使用特殊字符或非标准汉字的用户尤其有用。操作步骤如下：

a．打开"输入选项"对话框，切换到"高级"选项卡。在"字符集"选项下，用户可以选择以下预设的字符集之一。

● 简体中文：包含现代汉语中常用的汉字。

● 繁体中文：包含繁体汉字、非规范汉字及现代汉语中的传承字。

● 大字符集：结合了简体和繁体字符集，涵盖了 GBK 编码（针对汉字的字符编码标准）中的大部分汉字和符号。

b．选择完毕后，单击"确定"按钮以保存设置。

用户还可以通过在状态条上单击"字符集"按钮，在弹出的"字符集"菜单中选择相应的字符集进行快速选择。

注意：字符集设置功能适用于微软拼音-新体验 2010 和微软拼音-简捷 2010 两种输入风格。

6．拼音设置

拼音模式允许用户根据个人习惯和输入效率的需求，选择不同的拼音输入方式。操作步骤如下：

a．打开"输入选项"对话框，切换到"常规"选项卡。在"拼音设置"选项下，用户可以选择以下拼音方式。

（1）全拼。在全拼模式下，每个汉字都得用完整的拼音输入。比如，要输入"一只可爱的小花猫"，必须输入"yizhikeaidexiaohuamao"。

（2）简拼。在简拼模式下，用户可以只用声母来输入汉字。比如，输入"中国""大家"，只需输入"zhg""dj"即可。使用简拼模式可以减少击键次数，但通常候选词多、转换准确率较低。即使选择了简拼模式，用户也可以使用全拼，以提高转换准确率。

（3）双拼。在双拼模式下，每个汉字借助两个键输入，用第一个键输入声母，用第二个键输入韵母。双拼可以提高输入速度，但需要用户记住键位和声母及韵母的对应关系。

（4）模糊拼音。对于担心口音影响输入的用户，模糊拼音提供了解决方案。启用模糊拼音模式后，用户输入的混淆拼音及其模糊音也会作为候选词出现。例如，设置"sh，s"模糊音对后，输入"si"时，"四"和"十"都会作为候选词出现。微软拼音输入法支持 11 个模糊音对，如表 1-1 所示。

表 1-1　模糊音对

模糊音对	默　　认	模糊音对	默　　认
zh，z	是	f，hu	否
ch，c	是	wang，huang	是
sh，s	是	ang，an	是
n，l	否	eng，en	是
l，r	否	ing，in	是
f，h	否		

b．以自定义双拼方案为例，选中"双拼"单选项，单击"双拼方案"按钮，在打开的"双拼方案"对话框中逐个选中键位，并定义对应的声母和韵母。单击"另存为"按钮，为定制的双拼方案命名并保存。

注意：微软拼音-新体验 2010 和微软拼音-简捷 2010 中均适用拼音设置。

7．输入拼音

要输入"大家喜欢和他去打球"，则连续输入拼音，输入过程如图 1-6 所示。

图 1-6

位于虚线上方的是组字窗口，该窗口展示用户输入的拼音转换成的汉字。虚线下方是候选窗口，其中在首位显示的候选词是微软拼音输入法根据当前输入的拼音推测的转换结果，其后面的候选词是当前输入的拼音可能对应的全部汉字或词组。用户可通过按下 PageDown 键或 PageUp 键浏览更多的候选选项。

8．转换汉字

微软拼音-新体验 2010 采用基于语句的连续转换机制，用户可以连续输入整句话的拼音，无须中断，输入法将自动执行拼音到汉字的转换过程；也可通过使用空格键，将当前输入的拼音强制转换为高亮显示的候选汉字，或者按相应的数字键，将拼音转换为指定的候选汉字。

若输入出现错误，用户可在输入过程中进行即时修正，也可在输入整句话后进行修改。通过按←键或→键来定位鼠标指针，然后选择正确的候选汉字。例如，若用户在输入完整语句后希望将"他"更正为"她"，则应首先使用箭头键将鼠标指针移动至"他"之前，然后按"3"键完成更正，如图 1-7 所示。

9．修改拼音

在输入过程中，用户也可将组字窗口中的汉字转换回其对应的拼音，以便进行进一步的编辑和修改。操作步骤如下：

a．将鼠标指针移到某个汉字的左边，如图 1-8 所示。

图 1-7   图 1-8

b．使用 Shift+Backspace 快捷键，将汉字转换回拼音，如图 1-9 所示。

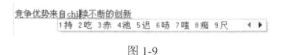

图 1-9

10．确认输入

在用户完成输入确认步骤之前，拼音与组字窗口内的信息尚未被传输至编辑器。若此时用户按 Esc 键，则拼音与组字窗口中的所有内容将被清除。用户可按 Enter 键或空格键进行确认。若按 Enter 键，则拼音与组字窗口中的所有内容，包括尚未转换为汉字的拼音，将一并传输至编辑器，如图 1-10 所示；若按空格键，而拼音仍有未转换为汉字的拼音，则系统将先完成转换，如图 1-11 所示。

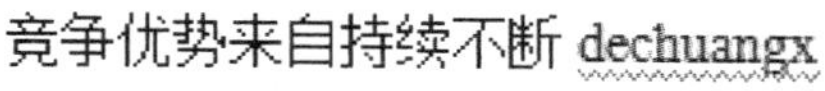

竞争优势来自持续不断 dechuangx

图 1-10

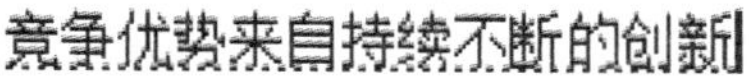

竞争优势来自持续不断的创新

图 1-11

注意：用户可以自定义设置 Enter 键的功能是"待转换汉字直接输入"还是"拼音转换"，默认设置为"待转换汉字直接输入"。

11．搜索关键词

在微软拼音-简捷 2010 中，如需对正在输入的内容进行搜索，可按↑或↓键选择要搜索的关键词，然后单击"搜索"按钮，如图 1-12 所示，可以直接通过默认搜索提供商提供的搜索功能对此关键词进行搜索。

图 1-12

用户也可以单击"默认搜索"按钮或按 Ctrl+F8 快捷键对正在输入的词语进行搜索。如状态条上没有"默认搜索"按钮，可右击状态条，在弹出的快捷菜单中选择"默认搜索"命令。

注意：微软拼音输入法 2010 并没有内置搜索提供商。所以当用户第一次使用该搜索功能时，需要先添加一个搜索提供商。添加、设置默认和删除搜索提供商的方法请扫描右侧二维码查看。

添加、设置默认和删除搜索提供商

12．选择搜索提供商

图 1-13

如果用户安装了多个搜索提供商，可以单击状态条上的"选择搜索提供商"按钮，如图 1-13 所示，在弹出的菜单中选择需要的搜索提供商。

制作搜索插件文件

13．选择专业词典

微软拼音输入法 2010 集成了 47 套专业领域的词典，涵盖了从基础学科至前沿学科多个科研领域的内容。用户仅需进行恰当的选择，并利用输入法的自学习和自造词功能，即可将微软拼音输入法定制为进行专业文献输入的高效工具。操作步骤如下：

a．打开"输入选项"对话框，切换到"词典管理"选项卡。

b．在"已安装词典"列表框中选择相应的词典，单击"确定"按钮。

自学习、自造词功能

14．字典查询插件

字典查询插件是微软拼音输入法 2010 的一个补充工具，旨在帮助用户查找并输入那些无法准确确定读音的汉字。字典查询插件支持部首检字查询和符号查询。

安装、更新词典

操作步骤如下：

a．找出所查字的部首，并数清部首笔画。

b．在部首检字表的部首目录中找到这个部首，并看清部首旁边标明的页码。

c．按这个页码找到检字表中相应的那一项，并从这一页中找出要查的部首。然后数清所查字的笔画，按这一部首的笔画排列顺序找到所要查的字。

15．输入偏旁部首

偏旁部首是构成汉字的基本构件。部分偏旁本身也是独立的汉字，如"山""马""日""月"等，这些偏旁按照其实际拼音输入即可。然而，许多偏旁部首并不构成独立的汉字，也没有明确的读音，如"冫"（两点水）、"纟"（绞丝旁）等。对于这些已收入字符集但没有明确读音的汉字部件，微软拼音输入法采用偏旁部首名称的首字读音作为其拼音，以便用户输入。例如，"冫"可使用"liang"输入，"纟"可使用"jiao"输入。表1-2为偏旁部首的名称及其对应的输入拼音，未加括号的偏旁部首在简体字符集下输入，加括号的偏旁部首则在繁体字符集下输入，两者都可在大字符集下使用。

表 1-2　偏旁部首的名称及其输入拼音

笔画数	偏　旁	名　　称	对应的输入拼音
一画	丶	点	dian
	丨	竖	shu
	（一）	折	zhe
二画	冫	两点水	liang
	冖	秃宝盖	tu
	亠	文字头	wen
	讠	言字旁	yan
	刂	立刀	li
	亻	单人旁	dan
	卩	单耳旁	dan
	阝	左耳刀	zuo
	（丷）	倒八	ba
	（厂）	石字头	shi
	冂	同字框	tong
三画	辶	走之	zou
	氵	三点水	san
	忄	竖心旁	shu
	艹	草字头	cao
	宀	宝盖	bao
	（乙）	乎字头	hu
	彡	三撇儿	san
	丬	将字旁	jiang
	扌	提手旁	ti
	犭	反犬旁	fan
	饣	食字旁	shi
	纟	绞丝旁	jiao
	夂	折文儿	zhe

续表

笔画数	偏　旁	名　　称	对应的输入拼音
四画	礻	示字旁	shi
	攵	反文旁	fan
	(爫)	爪字头	zhao
	(冈)	冈字旁	gang
	(牛)	牛字旁	niu
五画及以上	疒	病字旁	bing
	衤	衣字旁	yi
	钅	金字旁	jin
	虍	虎字头	hu
	糸	绞丝底	jiao
	(罒)	四字头	si
	(覀)	西字头	xi
	(纟)	绞丝旁	jiao
	(言)	言字旁	yan
	(飠)	食字旁	shi

16. 使用内码输入

微软拼音输入法 2010 不仅支持汉字的拼音输入，还支持使用汉字的十六进制 Unicode 码和 GB18030 码进行输入。例如，汉字"和"的 Unicode 码是"548C"，GB18030 码是"BACD"。使用 Unicode 码或 GB18030 码输入，操作步骤如下：

a. 在状态条上单击"功能菜单"按钮，弹出"功能"菜单。

b. 选择"辅助输入法"命令。

c. 在"辅助输入法"菜单中选择"Unicode 码输入"或"GB 码输入"命令。

此外，还可以使用重音符号输入内码，如输入"`" + "U548C"，或"`" + "GBACD"，也将得到"和"。

17. 使用手写识别插件输入汉字

手写识别插件包含两个窗口，分别是左侧的写字窗口和右侧的候选字窗口。用户在写字窗口中书写汉字的每笔，如果已设置自动检索（双击以设置或取消自动检索功能）或用户单击了相应的按钮，则候选字窗口中将列出与写字窗口中全部笔画相匹配的可能汉字或符号，用户可在候选字窗口中选择所需的字符。具体操作步骤如下：

a. 在输入板左侧单击"手写识别"按钮，或者在输入板插件菜单中选择"手写识别"命令，使用鼠标指针书写汉字。

b. 单击"识别"按钮，将立即识别写字窗口中的笔画。

c. 单击"撤销"按钮，将撤销写字窗口中的最后一个笔画。单击"清除"按钮，将清除写字窗口中的所有笔画。

d. 完成输入。

【任务2】 使用五笔输入法

五笔输入法对许多人来说，可能是一种稍显陌生的方法。有些用户并非不想接触，而是担心其专业性较强，学习起来会有难度。特别是在面对烦琐的字根表和多达130个字根的对应时，许多人可能会心生退意。

实际上，学习五笔输入法并非想象中的那么困难。只要练习得当，七天内即可掌握。接下来，将进入五笔输入法的学习教程。

1. 五笔字根分布与记忆技巧

第一天和第二天，记忆五笔字根口诀，同时分析五笔字根的分布规则。五笔输入法之所以称为"五笔"，并非因为输入汉字需要五次笔画操作，而是因为其设计基于五种基本笔画：横（一）、竖（丨）、撇（丿）、捺（丶）、折（乙）。这五种笔画构成了五笔字根表的基础，进而将键盘分为五个区，每个区对应一种笔画。五个区对应的键位和典型字根，以及整理的口诀如表1-3所示。

表1-3 五笔字根口诀举例

区位	键位	键	典型字根	口诀
横区（1区）	1	G	王圭戈五一	11 G 王旁青头兼五一
	2	F	土士二干十寸雨	12 F 土士二干十寸雨
	3	D	大犬三羊𦍌古石厂厂ナ镸	13 D 大犬三羊古石厂
	4	S	木朩丁西覀	14 S 木丁西
	5	A	工戈弋廿艹匚七廾廿	15 A 工戈草头右框七
竖区（2区）	1	H	目且上止卜丨丨广广	21 H 目具上止卜虎皮
	2	J	日早刂虫曰	22 J 日早两竖与虫依
	3	K	口川	23 K 口与川 字根稀
	4	L	田甲四车力皿罒口	24 L 田甲方框四车力
	5	M	山由贝门几	25 M 山由贝 下框几
撇区（3区）	1	T	禾竹竹丿夂夂夂	31 T 禾竹一撇双人立 反文条头共三一
	2	R	白手扌手厂斤爪	32 R 白手看头三二斤
	3	E	月彡乃衣衣罒豕豕用	33 E 月衫乃用家衣底
	4	W	人亻八㳠	34 W 人和八 三四里
	5	Q	金钅𢆲儿鱼勹乂夕夂	35 Q 金勹缺点无尾鱼 犬旁留乂儿一点夕 氏无七
捺区（4区）	1	Y	言讠文方广丶主	41 Y 言文方广在四一 高头一捺谁人去
	2	U	立辛冫丷六门疒	42 U 立辛两点六门病
	3	I	水氵⺍小⺌	43 I 水旁兴头小倒立
	4	O	火业灬米	44 O 火业头 四点米
	5	P	之宀冖辶廴衤	45 P 之字宝盖道建底 摘示衣

续表

区　　位	键位	键	典 型 字 根	口　　诀
折区（5 区）	1	N	己巳己⼀乙乚⼍尸⺀ 心忄羽	51 N 己半巳满不出己 左框折尸心和羽
	2	B	子孑 阝耳 了也凵巜⺋	52 B 子耳了也框向上
	3	V	女刀九臼巛彐	53 V 女刀九臼山朝西
	4	C	又巴马厶マ	54 C 又巴马 丢矢矣
	5	X	匕弓匕幺纟糸	55 X 慈母无心弓和匕 幼无力

五笔输入法的键采用两个数字表示：第一个数字代表区位，第二个数字代表键位。每个区位包含五个键位，分别用数字 1 至 5 表示。例如，“11”表示横区的第一个键位，即 G 键。每个键位上可能关联多个字根，这些字根共享相似的起始笔画，这是五笔输入法高效输入的关键。

分析五笔字型输入法的字根口诀，可以观察这些字根的起始笔画。例如，若遇到以横画起始的字根，如“王”“土”“大”等，则首先应当确定其所属的区位，即 1 区，涉及的键分别为 G、F、D。通过这种方法，可以有效减少确定键位所需的思考时间，从而提高输入效率。

键位的使用方法是五笔输入法的核心，掌握这一点对于提高输入速度至关重要。用户需要熟悉每个键位上的字根，以及如何通过这些字根组合来输入更复杂的汉字。

2．字根拆分原则

第三天，理解五笔输入法中汉字的拆分规则，掌握部分较为简单的五笔字根所在的键。在五笔输入法中，汉字的字根拆分应遵循以下规则。

（1）取大优先。在按照书写顺序拆分汉字时，应尽可能选择较大的字根，即在不违反其他拆分原则的前提下，每次拆分应得到笔画数最多的字根。例如，“世”字的正确拆分是“廿乙”，而非“一凵乙”。

（2）兼顾直观。在确认字根时，为了使字根的特征更为明显，有时需要调整书写顺序或牺牲取大优先的原则。例如，“国”字的正确拆分是“囗 王 丶”，而非按照书写顺序的“冂 王 丶 一”。

（3）能散不连。如果一个结构可以视为几个基本字根的散开关系，应避免将其视为相连关系。例如，“占”字的正确拆分是“卜 口”，“非”字的正确拆分是“三 刂 三”。

（4）能连不交。当一个字可以视为几个相连的字根时，应优先考虑相连的情况，而非相交。例如，“天”字的正确拆分是“一 大”，而非“二 人”。

综上所述，在五笔输入法中进行字根拆分时，应综合考虑以上规则，以确保每次拆出最大的基本字根。在字根数目相同时，应优先选择“散”的关系，其次为“连”，最后为“交”。

3．五笔编码口诀

第四天，学习汉字的五笔编码规则，以便掌握字根的输入方法，特别是成字字根的输入方法。以下是一个便于记忆的五笔编码口诀：

五笔字型均直观，依照笔顺①把码编；
键名汉字打四下，基本字根请照搬。
一二三末取四码，顺序拆分大优先；
不足四码要注意，交叉识别补后边。

4．五笔字型简码

第五天，学习一级简码、二级简码和三级简码的输入方法。

一级简码，又称高频字码，在五笔输入法中，根据字根的形态特征，为 25 个键分别安排一个最常用的高频字。输入这类字时，只需按相应键一次，再按空格键一次即可。

二级简码汉字的简码与全码的前两位相同，即只用前两个字根编码。表 1-4 是二级简码汉字列表。输入这类字时，先按表 1-4 中字对应的左侧的键，后按上侧的键，最后按空格键。

表 1-4　二级简码汉字列表

键	键			
	GFDSA	HJKLM	TREWQ	YUIOP　NBVCX
G	五于天末开	下理事画现	玫珠表珍列	玉平不来★　与屯妻到互
F	二寺城霜载	直进吉协南	才垢圾夫无	坟增示赤过　志地雪支★
D	三夯大厅左	丰百右历面	帮原胡春克	太磁砂灰达　成顾肆友龙
S	本村枯林械	相查可楞机	格析极检构	术样档杰棕　杨李要权楷
A	七革基苛式	牙划或功贡	攻匠菜共区	芳燕东★芝　世节切芭药
H	睛睦睚盯虎	止旧占卤贞	睡睥肯具餐	眩瞳步眯瞎　卢×眼皮此
J	量时晨果虹	早昌蝇曙遇	昨蝗明蛤晚	景暗晃显晕　电最归紧昆
K	呈叶顺呆呀	中虽吕另员	呼听吸只史	嘛啼吵噗噢　叫啊哪吧哟
L	车轩因困轼	四辑加男轴	力斩胃办罗	罚较★辚边　思囝轨轻累
M	同财央朵曲	由则★崭册	几贩骨内风	凡赠峭赈迪　岂邮×凤嶷
T	生行知条长	处得各务向	笔物秀答称	入科秒秋管　秘季委么第
R	后持拓打找	年提扣押抽	手折扔失换	扩拉朱搂折　所报扫反批
E	且肝须采肛	胩胆肿肋肌	用遥朋脸胸	及胶腔膦爱　甩服妥肥脂
W	全会估休代	个介保佃仙	作伯仍从你	信们偿伙★　亿他分公化
Q	钱针然钉氏	外旬名甸负	儿铁角欠多	久匀乐炙锭　包凶争色★
Y	主计庆订度	让刘训为高	放诉衣认义	方说就变这　记离良充率
U	闰半关亲并	站间部曾商	产瓣前闪交	六立冰普帝　决闻妆冯北
I	汪法尖洒江	小浊澡渐没	少泊肖兴光	注洋水淡学　沁池当汉涨
O	业灶类灯煤	粘烛炽烟灿	烽煌粗粉炮	米料炒炎迷　断籽娄烃糯
P	定守害宁宽	寂审宫军宙	客宾家空宛	社实宵灾之　官字安★它
N	怀导居★民	收慢避惭届	必怕★愉懈	心习悄屡忱　忆敢恨怪尼
B	卫际承阿陈	耻阳职阵出	降孤阴队隐	防联孙耿辽　也子限取陛

---

① 此处的笔顺指字根的顺序。

键	键			
	G F D S A	H J K L M	T R E W Q	Y U I O P　　N B V C X
V	姨寻姑杂毁	叟旭如舅妯	九★奶★婚	妨嫌录灵巡　刀好妇妈姆
C	骊对参骠戏	★骒台劝观	矣牟能难允	驻骈★×驼　马邓艰双★
X	线结顷★红	引旨强细纲	张绵级给约	纺弱纱继综　纪弛绿经比

注：打×处为无字二级简码域，共 3 个；

　　画★处为可输入词组二级简码域，共 16 个；

　　加□字同时为一级简码，共 11 个；

　　加～字是三级简码，但在输入两码后按空格键时自动出现，因此归在二级简码中，共 7 个。

三级简码的字数较多，输入时也只需按四次键（包括按一次空格键），其中三个简码字母与全码的前三位相同，末位用空格代替末字根或识别码。

5. 五笔词组编码

第六天，学习词组输入方法。

许多五笔输入法配备了大规模的词组数据库，这大大提高了输入效率。此外，这些输入法通常还提供自定义词组的便捷功能，这对于提升输入速度至关重要。

五笔字根表中的词组输入法根据词组字数分为四种，具体如下。

（1）二字词组输入法：取每个单字的前两个字根码。例如，机器（SMKK），经济（XCIY），汉字（ICPB）。

（2）三字词组输入法：各取前两个字的第一个字根码，最后一个字取前两个字根码。例如，电话机（JYSM），操作员（RWKM），计算机（YTSM）。

（3）四字词组输入法：各取每个单字的第一个字根码。例如，中文信息（KYWT），知识分子（TYWB）。

（4）四字以上词组输入法：取第一、二、三及最后一个字的第一个字根码。例如，中华人民共和国（KWWL），中国人民解放军（KLWP）。

6. 五笔技能巩固

第七天，复习五笔输入法的教程内容，通过记忆、学习和练习来巩固所学知识。

在这一天的学习中，重点是对前六天所学的五笔输入法知识进行系统的复习。首先，通过重复阅读教程，回顾五笔输入法的基本原理和使用方法。其次，通过记忆、练习，加强对字根、键位和编码规则的记忆。再次，通过实际的打字练习，将理论知识应用到实践中，提高输入速度和准确性。最后，通过不断地练习，形成肌肉记忆，使五笔输入法的使用更加得心应手。

【任务 3】　文字输入练习

请扫描下方二维码查看文字输入练习的具体内容，在 Word 文档中进行输入练习。

（1）英文版本：你该如何度过大学生涯。

（2）中文版本：你该如何度过大学生涯。

第 2 章　Windows 操作系统

2.1　领略 Windows 的作用和魅力

【实训目的】

1．理解 Windows 操作系统的核心作用，了解如何利用其提升日常工作效率。

2．学习如何高效地使用 Windows 桌面，以优化工作流程。

3．探索资源管理器和控制面板的使用，掌握文件管理和系统设置，提升对计算机系统的控制能力。

【实训内容】

1．Windows 桌面、任务栏和"开始"菜单的管理与使用。

2．资源管理器的使用。

3．控制面板的使用。

【实训要求】

1．熟练掌握 Windows 10 桌面的使用，包括图标管理、桌面背景设置，以及任务栏和"开始"菜单的应用与个性化配置。

2．掌握资源管理器中文件和文件夹的新建、重命名、移动、复制、删除、搜索及属性设置等操作。

3．掌握控制面板中各个图标的功能及其基本设置方法。

【任务 1】　Windows 桌面的管理与使用

1．鼠标操作规则与技巧

鼠标作为计算机输入设备的重要组成部分，其操作规则对于用户与计算机系统的有效交互至关重要。以下是鼠标操作的一些基本规则与技巧，掌握这些规则与技巧将有助于提升用户与计算机系统的交互效率。

（1）单击：快速按下并释放鼠标左键，用于选择和激活。

（2）右击：快速按下并释放鼠标右键，用于唤出快捷菜单，使用更多命令。

（3）双击：连续快速两次单击，通常用于打开文件或程序。

（4）指向：将鼠标指针移至目标上，用于定位和高亮显示，以及激活菜单或提示信息。在 Windows 10 操作系统（以下简称"Win 10"）中，将鼠标指针指向任务栏上已打开程序的图标时，还会展示该程序所有打开窗口的预览缩略图。

（5）拖动：持续按压鼠标左键并移动鼠标，用于选择多个项目或移动对象。

（6）滚动：使用鼠标滚轮，用于在文档或网页中快速上下浏览。

2．管理 Windows 桌面

Windows 桌面是计算机启动后呈现的初始界面，充当用户与计算机系统交互的重要窗口。在 Windows 操作系统的各个版本中，桌面的设计基本保持一致，主要由背景、图标、任务栏等组成。Win 10 的桌面视图如图 2-1 所示。

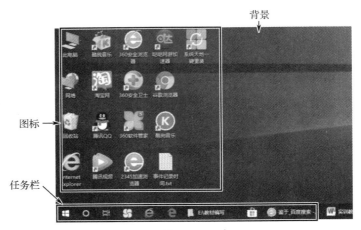

图 2-1

3．图标的构成

图标由图像和文字说明两部分构成，图像通常用于标识图标所代表的对象类型，文字描述图标的具体含义。桌面通过不同图标来展示文件、文件夹、快捷方式等对象类型。当鼠标指针悬停在图标上时，会展示图标内容的说明或文件的存储路径。

4．图标的作用

图标的设计旨在简化用户执行命令和打开程序文件的过程。例如，用户可以双击图标来启动应用程序、访问文档或文件夹；而右击图标则可唤出快捷菜单，从而执行相关操作。

5．默认图标的含义

Win 10 的桌面上通常会显示一系列预设图标，包括但不限于 Administrator、此电脑、回收站、网络和 Microsoft Edge 等，以及各种应用程序的图标。这些图标的具体含义如表 2-1 所示。

表 2-1　Win 10 默认图标含义

图　标	名　称	图标含义
Administrator	Administrator	打开以 Administrator 用户文件夹为起始位置的文件资源管理器
此电脑	此电脑	打开以当前系统盘（通常为 C 盘）为起始位置的文件资源管理器
回收站	回收站	打开回收站，这里存放了用户删除的文件和文件夹。在回收站被清空前，这些内容可以被还原

续表

图　标	名　　称	图标含义
	网络	打开以网络为起始位置的文件资源管理器，用于用户访问和管理网络上的计算机和设备
	Microsoft Edge	打开 Microsoft Edge 浏览器，用于用户浏览和访问互联网上的资源

6．快捷方式

快捷方式是 Windows 中的一项实用功能，允许用户通过一个简化的路径快速访问程序、文件或文件夹。这种快速访问链接通常以 lnk 为扩展名，是原有程序、文件或文件夹的引用，而非实际的程序、文件或文件夹本身。

快捷方式的创建为用户带来了极大的便利，可以放置桌面上未显示的图标，也可以添加到"开始"菜单中，使得用户能够以最少的步骤启动应用程序或打开资源。此外，快捷方式还支持重命名和移动，具有灵活性，以便用户进行高度个性化的定制。

7．管理和使用图标

为了维持 Windows 桌面的整洁与美观，用户需要定期对桌面图标进行查看、整理和删除。可以通过右击桌面的空白区域，在弹出的快捷菜单中选择不同的命令，如图 2-2 所示，从而对图标进行相应的管理。

（1）查看桌面图标。操作步骤如下：

a．右击桌面空白区域，在弹出的快捷菜单中选择"查看"命令。

b．如图 2-3 所示，在"查看"菜单中，用户可以设置图标的大小，包括"大图标""中等图标"和"小图标"。

图 2-2

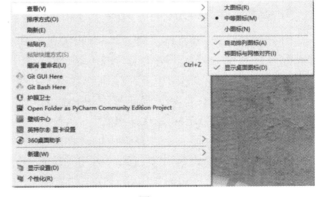

图 2-3

（2）对桌面图标进行排序。操作步骤如下：

a．右击桌面空白区域，在弹出的快捷菜单中选择"排序方式"命令。

b．如图 2-4 所示，在"排序方式"菜单中，用户可以根据"名称""大小""项目类型"或"修改日期"对图标进行排序。

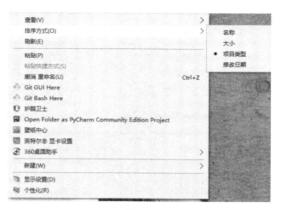

图 2-4

（3）删除桌面图标。Win 10 提供两种删除图标的方法：一是将图标移动到回收站，用户可以将其还原到原来的位置；二是永久删除图标，从磁盘中彻底删除，不可恢复。

将图标删除到回收站的方法如下：

● 使用快捷菜单：右击图标，在弹出的快捷菜单中选择"删除"命令。
● 使用键盘：选中图标后按 Delete 键。
● 拖动到回收站：选中图标后拖动至"回收站"图标上。
● 使用快捷键：选中对象后按 Ctrl+D 快捷键。

要永久删除图标，用户可以在按住 Shift 键的同时执行上述删除操作。若图标已在回收站中，清空回收站即可实现永久删除。

注意：以上删除操作同样适用于计算机硬盘上的文件和文件夹，但对于 U 盘和存储卡等移动存储设备，删除操作将是永久性的，一旦执行，数据将无法恢复。因此，在进行永久性删除前，请仔细确认。

8．设置显示器分辨率和刷新率

（1）显示器分辨率又称屏幕分辨率，指的是屏幕上可显示的像素数量。例如，1920 像素×1200 像素的分辨率意味着水平方向有 1920 个像素，垂直方向有 1200 个像素。分辨率越高，屏幕上显示的像素越多，图像也就越清晰。在屏幕尺寸相同的情况下，分辨率越高，显示效果越好。操作系统通常会自动为显示器配置合适的分辨率，但用户也可以根据需要进行检查或更改。调整显示器分辨率的操作步骤如下：

a．在桌面空白处右击，在弹出的快捷菜单中选择"显示设置"命令。

b．在打开的"设置"窗口的"系统"区域单击"屏幕"选项，显示"屏幕"界面。

c．单击"显示分辨率"下拉按钮，在打开的下拉列表中查看当前显示器支持的所有分辨率选项，如图 2-5 所示。

d．根据个人偏好设置合适的分辨率，以获得更佳的视觉体验。

（2）刷新率指的是屏幕每秒钟刷新画面的次数，较高的刷新率能够带来更稳定的图像显示效果。对于液晶显示器，通常设置为 60Hz 即可满足日常使用需求。然而，对于需要播放高帧频动画或运行 3D 游戏的场景，可能需要提升刷新率以获得更好的播放质量。调整显示器刷新率的操作步骤如下：

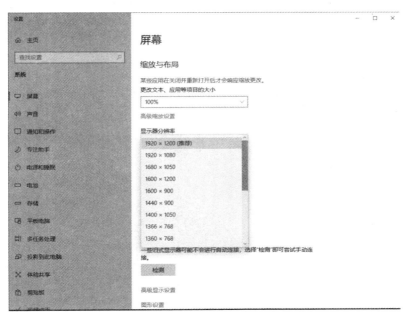

图 2-5

a．在桌面空白处右击，在弹出的快捷菜单中选择"显示设置"命令。

b．在打开的"设置"窗口的"系统"区域单击"屏幕"选项，显示"屏幕"界面。单击"高级显示设置"按钮，打开"高级显示设置"窗口。

c．选择对应的显示器，如本次操作选择"显示器 1：内部显示器"，然后单击"显示器 1的显示适配器属性"选项，如图 2-6 所示。

d．打开显示适配器属性对话框，切换到"监视器"选项卡。单击"屏幕刷新频率"下拉按钮，在打开的下拉列表中选择相应的可用刷新频率，如图 2-7 所示。

图 2-6

图 2-7

e．单击"确定"按钮，保存设置。

完成以上步骤后，显示器的刷新率将被修改，可以提升或降低动态画面的显示质量。

9．设置个性化桌面背景

在 Win 10 中，用户可以根据自己的喜好对桌面背景进行个性化设置。以下是设置个性化桌面背景的详细步骤和说明。

（1）进行个性化设置。在桌面空白处右击，在弹出的快捷菜单中选择"个性化"命令，打开"设置"窗口并显示"背景"界面，如图 2-8 所示。

图 2-8

（2）选择背景图片。在"背景"界面，用户可以选择桌面背景图片，可以选择幻灯片放映模式，设置图片的更改频率。

（3）调整颜色设置。单击"个性化"区域的"颜色"选项，显示"颜色"界面，用户可以自定义 Windows 的颜色，包括任务栏和操作中心的色调。这允许用户根据个人喜好进行个性化调整。

（4）设置锁屏界面。单击"个性化"区域的"锁屏界面"选项，显示"锁屏界面"界面，用户可以设置计算机锁屏（睡眠）时的背景图片，以及显示的信息，如日期、时间或新闻动态。

（5）选择主题。单击"个性化"区域的"主题"选项，显示"主题"界面，用户不仅可以设置屏幕背景，还可以选择预设的主题，这些主题通常包含一组协调的背景、颜色和声音设置。

10．自定义任务栏

任务栏是 Win 10 中用于快速访问常用应用程序和工具的重要界面元素，用户可以根据自己的工作习惯和偏好对任务栏进行个性化设置。以下是自定义任务栏的详细步骤和说明。

（1）打开任务栏设置窗口。在任务栏的空白处右击，在弹出的快捷菜单中选择"任务栏设置"命令，打开"设置"窗口并显示"任务栏"界面，如图 2-9 所示。

图 2-9

（2）锁定任务栏。为了防止不小心移动任务栏上的图标或改变任务栏的设置，可以锁定任务栏。操作步骤是将"任务栏"界面中的"锁定任务栏"按钮设置为"开"。

（3）自动隐藏任务栏。为了使桌面更加整洁，用户可以选择自动隐藏任务栏。操作步骤是将"任务栏"界面中的"在桌面模式下自动隐藏任务栏"按钮设置为"开"。这样，当鼠标指针不在任务栏处移动时，任务栏会自动隐藏；当将鼠标指针移动到任务栏处时，任务栏又会重新出现。

（4）调整任务栏位置。用户可以根据个人喜好将任务栏放置在屏幕的顶部、底部、左侧或右侧。操作步骤是单击"任务栏"界面中的"任务栏在屏幕上的位置"下拉按钮，在打开的下拉列表中进行设置。

（5）自定义通知区域图标。用户可以自定义任务栏上通知区域程序图标的显示形式。操作步骤是单击"任务栏"界面中的"选择哪些图标显示在任务栏上"选项，在打开的界面中进行个性化配置。

11．自定义"开始"菜单

"开始"菜单是 Win 10 中的一个关键组件，包含应用程序列表、"开始"屏幕和快速访问图标，提供了一个直观的界面来快速访问和管理计算机功能。以下是"开始"菜单的基本操作。

（1）访问和使用应用程序列表。在 Win 10 中，应用程序列表按照字母 A 到 Z 的顺序进行排列，用户可以通过控制滚动条来浏览整个列表。单击列表中的应用程序即可启动该程序；若需进行更多操作，如卸载或打开文件所在位置，可右击应用程序，在弹出的快捷菜单中进行。

（2）固定和取消固定应用程序。为了提高工作效率，用户可以将经常使用的应用程序固定到任务栏，以便快速启动程序。将应用程序固定到任务栏的操作分为两种：

- 从"开始"菜单中锁定应用程序。单击"开始"按钮，在弹出的"开始"菜单中右击"WPS Office"应用程序，在弹出的快捷菜单中选择"更多"→"固定到任务栏"命令，如图 2-10 所示。
- 从当前打开的应用程序锁定到任务栏。如果"WPS Office"应用程序已经打开，可以直接右击任务栏上的"WPS Office"图标，在弹出的快捷菜单中选择"固定到任务栏"命令。

当不再频繁使用某应用程序时，可以将其从任务栏上取消固定，以保持任务栏的整洁。取消固定的操作方法是，右击任务栏上已锁定的应用程序图标，在弹出的快捷菜单中选择"从任务栏取消固定"命令，如图 2-11 所示。

图 2-10 　　　　　　　　　　　　　　　　　图 2-11

（3）使用快速访问图标。"开始"菜单左侧一栏包含了多个快速访问图标，帮助用户实现对常用功能和资源的直接访问。这些图标包括：

用户账户：单击该图标，可以进行账户设置、锁定计算机或注销当前用户。

文档：单击该图标，将打开文件资源管理器中的"文档"文件夹，方便用户快速访问最近使用的文档。

图片：单击该图标，将打开"图片"文件夹，方便用户查找和管理图片文件。

设置：单击该图标，将打开 Windows 的"设置"窗口，方便用户进行系统配置和个性化设置。

电源：单击该图标，可以借助弹出的菜单使计算机睡眠、关机或重启。

（4）使用搜索功能。单击"开始"按钮右侧的"搜索"按钮，在打开的搜索框中输入关键词，如"计算器"，可以快速搜索到相应的应用程序。

（5）使用"开始"按钮的快捷菜单。右击"开始"按钮，弹出一个关键的快捷菜单，如图 2-12 所示。这个快捷菜单不仅是人机交互的重要端口，也是执行计算机管理任务的重要入口。利用此快捷菜单，用户能够实现对多种系统功能的访问。

（6）运行特定程序。右击"开始"按钮，在弹出的快捷菜单中选择"运行"命令，打开"运行"对话框，输入如"winword.exe"命令，单击"确定"按钮，可以快速启动 Word 程序。

【任务 2】　资源管理器的使用

计算机中的数据需以文件形式存储在磁盘上，能长期保存。为了有效管理计算机内众多的文件，系统通常采用多级文件夹，按照倒置的树状结构进行组织。在此结构中，磁盘名称相当于"树根"，即"根目录"，各层级文件夹则类似于"树干"或"树枝"，而所有文件则如同"树叶"，分布在不同的"树枝"上。资源管理器提供了一个用户界面，用于对计算机中的文件进行全面管理。

1．资源管理器的启动

资源管理器是 Windows 操作系统中的一个集成工具，负责管理和组织计算机上的所有资源。这些资源包括文件、文件夹及硬件设备。

图 2-12

用户可以双击桌面上的"此电脑"图标启动资源管理器，并查看计算机的文件系统结构；还可以通过右击"开始"按钮，在弹出的快捷菜单中选择"文件资源管理器"命令或打开任何一个文件夹来启动资源管理器。

2．资源管理器的组成

资源管理器是 Windows 操作系统中用于浏览和管理文件系统的核心工具。如图 2-13 所示，其界面由以下几个主要部分组成。

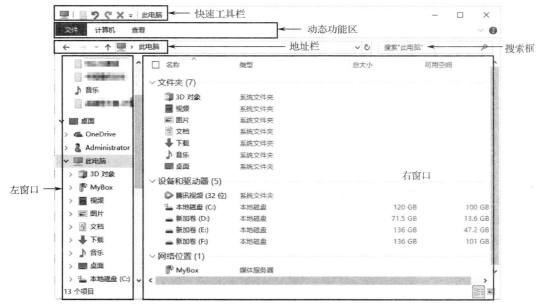

图 2-13

（1）快速工具栏：提供了快速访问常用功能的按钮，如新建文件夹、删除、恢复等。

（2）动态功能区：根据用户当前的操作，动态显示相关的工具和命令。还可以根据用户当前的操作和选择的文件或文件夹类型，显示不同的选项卡和命令。例如，"计算机"选项卡中显示能够快速访问计算机中的媒体、系统属性、卸载或更改程序的按钮，如图 2-14 所示；"查看"选项卡中显示不同的查看方式（如大图标、小图标、列表、详细信息等），以及对文件或文件夹进行排序和隐藏的按钮等，如图 2-15 所示。

图 2-14

图 2-15

（3）地址栏：显示当前文件夹的路径，并允许用户通过输入路径快速导航到其他文件夹。

（4）搜索框：允许用户输入关键字，快速搜索整个文件系统中的文件或文件夹。

（5）左窗口（导航窗格）：以树状结构展示文件系统的层级关系，包括各驱动器及内部文件夹的列表。用户可以通过单击来展开或折叠文件夹，以及浏览不同层级的文件夹。

文件夹左侧有">"标记表示该文件夹有尚未展开的次级文件夹，单击">"标记可将其展开。没有标记的表示没有次级文件夹。

选中的文件夹称为当前文件夹，此时其图标呈打开状态。在某些视图模式下，选中的文件夹可能会通过改变文字和背景色来突出显示，例如在深色背景上显示浅色文字，或在浅色背景上显示深色文字。

（6）右窗口（内容窗格）：以列表形式展示当前选中文件夹或磁盘中的所有文件或文件夹。用户可以根据需要调整文件或文件夹的显示方式，如大图标、小图标、列表、详细资料或缩略图等。文件或文件夹的排列顺序也可以调整，如按名称、类型、大小、日期等进行排序。

3．文件或文件夹的管理

（1）新建文件夹，操作步骤如下：

a．定位到在资源管理器中需要新建文件夹的位置。

b．右击空白区域，在弹出的快捷菜单中选择"新建"→"文件夹"命令。

c．输入新文件夹的名称，单击空白区域或按 Enter 键。

（2）选中文件或文件夹，操作步骤如下：

a．单个选中时，在资源管理器任一窗口中单击文件或文件夹。

b．全部选中时，使用 Ctrl+A 快捷键。

c．连续选中时，先单击第一个文件或文件夹，然后按住 Shift 键单击最后一个文件或文件夹，或者拖动鼠标框选。

d．间隔选中时，按住 Ctrl 键逐一单击要选中的文件或文件夹。

e．取消选中时，若全部取消选中，则直接在空白区域单击；若取消某个选中，则按住 Ctrl 键单击要取消选中的文件或文件夹。

（3）重命名文件或文件夹，有两种操作方法。

方法一：选中需要重命名的文件或文件夹并右击，在弹出的快捷菜单中选择"重命名"命令，输入新名称后，单击空白区域或按 Enter 键完成操作。如果需要取消重命名操作，可以按 Esc 键。

方法二：选中文件或文件夹后，直接按 F2 键，输入新名称，进行重命名操作。

（4）移动与复制文件或文件夹。

当使用剪贴板时，操作步骤如下：

a．移动时，选中文件或文件夹，按 Ctrl+X 快捷键剪切，然后在目标位置按 Ctrl+V 快捷键粘贴。

b．复制时，选中文件或文件夹，按 Ctrl+C 快捷键复制，然后在目标位置按 Ctrl+V 快捷键粘贴。

当使用鼠标拖动时，对文件或文件夹的操作如下：

a．移动时，若在不同驱动器，则按住 Shift 键拖动到目标文件夹；若在相同驱动器，则直接拖动到目标文件夹。

b．复制时，若在不同驱动器，则按住 Ctrl 键拖动到目标文件夹；若在相同驱动器，则直接拖动到目标文件夹。

（5）删除文件或文件夹。若只是简单删除，则选中文件或文件夹，按 Delete 键；或右击，在弹出的快捷菜单中选择"删除"命令，文件将被移动到回收站。回收站是硬盘上的存储区，暂存被删除的文件或文件夹，保护信息安全。回收站通过指针队列管理删除的文件或文件夹，空间满时，最早被删除到回收站的将最先被永久删除。

（6）搜索文件或文件夹，操作步骤如下：

在搜索框中输入文件或文件夹的名称进行查找。在文件资源管理器的搜索框中输入关键字，可以在整个本地计算机上指定的文件夹内搜索包含该关键字的所有文件或文件夹。用户还可以设置"修改日期"和"大小"等来限定搜索范围，以便更精确地找到所需的文件或文件夹。

（7）查看与更改文件或文件夹的属性，操作步骤如下：

a．右击"此电脑"图标，在弹出的快捷菜单中选择"属性"命令，即可在打开的"系统"窗口中查看系统属性。

b．右击文件或文件夹，在弹出的快捷菜单中选择"属性"命令，即可在打开的"属性"对话框中查看与更改文件或文件夹的只读、隐藏、存档等属性。只读属性表示文件不能被修改；隐藏属性表示文件或文件夹在资源管理器中被隐藏；存档属性表示该文件或文件夹已经被存档。

（8）隐藏与显示文件或文件夹，操作步骤如下：

单击资源管理器"查看"选项卡中的"选项"按钮，打开"文件夹选项"对话框，切换到"查看"选项卡，选中"高级设置"列表框"隐藏文件和文件夹"选项组中的"不显示隐藏的文件、文件夹或驱动器"单选项，单击"确定"按钮。这样设置成"隐藏"属性的所有文件、文件夹或驱动器就不会被显示出来。若要显示被隐藏的文件、文件夹或驱动器，只需选中"显示隐藏的文件、文件夹和驱动器"单选项，单击"确定"按钮即可。

注意：计算机中有许多重要的文件或文件夹，如系统文件和文件夹等。一旦将这些内容修改或删除可能会产生严重后果。为了避免将其修改或删除，通常将其设置为隐藏。当需要修改这些文件或文件夹时，只需将其显示出来即可。

（9）隐藏与显示文件或文件夹的扩展名，操作步骤如下：

取消选中或选中资源管理器"查看"选项卡中的"文件扩展名"复选框，可以隐藏或显示文件扩展名。

【任务 3】　控制面板的使用

控制面板是 Win 10 图形用户界面的一部分，是用户对计算机进行设置和与计算机进行交互的重要端口。

1．控制面板的打开方法

（1）通过"开始"菜单。单击"开始"按钮，在弹出的"开始"菜单中选择"Windows 系统"→"控制面板"命令。

（2）使用文件资源管理器。在文件资源管理器的左侧导航栏中，单击"控制面板"链接。

（3）利用搜索功能。单击"开始"按钮右侧的搜索框，输入"控制面板"。在搜索结果中，单击"控制面板"应用程序即可打开。

2．控制面板的界面

在 Win 10 中，用户可以通过所有控制面板项目来访问控制面板的完整功能。针对这些控制面板项目，Win 10 提供了两种不同的查看方式，以适应用户的不同偏好和需求。

（1）类别。在这种查看方式下，控制面板项目被组织成不同的类别，每个类别包含相关的设置选项。这种布局方式有助于用户根据功能类别来查找和访问控制面板项目。如图 2-16 所示，类别查看方式提供了一个结构化且易于理解的界面。

图 2-16

---

① 规范写法应为"账户"，图中进行了保留，本书中相同问题不再赘述。

（2）大图标或小图标。在这种查看方式下，控制面板的各个项目以图标形式展示，每个图标旁边通常会有简短的描述文字。这种查看方式使得用户可以快速找到所需的控制面板项目。如图 2-17 所示，小图标查看方式提供了一个紧凑且信息丰富的界面。在大图标查看方式下也可以查看控制面板的所有项目，区别在于图标大小的不同。

图 2-17

3．控制面板的功能简介

控制面板是 Windows 操作系统中的一个关键组件，提供了丰富的用户配置选项。以下是控制面板中一些主要功能的介绍。

（1）设置辅助功能。控制面板提供了辅助功能设置路径，用户可以根据个人需求或为了解决硬件问题进行配置。打开控制面板，在"小图标"显示方式下，单击"轻松使用设置中心"选项，在打开的"轻松使用设置中心"窗口中，用户可以进行以下操作。

键盘设置：调整键盘行为，以适应键盘操作。

声音设置：修改系统声音工具。

视觉显示优化：激活高对比度模式，提高视觉效果。

鼠标指针自定义：自定义鼠标指针，设置在文本输入模式下的移动速度。

使用数字键盘控制鼠标指针：使用数字键盘实现鼠标指针在屏幕上的移动。

TTS（从文本到语音）设置：朗读屏幕上的文本，或者在需要时通过快捷键激活朗读功能，可以配置语音的类型、速度、音量等。

（2）添加硬件。用户能够将新硬件设备添加到系统中，可以通过选择硬件列表中的项目或指定设备驱动程序的安装文件位置来完成，操作步骤如下：

a．打开控制面板，在"小图标"显示方式下，单击"设备和打印机"选项。

b．打开"设备和打印机"窗口，可以看到已连接的设备列表，并进行管理，例如移除或添加新设备。

（3）设置键盘。用户可以通过控制面板更改并测试键盘设置，包括光标的闪烁速度和按键重复速度，操作步骤如下：

a．打开控制面板，在"小图标"显示方式下，单击"键盘"选项。

b．打开"键盘属性"对话框，查看键盘属性，并进行速度、硬件等设置。

（4）更改或卸载程序。控制面板允许用户添加或删除系统中的程序，操作步骤如下：

a．打开控制面板，在"小图标"显示方式下，单击"程序和功能"选项。

b．打开"程序和功能"窗口，可以在该窗口对程序进行更改或卸载。该窗口还显示了程序的安装时间和大小。

（5）管理工具。控制面板包含多种工具，专为系统管理员设计，涉及安全、性能和服务配置，操作步骤如下：

a．打开控制面板，在"类别"显示方式下，单击"系统和安全"选项。

b．打开"系统和安全"窗口，显示不同的系统管理选项，如"安全和维护""电源选项"等。可以单击打开需要使用的管理工具，并进行相应的系统管理操作。

（6）设置日期和时间。控制面板允许用户更改计算机中的日期和时间，设置时区，并通过 Internet 时间服务器同步日期和时间，操作步骤如下：

a．打开控制面板，在"类别"显示方式下，单击"时钟和区域"选项。

b．打开"时钟和区域"窗口。单击"日期和时间"选项，打开"日期和时间"对话框，用户可以手动设置日期和时间。如果用户的计算机已连接到网络，也可以切换到"Internet 时间"选项卡，通过 Internet 时间服务器同步日期和时间。

（7）管理字体。控制面板显示所有安装到计算机中的字体，用户可以删除、安装新字体或使用字体特征搜索字体，操作步骤如下：

a．打开控制面板，在"小图标"显示方式下，单击"字体"选项，打开"字体"窗口，显示所有已安装的字体列表。

b．根据需求管理字体。

若要删除字体，则选中不需要的字体，单击"删除"按钮。

若要搜索特定字体，则可以在搜索框中输入关键词进行搜索。

若要安装字体，则先下载好字体文件，然后复制粘贴到"字体"窗口中即可。

（8）更改 Internet 选项。用户可以通过控制面板更改 Internet 安全设置、隐私设置、HTML显示选项和网络浏览器的多种选项，如主页和插件等，操作步骤如下：

a．打开控制面板，在"类别"显示方式下，单击"网络和 Internet"选项。

b．打开"网络和 Internet"窗口。单击"Internet 选项"选项，打开"Internet 属性"对话框。

在"常规"选项卡中，可以更改主页地址，进行其他常规设置。

在"安全"选项卡中，可以设置不同区域（如 Internet、本地 Intranet、受信任的站点和受限制的站点）的安全级别。

在"隐私"选项卡中，可以调整隐私级别，管理 Cookie 的使用。

在"连接"选项卡中，可以配置、添加或删除网络连接，设置局域网（LAN）。

在"程序"选项卡中，可以指定默认的网页浏览器，管理加载项。

在"高级"选项卡中，可以调整浏览器的高级设置，如多媒体、安全设置等。

（9）配置邮件账户。用户可以通过控制面板配置 Windows 中的电子邮件账户。客户端通常为 Microsoft Outlook（注意，Microsoft Outlook Express 无法通过此项目配置），操作步骤如下：

打开控制面板，在"小图标"显示方式下，单击"邮件"选项，打开"邮件"对话框。可以在此添加或删除电子邮件账户等。

（10）设置网络连接。用户可以通过控制面板修改或添加网络连接，如因特网（Internet）连接，查看疑难解答，操作步骤如下：

a. 打开控制面板，在"小图标"显示方式下，单击"网络和共享中心"选项。

b. 打开"网络和共享中心"窗口，单击"设置新的连接或网络"选项，开始创建新的网络连接。如果遇到网络问题，可以单击"问题疑难解答"选项来启动网络故障排除工具。

（11）管理电源选项。控制面板包括管理能源消耗的选项，以决定计算机的开（关）行为，或设置休眠模式，操作步骤如下：

a. 打开控制面板，在"小图标"显示方式下，单击"电源选项"选项，打开"电源选项"窗口，用户可以查看当前的电源计划。

b. 单击"更改计划设置"选项，在打开的"编辑计划设置"窗口中，可以设置"用电池"和"接通电源"时的行为。

c. 单击"更改高级电源设置"选项，在打开的"电源选项"对话框中，可以设置睡眠、显示和电池的相关操作。

（12）进行安全和维护设置。用户可以通过控制面板管理计算机的安全和维护设置，以便保持系统的安全性和最佳性能，操作步骤如下：

打开控制面板，在"小图标"显示方式下，单击"安全和维护"选项打开"安全和维护"窗口，用户可以在此查看和更改网络防火墙和病毒防护等设置。

（13）设置系统。用户可以通过控制面板查看和更改基本的系统设置，如查看或更改计算机名、进行硬件设备管理、设置自动更新等，操作步骤如下：

a. 打开控制面板，在"小图标"显示方式下，单击"系统"选项，打开"系统"窗口，用户可以在此查看计算机的基本信息，如系统版本、处理器、产品 ID 等。

b. 单击"高级系统设置"选项，打开"系统属性"对话框，单击"计算机名"选项卡，再单击"更改"按钮，在打开的"计算机名/域更改"对话框中，可以更改计算机名并设置域或工作组。

c. 在"系统"窗口中单击"设备管理器"选项，打开"设备管理器"窗口，用户可以在此查看和管理硬件设备，如安装驱动程序、更新驱动程序，以及禁用或启用设备。

（14）管理用户账户。用户可以通过控制面板管理用户账户，包括权限分配，账户添加、移除或配置等，操作步骤如下：

打开控制面板，在"小图标"显示方式下，单击"用户账户"选项，打开"用户账户"窗口，用户可以在此进行添加新用户、更改用户类型、更改账户图片、管理用户权限等操作。

第3章 Word 2016 文字处理

3.1 文档排版基础

【实训目的】

1. 掌握 Word 文档的基本排版技巧，包括字体与段落设置、页面布局、标题样式应用、水印添加、页眉/页脚设置及表格创建与排版。

2. 学会如何正确保存 Word 文档。

【实训内容】

1. 字体与段落：调整文字的字体、字号和样式，设置段落的行距、缩进和对齐方式。

2. 页面布局：设置纸张大小和页边距，理解不同布局对文档的影响。

3. 标题样式：设置文档标题，应用样式以保持一致性。

4. 水印：为文档添加水印，强化版权保护。

5. 页眉/页脚：在页眉中插入图片，设置页眉和页脚。

6. 表格排版：利用已有文字创建表格。

【实训要求】

1. 熟练进行 Word 文档的基本排版操作。

2. 按照要求，规范文档格式。

3. 学习并实践正确的文档保存方法，确保文档的完整性和可访问性。

【任务1】 文档格式设置

1. 新建 Word 文档

新建文档，并输入如下文档内容（正文为楷体、五号）。

Computer 应用

Computer 应用范围，已经渗透到了许多领域，主要有下面几个。

科学计算：航空及航天技术、气象预报、晶体结构研究等，都需要求解各种复杂的方程式，必须借助于 Computer 才能高效完成。

自动控制：Computer 自动控制生产过程，能节省大量的人力和物力，获得更加优质的产品。另外，可以在卫星、导弹等发射过程中进行实时控制。

数据处理：在科技情报及图书资料等的管理方面，处理的数据量非常庞大。例如，对数据信息的加工、合并、分类、索引、自动控制和统计等。

人工智能：Computer 应用研究的前沿学科，用 Computer 系统来模拟人的智能行为。人工智能被用在模式识别、自然语言理解、专家系统、自动程序设计和机器人等方面。

CAD：Computer 辅助设计被广泛应用于飞机、建筑物及 Computer 本身的设计。

CAI：Computer 辅助教育利用多媒体教育软件实现远程教育和工程培训等。

2．设置字体与字号

将文档中除标题外的所有文字设置为楷体、四号。操作方法如下：

- 选中文档中除标题外的所有文字，然后在"开始"选项卡的"字体"命令组中进行设置。
- 单击"开始"选项卡"字体"命令组右下角的"字体"按钮，打开"字体"对话框进行设置。

3．设置段落格式

将文档中所有段落的行距设置为固定值：25 磅，并设置段落首行缩进 2 字符。操作方法如下：

- 选中各个段落，单击"开始"选项卡"段落"命令组右下角的"段落设置"按钮，打开"段落"对话框，在"缩进和间距"选项卡中进行设置。
- 选中段落后右击，在弹出的快捷菜单中选择"段落"命令，在打开的"段落"对话框中进行设置。

4．设置纸张大小与边距

设置纸张宽度为 20cm，高度为 25cm；左页边距为 3.35cm，右页边距为 3.4cm，上页边距和下页边距均为 2cm。操作步骤如下：

a．单击"布局"选项卡"页面设置"命令组中的"纸张大小"下拉按钮，在打开的下拉列表中选择"其他纸张大小"选项，打开"页面设置"对话框，切换到"纸张"选项卡，进行纸张大小设置。

b．单击"布局"选项卡"页面设置"命令组中的"页边距"下拉按钮，在打开的下拉列表中选择"自定义边距"选项，打开"页面设置"对话框，进行页边距设置。

5．设置标题样式

将"Computer 应用"设置为"标题 1"样式、居中，并将该样式的字体设置为华文彩云，字号调整为二号，加粗，段后间距设置为 17 磅。操作步骤如下：

a．标题样式设置：选中"Computer 应用"，选择"开始"选项卡"样式"命令组"样式"列表框中的"标题 1"样式，在"段落"命令组中单击"居中"按钮。

b．字体和加粗设置：选中"Computer 应用"，在"开始"选项卡的"字体"命令组中进行设置；或者单击"字体"命令组右下角的"字体"按钮，打开"字体"对话框进行设置。

c．段后间距：选中"Computer 应用"，单击"开始"选项卡"段落"命令组中的"行和段落间距"下拉按钮，在打开的下拉列表中选择"行距选项"选项，打开"段落"对话框进行设置；或者单击"段落"命令组右下角的"段落设置"按钮，打开"段落"对话框进行设置；或者右击，在弹出的快捷菜单中选择"段落"命令，打开"段落"对话框进行设置。

6．添加水印

添加水印，内容为"姓名+作品"（如"张三作品"），版式为"斜式"。操作步骤如下：

a．单击"设计"选项卡"页面背景"命令组中的"水印"下拉按钮，在打开的下拉列表中选择“自定义水印”选项，打开“水印”对话框，将版式设置为“斜式”。

注意：在实训过程中，请定期保存文档，以避免突然断电或死机等导致信息丢失。实训结束后，请使用U盘保存好相关文件资料。

7. 文档格式效果

制作完成后，文档的格式效果如图3-1所示。

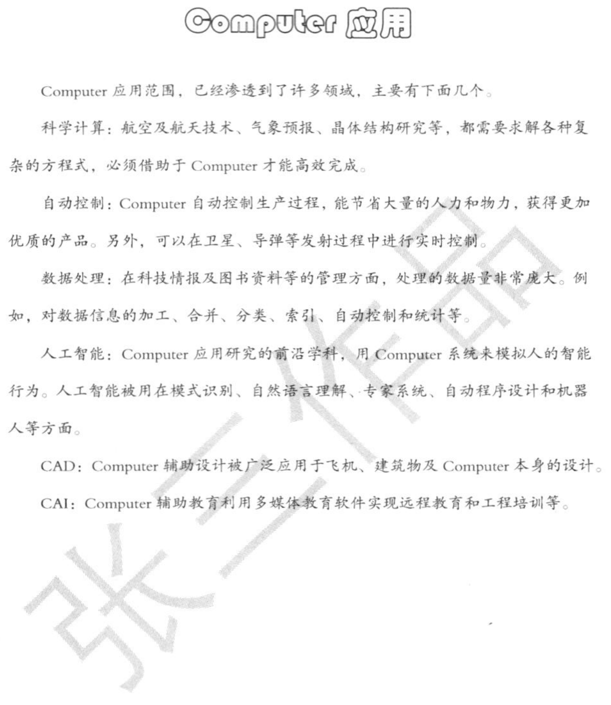
Computer 应用

Computer 应用范围，已经渗透到了许多领域，主要有下面几个。

科学计算：航空及航天技术、气象预报、晶体结构研究等，都需要求解各种复杂的方程式，必须借助于 Computer 才能高效完成。

自动控制：Computer 自动控制生产过程，能节省大量的人力和物力，获得更加优质的产品。另外，可以在卫星、导弹等发射过程中进行实时控制。

数据处理：在科技情报及图书资料等的管理方面，处理的数据量非常庞大。例如，对数据信息的加工、合并、分类、索引、自动控制和统计等。

人工智能：Computer 应用研究的前沿学科，用 Computer 系统来模拟人的智能行为。人工智能被用在模式识别、自然语言理解、专家系统、自动程序设计和机器人等方面。

CAD：Computer 辅助设计被广泛应用于飞机、建筑物及 Computer 本身的设计。

CAI：Computer 辅助教育利用多媒体教育软件实现远程教育和工程培训等。

张三作品

图3-1

【任务2】 文档的其他设置

1. 替换特定词汇

将文档中的所有“Computer”（区分大小写）替换为“计算机”并添加着重号。操作步骤如下：

a. 在“开始”选项卡的“编辑”命令组中，单击“替换”按钮，打开“查找和替换”对话框。

b. 在“查找内容”文本框中输入“Computer”，在“替换为”文本框中输入“计算机”。

c. 单击“更多”按钮，选中“区分大小写”复选框。

d. 单击下方的“格式”下拉按钮，在打开的下拉列表中选择“字体”选项，打开“查找字体”对话框，单击“着重号”下拉按钮，在打开的下拉列表中选择圆点。

e. 单击“确定”按钮，返回“查找和替换”对话框，单击“全部替换”按钮。

2. 添加项目编号

为文档中从“科学计算”开始到文尾的所有段落添加项目编号，符号为📖。操作步骤如下：

a．选中相关文字，单击"开始"选项卡"段落"命令组中的"项目符号"下拉按钮，在打开的下拉列表中选择"定义新项目符号"选项。

b．打开"定义新项目符号"对话框，单击"符号"按钮，在打开的"符号"对话框中设置字体为 Wingdings，在符号列表中选择📖符号，单击"确定"按钮。

3．复制与分栏排版

复制文档中的所有内容，粘贴到文尾，并取消复制内容的项目编号；将复制内容分为两栏，并添加分隔线。操作步骤如下：

a．选中文字，按 Ctrl+C 快捷键复制文字，将鼠标指针移至文尾下一行，按 Ctrl+V 快捷键粘贴文字。

b．选中带项目编号的文字，在"开始"选项卡的"段落"命令组中，单击"项目符号"下拉按钮，在打开的下拉列表中选择"无"选项，以取消项目编号。

c．选中新复制的文字，单击"布局"选项卡"页面设置"命令组中的"分栏"下拉按钮，在打开的下拉列表中选择"更多分栏"选项，打开"分栏"对话框，设置"栏数"为"2"，选中"分隔线"复选框，并按要求设置其他分栏参数。

4．添加页眉

添加丝状页眉，在页眉上添加当前日期，并在日期下方插入图片"Logo.gif"。操作步骤如下：

a．单击"插入"选项卡"页眉和页脚"命令组中的"页眉"下拉按钮，在打开的下拉列表中选择"丝状"选项。

b．在页眉编辑状态下，删除"作者"栏下的内容，然后输入日期。

c．将鼠标指针移至页眉相应位置，单击"插入"选项卡"插图"命令组中的"图片"按钮，在打开的"插入图片"对话框中找到"Logo.gif"图片，单击"插入"按钮，插入图片并调整大小。

d．双击页面或按键盘上的 Esc 键退出页眉编辑状态。

5．居中标题

将新复制的段落标题设置为居中，制作后的效果如图 3-2 所示。

【任务 3】　表格与样式的创建

打开素材"Word03 素材.docx"，然后制作样张效果。

1．创建表格

将文档第 1 页中的绿色文字内容转换为 2 列 4 行的表格。操作步骤如下：

图 3-2

a．选中文字，单击“插入”选项卡“表格”命令组中的“表格”下拉按钮，在打开的下拉列表中选择“文本转换成表格”选项，打开“将文字转换成表格”对话框，输入行数与列数，在“文字分隔位置”选项下选中“制表符”单选项，单击“确定”按钮。

b．选中表格，单击“表格工具”选项卡“布局”子选项卡“对齐方式”命令组中的“中部两端对齐”按钮，将表格文字中部两端对齐。

c．选中表格并右击，在弹出的快捷菜单中选择“表格属性”命令，打开“表格属性”对话框，在“表格”选项卡中单击“边框和底纹”按钮，打开“边框和底纹”对话框，然后设置边框，单击“确定”按钮。

d．设置表格中文字的字体为微软雅黑，字号为二号，颜色为黑色，最终效果如图 3-3 所示。

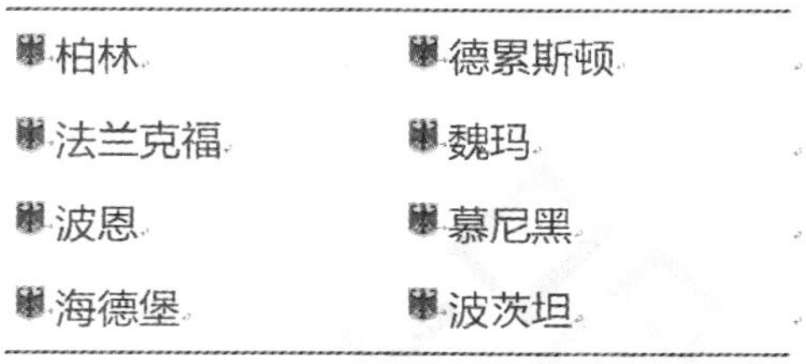

柏林	德累斯顿
法兰克福	魏玛
波恩	慕尼黑
海德堡	波茨坦

图 3-3

2．创建与应用新样式

创建名为“城市名称”的新样式，并将其应用于文档中的所有红色文字。操作步骤如下：

a．将鼠标指针置于红色文字上，单击“开始”选项卡“样式”命令组中的“其他”下拉按钮，在打开的下拉列表中选择“创建样式”选项，打开 “根据格式设置创建新样式”对话框。

b．将新样式命名为“城市名称”，单击“修改”按钮，将样式基准修改为“称呼”，将后续段落样式修改为“正文”，并调整格式，将样式格式设置为华文彩云、二号、红色。

c．单击“格式”下拉按钮，在打开的下拉列表中选择“段落”选项，打开“段落”对话框，在“缩进和间距”选项卡中设置段前间距为 0.5 行，首行缩进 2 字符，切换到“换行和分页”选项卡，选中“与下段同页”复选框，单击“确定”按钮。

d．选中红色文字，单击“开始”选项卡“样式”命令组中的“城市名称”样式或使用格式刷应用此样式。

3．修改与应用正文样式

修改“正文”样式，并对正文中的黑色文字应用该样式。操作步骤如下：

a．将鼠标指针移至正文任意位置，在“开始”选项卡“样式”命令组中的“正文”样式上右击，在弹出的快捷菜单中选择“修改”命令，打开“修改样式”对话框，设置样式格式为微软雅黑、四号。

b．单击“格式”下拉按钮，在打开的下拉列表中选择“段落”选项，打开“段落”对话框，在“缩进和间距”选项卡中设置首行缩进 2 字符，单击“确定”按钮。

4．设置标题与水印

将文档标题“德国主要城市”设置成“标题 1”样式，黑体，居中。添加水印，版式为“斜式”。最终效果如图 3-4 所示。

图 3-4

3.2　文档高级排版

【实训目的】

1．掌握 Word 文档的排版技巧，包括图文混排、批量删除空行和空格、插入分节符与页码、生成目录、输入公式、制作流程图等。

2．学会为表格和图片添加表注和图注。

【实训内容】

1．掌握基础字体、段落、页面布局的设置方法，进行图文混排练习。

2．利用 Word 的查找和替换功能，批量删除文档中的空行和空格。

3．学习文档分节的操作方法，根据需要对文档进行分节和页码设置。

4．学习自动生成目录的方法，了解目录格式的调整方法。

5．在文档中插入并编辑复杂的数学公式。

6．绘制并调整流程图以达到整齐美观的效果。

7．掌握为文档中的表格和图片添加注释的方法，包括表注和图注的编辑和格式设置。

【实训要求】

1．独立完成实训内容，通过实践加深对 Word 文档排版技能的理解和掌握。

2．在实验过程中，注意文档的整洁性和专业性，确保排版格式符合标准，使文档易于阅读和理解。

【任务1】 高级排版与编辑

打开素材"Word04 素材.docx"，在计算机 D 盘创建以自己的名字命名的文件夹，并将该文档以"姓名-文档排版一.docx"的形式命名后另存在自己创建的文件夹中。

1. 批量删除空行

使用替换功能删除文档中的所有空行。操作步骤如下：

a. 单击"开始"选项卡"编辑"命令组中的"替换"按钮，打开"查找和替换"对话框。

b. 在"查找内容"文本框中输入"^p^p"，在"替换为"文本框中输入"^p"，单击"全部替换"按钮。在 Word 2016 中，符号"^p"表示回车或换行。

c. 如有剩余空行，重复上述步骤，直至空行全部消失。

2. 批量删除空格

使用替换功能删除文档中的所有全角（中文）空格。操作步骤如下：

a. 选择"文件"→"选项"命令，打开"Word 选项"对话框。

b. 切换到"显示"选项卡，选中"始终在屏幕上显示这些格式标记"选项下的"显示所有格式标记"复选框，单击"确定"按钮。

c. 在显示所有格式标记的情况下，单击"开始"选项卡"编辑"命令组中的"替换"按钮。

d. 打开"查找和替换"对话框，在"查找内容"文本框中输入全角空格，单击"更多"按钮，选中"区分全/半角"复选框，在"替换为"文本框中不输入任何内容，单击"全部替换"按钮。

e. 如有剩余空格，重复上述步骤直至替换完毕。

3. 文档分节

按文档内容分节。在红色文字"20××年×月×日"和"插入目录"之间，以及"插入目录"和"学生寝室管理办法（试行）"之间，分别插入分节符（下一页）。操作步骤如下：

a. 分段：在指定位置按 Enter 键，使其换行。

b. 插入分节符：将鼠标指针移至生成的空行处，单击"布局"选项卡"页面设置"命令组中的"分隔符"下拉按钮，在打开的下拉列表中选择"下一页"选项，插入分节符，并删除多余空行。

4. 文档分页

按文档内容分页。在"附件1：××大学规章制度书面征求意见表"之前插入分页符。操作步骤如下：

将鼠标指针移至指定位置，单击"布局"选项卡"页面设置"命令组中的"分隔符"下拉按钮，在打开的下拉列表中选择"分页符"选项，插入分页符，并删除多余空行。

5. 制作文档表头

文档表头排版，效果如图 3-5 所示。操作步骤如下：

a. 文字格式设置：标题为黑体、二号、加粗、红色、居中；副标题为黑体、小四、加粗、黑色、居中；"学生处〔20××〕2 号"居中，段后间距 20 磅；正文为小四、黑色、段前缩进 2 字符，行间距 1.5 倍；左、右页边距 4.8cm，上页边距 3cm，下页边距 2.5cm。

b．单击"插入"选项卡"插图"命令组中的"形状"下拉按钮，在打开的下拉列表中选择"直线"选项。在文档中的相应位置，按住键盘上的 Shift 键绘制直线。

c．选中绘制的直线，单击"绘图工具"选项卡"格式"子选项卡"形状样式"命令组中的"中等线-强调颜色 6"按钮，以更改直线样式。

d．复制已设置样式的直线，粘贴在该直线的右侧。

e．使用相同的方法绘制五角星，根据需要调整其位置。

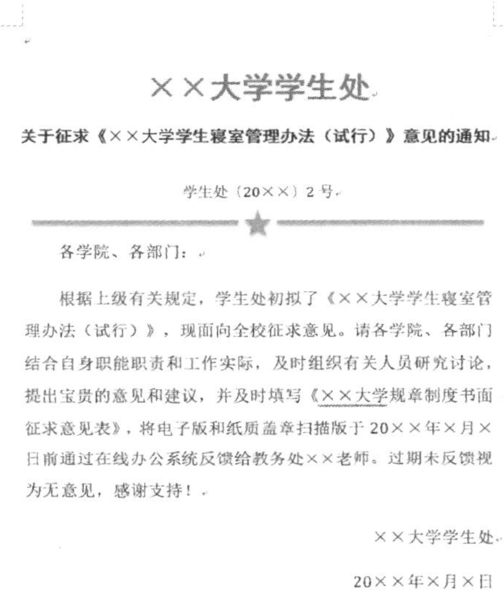

××大学学生处

关于征求《××大学学生寝室管理办法（试行）》意见的通知

学生处〔20××〕2 号

各学院、各部门：

　　根据上级有关规定，学生处初拟了《××大学学生寝室管理办法（试行）》，现面向全校征求意见。请各学院、各部门结合自身职能职责和工作实际，及时组织有关人员研究讨论，提出宝贵的意见和建议，并及时填写《××大学规章制度书面征求意见表》，将电子版和纸质盖章扫描版于 20××年×月×日前通过在线办公系统反馈给教务处××老师。过期未反馈视为无意见，感谢支持！

××大学学生处

20××年×月×日

图 3-5

6．设置页码

从第 3 节开始插入页脚，页脚为"第×页，共×页"格式的页码，页码起始页为第 1 页，即"红头"页和目录页不显示页码。操作步骤如下：

a．将鼠标指针移至第 3 节，单击"插入"选项卡"页眉和页脚"命令组中的"页脚"下拉按钮，在打开的下拉列表中选择"编辑页脚"选项，按格式输入页码。

b．将鼠标指针移至"第"和"页"之间，单击"页眉和页脚工具"选项卡"设计"子选项卡"插入"命令组中的"文档信息"下拉按钮，在打开的下拉列表中选择"域"选项，打开"域"对话框。在"域名"下拉列表框中选择"Page"选项，选择第一种格式，单击"确定"按钮。同样，为"共"和"页"之间选择"SectionPages"选项。"Pages"代表当前页码，"SectionPages"代表本节总页数，未选择的"NumPages"代表本文档总页数。

c．将鼠标指针移至第 3 节页脚，单击"页眉和页脚工具"选项卡"设计"子选项卡"导航"命令组中的"链接到前一条页眉"按钮，取消其有效状态。

d．单击"页眉和页脚工具"选项卡"设计"子选项卡"页眉和页脚"命令组中的"页码"下拉按钮，在打开的下拉列表中选择"设置页码格式"选项，打开"页码格式"对话框。在"页码编号"选项下选中"起始页码"单选项，将值设置为"1"，单击"确定"按钮。

e．根据文档结构，选中第 1 节和第 2 节的页码，进行删除操作，以确保第 1 节和第 2 节不显示页码。

7. 生成目录

设置目录显示 2 级（标题 1 和标题 2），格式为"正式"，页码右对齐。操作步骤如下：

a. 将鼠标指针移至插入目录处，单击"引用"选项卡"目录"命令组中的"目录"下拉按钮，在打开的下拉列表中选择"自定义目录"选项，在打开的"目录"对话框中进行设置后单击"确定"按钮生成目录。

b. 在目录页首行输入标题"目录"，设置为黑体、二号、居中、3 倍行距。

8. 设置水印与标题

a. 添加水印，版式为"斜式"。

b. 设置所有"第×章"使用"标题 2"样式，微软雅黑、小三。

最终效果如图 3-6 所示。

图 3-6

【任务 2】 图文混排

打开素材"Word05 素材.docx"，然后制作样张效果。

1. 插入与编辑图片

在绿色文字处，分别插入其文字内容，以及与文件名相同的图片。操作步骤如下：

a．将鼠标指针移至绿色文字处，单击"插入"选项卡"插图"命令组中的"图片"按钮，打开"插入图片"对话框。

b．导航至 word-05 文件夹，选择与文字内容同名的图片，单击"插入"按钮。也可直接在本地计算机中选中相应图片，将该图片拖动到文档中的正确位置。

c．对图片进行缩放、旋转等操作，将其调整至合适大小并居中。

2．设置特殊图片

对于素材中的"图 1-1a PC"与"图 1-1b 笔记本计算机"，使用 2 行 2 列的表格进行并排显示。操作步骤如下：

a．选中相关文字，单击"插入"选项卡"表格"命令组中的"表格"按钮，在打开的列表中选择"文本转换成表格"选项。

b．打开"将文字转换成表格"对话框，选中"文字分隔位置"选项下的"制表符"单选项，并输入正确的行数与列数，单击"确定"按钮。

c．单击"表格工具"选项卡"布局"子选项卡"对齐方式"命令组中的"中部两端对齐"按钮，实现表格文字的中部两端对齐。

d．将相应的图片插入表格的对应位置，并调整至合适的大小。

e．选中整个表格，右击，在弹出的快捷菜单中选择"表格属性"命令。

f．打开"表格属性"对话框，在"表格"选项卡中，单击"边框和底纹"按钮，在打开的"边框和底纹"对话框中，取消表格的所有边框设置，单击"确定"按钮。

3．制作表格

将红色文字体内容制作成如图 3-7 所示的表格。操作步骤如下：

a．选中所有红色文字，将文字内容转换成 2 行 10 列的表格。

b．设置表格边框：去除左、右竖直边框，并将上边框设置为 2.25 磅。其他设置保持默认。

c．设置表内文字：将文字设置为小五、宋体，颜色为黑色。根据样张调整表中线，其他设置保持默认，并注意表中文字的对齐方式。

键位名称	功　能
Shift（上档）键	在英文输入法及小写字母输入状态下，按住 Shift 键的同时按双字符键即可输入上面的字符；按住 Shift 键的同时按 A～Z 字母键可输入对应字母的大写。 Shift 键还常和 Ctrl 键、Alt 键等组合使用，执行特定的功能
CapsLock（大小写切换）键	CapsLock 键打开（灯亮状态）——输入大写英文字母。 CapsLock 键关闭——输入小写英文字母
Space（空格）键	按下后生成一个空格
Enter（回车）键	本段落结束，并从下一行开始新段落
Delete（或 Del）（删除）键	删除光标右侧的一个字符
Backspace（退格）键	删除光标左侧的一个字符
Ctrl+A 快捷键 （指同时按住两个键，下同）	选取当前文档的所有内容
Ctrl+Shift 快捷键	对已安装的所有输入法进行循环切换
Ctrl+Space 快捷键	中/英文输入法切换

图 3-7

4．添加表注和图注

给表格和图片添加表注和图注。操作步骤如下：

a．选中需要添加表注的表格，单击"引用"选项卡"题注"命令组中的"插入题注"按钮，打开"题注"对话框。

b．单击"标签"下拉按钮，在打开的下拉列表中选择"表格"选项，然后在"题注"文本框中输入表注的具体内容。

c．确认无误后，单击"确定"按钮，将表注文字调整为小五、黑体、黑色，左对齐，表注即被添加完成。

d．添加图注的步骤与添加表注的步骤类似。选中需要添加图注的图片，重复步骤 a、b，只是在"标签"下拉列表中选择"图表"选项。将图注文字调整为小五、黑体、黑色，居中对齐。

5．调整其他内容

a．设置标题、表格和图片之外的所有文字为 1.5 倍行距，每段首行缩进 2 字符。可用格式刷分别设置，也可修改正文样式。

b．添加水印，版式为"斜式"。

最终效果如图 3-8 所示。

图 3-8

【任务 3】 插入公式与流程图

1．输入公式

输入复杂的数学公式，操作步骤如下：

a．单击"插入"选项卡"符号"命令组中的"公式"下拉按钮，在打开的下拉列表中选择"插入新公式"选项。

b．使用"公式工具"选项卡"设计"子选项卡中的工具，按照图 3-9 输入公式。

$$\oiint \left(\frac{\partial Q}{\partial x} - \frac{\partial P}{\partial y} \right) \mathrm{d}x\mathrm{d}y = \oint (P\mathrm{d}x + Q\mathrm{d}y)$$

图 3-9

c．输入完毕后，可选中公式调整其整体大小。

2．绘制流程图中的圆角矩形框

操作步骤如下：

a．单击"插入"选项卡"插图"命令组中的"形状"下拉按钮，在打开的下拉列表中选择"圆角矩形"选项。当鼠标指针变为"十"字形状时拖动鼠标，即可绘制一个圆角矩形框。

b．选中圆角矩形框，右击，在弹出的快捷菜单中选择"设置形状格式"命令。打开"设置形状格式"面板，在此处设置形状内无填充，轮廓线条颜色为金色，宽度为 1.5 磅。同时，将文本框垂直对齐方式设置为中部对齐，并设置上、下、左、右边距均为 0.1cm。

c．再次选中圆角矩形框，右击，在弹出的快捷菜单中选择"添加文字"命令。当鼠标指针变为竖线并不断闪烁时，在"开始"选项卡的"字体"命令组中，设置文字字号为小五，颜色为黑色，其余保持默认设置，输入文字"来院患者"。

d．复制圆角矩形框，并粘贴 6 次，生成其他圆角矩形。修改各个圆角矩形中的文字，并调整它们的位置。

3．绘制流程图中的流程线

a．将鼠标指针移至画布内，单击"插入"选项卡"插图"命令组中的"形状"下拉按钮，在打开的下拉列表中选择"箭头"选项，当鼠标指针变为"十"字形状时拖动鼠标，即可绘制一个箭头，作为流程线。

b．在"设置形状格式"面板中，设置线条颜色为"橙色，个性色 2"，宽度为 1.5 磅。

c．复制并粘贴若干箭头，以备后续使用。

3．连接矩形框与流程线

a．将流程线的尾部拖动至圆角矩形框的节点处，实现流程线与圆角矩形框的连接。一旦连接成功，流程线将自动调整至与圆角矩形框对齐，如图 3-10 所示。

b．按照规范连接所有流程线与圆角矩形框。如果需要调整连接线的类型，可以选中线段后右击，在弹出的快捷菜单中选择"连接符类型"中的直接连接符肘形连接符或曲线连接符。

流程图绘制完成后，如图 3-11 所示。

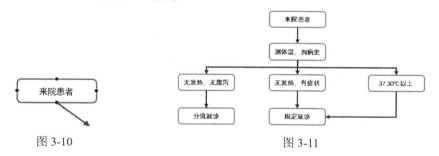

图 3-10　　　　　　　　　　　　　图 3-11

3.3　文档排版实践

【实训目的】

1．掌握 Word 文档编辑与排版技能，包括应用邮件合并功能，制作封面、目录与特殊页眉和页脚，图文混排与高级编辑技巧。

2．能够按要求正确保存文档。

【实训内容】

1．编辑文档内容，包括插入表格、文本框、图片，并进行相应的排版。

2．使用邮件合并功能，编辑文档内容以批量生成邮件和信封。

3．按要求制作封面，插入目录，并设置页眉和页脚。

4．在文档的页眉中插入图片，并进行编辑。

5．设置文档中的标签以进行导航，如书签和超链接。

6．对文档内容进行修订，并设置相应的批注。

7．设置文档中的首字下沉效果，并为文字添加拼音。

8．根据具体实训要求，完成其他特定内容的编辑和排版。

【实训要求】

1．独立完成实训内容，通过实践掌握 Word 文档排版技能。

2．在实验过程中，注意文档的整洁性和专业性，确保排版格式符合标准，使文档易于阅读和理解。

【任务 1】 制作棋盘与棋子

创建 Word 文档。在计算机 D 盘创建以自己的名字命名的文件夹，并将该文档以"姓名-制作棋盘与棋子.jpg"的形式命名后保存在自己创建的文件夹中，制作图片样张效果。

1．设置纸张大小

将文档纸张设置为 A3 尺寸（29.7cm×42cm），横向布局。操作步骤如下：

a．单击"布局"选项卡"页面设置"命令组中的"纸张大小"下拉按钮，在打开的下拉列表中选择"A3"选项，设置文档纸张为 A3 尺寸。

b．单击"布局"选项卡"页面设置"命令组中的"纸张方向"下拉按钮，在打开的下拉列表中选择"横向"选项，设置纸张为横向布局。

2．绘制棋盘

绘制棋盘的基本要素。操作步骤如下：

a．绘制文本框。单击"插入"选项卡"文本"命令组中的"文本框"下拉按钮，在打开的下拉列表中选择"绘制文本框"选项。当鼠标指针变为"十"字形状时拖动鼠标，即可绘制一个文本框。绘制完成后，选中文本框，单击"绘图工具"选项卡"格式"子选项卡"形状样式"命令组中的"形状效果"下拉按钮，选择"棱台"→"斜面"选项。

b．绘制棋盘线。将鼠标指针移至文本框内，单击"插入"选项卡"表格"命令组中的"表格"下拉按钮，在打开的下拉列表中选择"插入表格"选项。打开"插入表格"对话框，设置列数为 9、行数为 8，并选中"根据窗口调整表格"单选项，单击"确定"按钮。选中表格，在"表格工具"选项卡"布局"子选项卡中，设定表格的行高和列宽均为 2.5cm，并将表格拖动至文本框中部。

c．设定棋盘内线。使用"边框和底纹"工具绘制棋盘中的斜线并上色。选中第 5 列的所有单元格，右击，在弹出的快捷菜单中选择"合并单元格"命令，删除第 5 列所有内部横线。输入文字"楚河汉界"，选中文字后，单击"表格工具"选项卡"布局"子选项卡"对齐方式"命令组中的"水平居中"按钮。设置文字为黑体、红色、初号。

d．设定棋盘边框线。选中表格并右击，在弹出的快捷菜单中选择"表格属性"命令，打开"表格属性"对话框。单击"边框和底纹"按钮，打开"边框和底纹"对话框，单击"应用于"下拉菜单，在打开的下拉列表中选择"表格"选项。设置"宽度"为 1.5 磅，"颜色"为红色，并按照外线粗、内线细的方式，为四周边框线选择合适的线条样式，单击"确定"按钮。

3．绘制棋子

绘制棋盘中的棋子，操作步骤如下：

a．绘制圆形。将鼠标指针移至表格内部，单击"插入"选项卡"插图"命令组中的"形状"下拉按钮，在打开的下拉列表中选择"椭圆"选项。按住 Shift 键，拖动鼠标指针在表格内绘制圆形，并调整至合适的大小。

b．设置棋子效果。选中圆形，单击"绘图工具"选项卡"格式"子选项卡"形状样式"命令组中的"形状效果"下拉按钮，在打开的下拉列表中选择"棱台"→"角度"选项，生成象棋立体图形。接着，单击"形状填充"下拉按钮，在打开的下拉列表中选择"金色"色块。

c．添加象棋文字。选中象棋立体图形，右击，在弹出的快捷菜单中选择"添加文字"命令，输入相应的文字，并调整字号，使文字居中，设置文字颜色为红色。拖动选框上的旋转符号，可以进行文字旋转。按此方法添加其他棋子，或复制此棋子，粘贴后修改文字及颜色。

d．绘制"炮"位上的"十"字图形。将鼠标指针移至表格内部，单击"插入"选项卡"插图"命令组中的"形状"下拉按钮，在打开的下拉列表中选择"十字形"选项。按住 Shift 键，在表格内绘制十字形，并调整至合适的大小。在"绘图工具"选项卡"格式"子选项卡"形状样式"命令组中单击"形状填充"下拉按钮，在打开的下拉列表中选择"无填充颜色"选项。单击"形状轮廓"下拉按钮，在打开的下拉列表中选择"黑色"色块，粗细默认为 1 磅。将做好的"十"字图形复制并粘贴至其他相应位置，选中"十"字图形并按住 Ctrl 键，再按方向键，可以微调位置。

4．完成绘制

添加有自己姓名的文本框，并生成图片。操作步骤如下：

a．在适当位置添加文本框，输入"姓名+作品"，设置为三号、微软雅黑，颜色为红色。选中文本框，单击"绘图工具"选项卡"格式"子选项卡"形状样式"命令组中的"形状轮廓"下拉按钮，在打开的下拉列表中选择"无轮廓"选项，取消文本框的边框。

b．复制所有对象。按住 Ctrl 键，单击每个对象轮廓，选中文档中的所有对象并右击，在弹出的快捷菜单中选择"组合"→"组合"命令，组合选中的对象。选中该组合后，使用 Ctrl+C 快捷键进行复制。

c．生成图片。利用"开始"菜单打开"画图 3D"工具，单击"新建"按钮，在生成的画布上使用 Ctrl+V 快捷键粘贴。将图片进行保存，效果如图 3-12 所示。以"姓名-制作棋盘与棋子"的形式命名，选择正确的格式，将图片存至文件夹中。

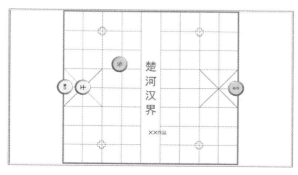

图 3-12

【任务2】 邮件合并和生成信封

打开素材"主文档.docx",制作样张效果。

1. 主文档中插入合并域

在主文档中插入合并域,文档以"姓名-主文档中插入合并域.docx"的形式命名。操作步骤如下:

a. 导入数据源。单击"邮件"选项卡"开始邮件合并"命令组中的"选择收件人"下拉按钮,在打开的下拉列表中选择"使用现有列表"选项。

b. 打开"选取数据源"对话框,定位到素材文件夹,选择"邀请函数据源+信封地址簿.xlsx"文件,单击"打开"按钮。

c. 在"选择表格"对话框中,选择"邀请函数据源"选项,单击"确定"按钮导入数据。

d. 将鼠标指针移至相应位置,单击"邮件"选项卡"编写和插入域"命令组中的"插入合并域"下拉按钮,在打开的下拉列表中依次将"姓名""学校""电话""专业名称"插入文档中。

e. 添加水印。设置水印内容为"姓名+作品",版式为"斜式"。

最终效果如图3-13所示。

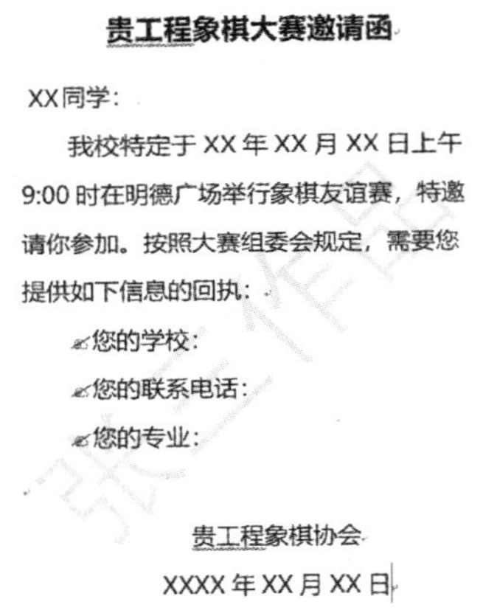

贵工程象棋大赛邀请函

XX同学:

我校特定于XX年XX月XX日上午9:00时在明德广场举行象棋友谊赛,特邀请你参加。按照大赛组委会规定,需要您提供如下信息的回执:

　　您的学校:
　　您的联系电话:
　　您的专业:

贵工程象棋协会
XXXX年XX月XX日

图 3-13

2. 进行邮件合并

复制已保存的"姓名-主文档中插入合并域.docx"文件,生成副本文件,双击打开,将会打开一个提示是否导入数据库的对话框,单击"是"按钮。制作××学校象棋大赛邀请函,文件的命名格式为"姓名-××学校象棋大赛邀请函.docx"。操作步骤如下:

a. 邮件合并。单击"邮件"选项卡"开始邮件合并"命令组中的"开始邮件合并"下拉按钮,在打开的下拉列表中选择"邮件合并分步向导"选项。

b. 在"邮件合并"窗格中,单击"编辑收件人列表"超链接,打开"邮件合并收件人"对话框查看具体信息,单击"确定"按钮。

c. 撰写与预览信函。在"邮件合并"窗格下方,依次单击"下一步:撰写信函"超链接和"下一步:预览信函"超链接,在窗格中选择编辑和预览不同收件人信件。

d. 单击"下一步:完成合并"超链接,单击"编辑单个信函"超链接。打开"合并到新文档"对话框,设置"合并记录"为"全部",单击"确定"按钮,生成新文档。

e. 保存文档。将文档另存到本地的相应文件夹中。

完成后的部分文档如图3-14所示。

3. 制作信封

制作信封,以"姓名-生成信封.docx"的形式命名后并保存。操作步骤如下:

a. 生成信封。单击"邮件"选项卡"创建"命令组中的"中文信封"按钮,打开"信封制作向导"对话框,单击"下一步"按钮。

b. 选择信封样式。在"选择信封样式"界面设置"信封样式"为"国内信封-B6",并选中下面的四个复选框,单击"下一步"按钮。

图 3-14

c．选择生成信封的方式和数量。在"选择生成信封的方式和数量"界面选中"基于地址簿文件，生成批量信封"单选项，单击"下一步"按钮。

d．导入地址簿文件。在"从文件中获取并匹配收信人信息"界面单击"选择地址簿"按钮，打开"打开"对话框。在本地路径中找到"邀请函数据源+信封地址簿.xlsx"文件（单击"文件名"右侧的下拉按钮，在打开的下拉列表中选择文件类型为"Excel"），双击导入。在"匹配收信人信息"区域选择相应项目，单击"下一步"按钮。

e．输入寄信人信息（以下输入信息均为举例，操作中需根据实际情况进行调整）。在"输入寄信人信息"的"姓名"文本框中输入"贵工程象棋协会"，在"单位"文本框中输入"贵州工程应用技术学院"，在"地址"文本框中输入"学院路"，在"邮编"文本框中输入"551700"，单击"下一步"→"完成"按钮。

f．调整信封内容。生成一个以"××（编号）.docx"形式命名的新文档。观察信封内容是否正确，若显示有误差，则进行调整，删除不必要的符号，使其正常显示。

4．保存文档

操作步骤如下：

a．将文档在本地路径中进行保存，命名格式为"××-生成信封.docx"。

b．添加水印。水印内容为"姓名+作品"，版式为"斜式"。

将制作好的文件压缩成"××-邀请函和信封.zip"（或.rar）存放在自己创建的文件夹中。制作完成后信封效果如图 3-15 所示。

图 3-15

【任务3】 制作试卷模板

1．设置试卷纸张

打开素材"Word08 素材.docx"，将试卷大小设置为 A3 纸，设置纸张方向为横向。

2．绘制得分汇总表

得分表如图 3-16 所示。操作步骤如下：

试题号	单选题（20 分）	Word 操作题（25 分）	Excel 操作题（20 分）	PowerPoint 操作题（15 分）	Windows 操作题（10 分）	浏览器及电子邮件操作题（10 分）	总分
得分							
评卷人							
复核人							

图 3-16

a．在适当的位置插入表格并输入相应的文字。

b．设置文字格式为黑色、微软雅黑、五号、加粗，且不倾斜；选中表格后，单击"表格工具"选项卡"布局"子选项卡"对齐方式"命令组中的"水平居中"按钮。

c．在"表格工具"选项卡的"布局"子选项卡中，通过"单元格大小"命令组，统一设置所有行的宽度；或者拖动表格中的列线，自行调整至合适的大小。

d．参照图 3-16，合并"复核人"行之后的单元格。

3．设置页边距

试卷虽在同一文档中，但需设置不同的页边距。操作步骤如下：

a．插入分节符。将鼠标指针移动至第一页的最后一行或第二页的首行，单击"布局"选项卡"页面设置"命令组中的"分隔符"下拉按钮，在打开的下拉列表中选择"连续"选项，删除生成的多余空行。

b．将鼠标指针移至第一页的任意位置，设置页边距，单击"布局"选项卡"页面设置"命令组中的"页边距"下拉按钮，在打开的下拉列表中选择"自定义边距"选项，打开"页面设置"对话框，上边距为 3.2 厘米、左边距为 4 厘米、右边距和下边距都为 2.5 厘米，装订线为 1 厘米，完成后单击"确定"按钮。注意在"页面设置"对话框的"应用于"下拉列表中选择"本节"选项。

c．将鼠标指针移至第二页或之后的任意页码位置，用同样的方法设置上、下、左、右边距都为 2.5 厘米，装订线为 0 厘米。注意在"页面设置"对话框的"应用于"下拉列表中选择"本节"选项。

4．绘制密封

操作步骤如下：

a．在试卷第一页的左侧空白处添加竖向文本框。单击"插入"选项卡"文本"命令组中的"文本框"下拉按钮，在打开的下拉列表中选择"绘制竖排文本框"选项，在左侧空白处进行绘制。

b．在文本框中第一行输入"专业名称 班级 姓名 学号"，按 Enter 键换行后顶格输入"*******密封线*******"，将字体设置为黑体、二号。选中文本框，单击"绘图工具"选项卡"格式"子选项卡"文本"命令组中的"文字方向"下拉按钮，在打开的下拉列表中选择"将所有文字旋转 270 度"选项。

c．将鼠标指针分别放置于"专业名称"与"班级"、"班级"与"姓名"、"姓名"与"学号"之间，在"学号"之后，单击"开始"选项卡"字体"命令组中的"下画线"①按钮，输入空格，以空格的下画线代替横线，通过敲击空格的次数调整长度。或者单击"插入"选项卡"插图"命令组中的"形状"下拉按钮，在打开的下拉列表中选择"直线"选项，绘制直线，然后进行编辑。

d．选中"密封线"，单击"开始"选项卡"段落"命令组中的"段落设置"按钮，或者右击，在弹出的快捷菜单中选择"段落"命令，打开"段落"对话框，在对话框的"常规"栏中单击"对齐方式"下拉按钮，在打开的下拉列表中选择"分散对齐"选项，单击"确定"按钮。

e．选中文本框，取消文本框边框，将"形状填充"设置为"无填充"，取消填充颜色。

5．完成绘制

简单输入试卷内容，设置水印，水印内容为"姓名+作品"，版式为"斜式"。并将文档以格式"姓名-试卷模板.docx"命名，保存在自己创建的文件夹中。

最终效果如图 3-17 所示。

图 3-17

【任务 4】　制作学生出入证

1．插入并编辑文本框

操作步骤如下：

a．插入文本框。单击"插入"选项卡"文本"命令组中的"文本框"下拉按钮，在打开的下拉列表中选择"绘制文本框"选项，绘制一个文本框。

b．设置文本框大小。选中文本框，在"绘图工具"选项卡"格式"子选项卡中的"大小"命令组中设置宽度为 8 厘米、高度为 12 厘米，单击右下角的"高级版式：大小"按钮，打开"布局"对话框，在"大小"选项卡中选中"锁定纵横比"复选框，单击"确定"按钮。

c．对齐文本框文本。选中文本框，单击"绘图工具"选项卡"格式"子选项卡"排列"命令组中的"对齐"下拉按钮，在打开的下拉列表中选择"底端对齐"选项。

d．应用形状效果。单击"绘图工具"选项卡"格式"子选项卡"形状样式"命令组中的"形状效果"下拉按钮，在打开的下拉列表中选择"棱台"→"艺术装饰"选项。

---

① 软件界面中的"下划线"，其正确写法应为"下画线"，此处特别说明，本书中的相同问题不再赘述。

2．插入并编辑背景图片

操作步骤如下：

a．插入图片。将鼠标指针移至文本框中，单击"插入"选项卡"插图"命令组中的"图片"按钮，打开"插入图片"对话框，从本地素材路径中选择"出入证背景素材.jpeg"图片，单击"插入"按钮。

b．调整图片颜色。选中图片，单击"图片工具"选项卡"格式"子选项卡"调整"命令组中的"颜色"下拉按钮，在打开的下拉列表中选择"橙色，个性色2浅色"选项。

c．调整图片大小。单击"图片工具"选项卡"格式"子选项卡"大小"命令组中的"高级版式：大小"按钮，打开"布局"对话框，在"大小"选项卡的"缩放"栏中取消选中"锁定纵横比"复选框，分别设置高度为10厘米、宽度为7.5厘米。

3．在图片上层插入文本框

操作步骤如下：

插入一个文本框，设置其宽度为7.5厘米、高度为10厘米，边框为深蓝色，边框线的宽度为4.5磅，无填充色，对齐方式为底端对齐，并锁定纵横比。

4．插入矩形框

操作步骤如下：

a．单击"插入"选项卡"插图"命令组中的"形状"下拉按钮，在打开的下拉列表中选择"矩形"选项，在大文本框顶部插入三个矩形框（供穿带子用）。

b．插入大矩形框。用同样的方法，在文本框顶部插入一个矩形框，设置其高度为1.3厘米、宽度为7.5厘米，边框为深蓝色、边框线的宽度为4.5磅，无填充色，并锁定纵横比。

c．插入小矩形框。设置其边框为"细微效果-蓝色"，高度为0.5厘米，宽度为1.5厘米，并锁定纵横比，微调使两个小矩形框处于合适的位置。

5．用表格输入文字与图片

操作步骤如下：

a．插入表格。在下部文本框中插入一个4行3列的表格，设置对齐方式为"水平居中"，合并第一列单元格。

b．插入图片。在合并后的单元格中，单击"插入"选项卡"插图"命令组中的"图片"按钮，打开"插入图片"对话框，从"素材09"文件夹中选择"学生照片.jpg"，单击"插入"按钮。

c．编辑图片。选中插入的图片，单击"图片工具"选项卡"格式"子选项卡"大小"命令组中的"裁剪"按钮，使用裁剪工具对图片进行裁剪。然后使用图片编辑工具去除背景色，并适当调整图片的大小和位置，使其居中显示。

d．输入个人信息。在表格的其他单元格中，分别输入姓名、专业、班级及联系电话。

e．格式化文字。选中输入的文字，设置文字格式为宋体、小五、加粗，并设置水平居中对齐。

f．调整表格布局。调整表格的行高，使各行行距相同，确保"联系电话"信息保持在同一行。调整表格属性设置去掉表格的边框。

6．插入标题和底部字体

操作步骤如下：

a．插入艺术字标题。单击"插入"选项卡"文本"命令组中的"艺术字"下拉按钮，在打开的下拉列表中选择"金色，着色4，软棱台"选项。在艺术字文本框中输入"学生出入证"。

b．编辑艺术字。选中艺术字标题，通过"字体"对话框设置字体样式为微软雅黑、红色、一号，并在"高级"选项卡中调整文字间距为加宽、5 磅。

c．设置艺术字效果。单击"绘图工具"选项卡"格式"子选项卡"艺术字样式"命令组中的"文本效果"下拉按钮，在打开的下拉列表中选择"转换"→"上弯弧"或"倒 V 形"选项。适当调整艺术字文本框的大小和位置。

7．插入底部文本框

操作步骤如下：

a．插入文本框。在文档底部插入一个文本框，并输入学校名称。

b．格式化文本框文字。设置文本框内的文字格式为微软雅黑、五号、加粗、黑色。

c．调整文本框。去掉文本框的填充和边框，并适当调整文本框的位置，使其与整体布局相协调。

8．组合所有对象

操作步骤如下：

按住 Ctrl 键不放，依次单击选中所有对象（包括图片、艺术字标题、文本框等）。右击选中的对象，在弹出的快捷菜单中选择"组合"命令，将所有对象组合为一个整体。添加水印，并将文档重命名为"姓名-学生出入证.docx"，存放在自己创建的文件夹中。

最终效果如图 3-18 所示。

【任务5】　制作大学生职业生涯规划书

打开素材"Word10 素材.docx"，制作样张效果。

1．插入"运动型"封面

图 3-18

操作步骤如下：

a．单击"插入"选项卡"页面"命令组中的"封面"下拉按钮，在打开的下拉列表中选择"运动型"封面样式。

b．在封面中，将"标题"控件内容设置为"大学生职业生涯规划书"，文字格式设置为黑体、一号、居中；在"作者"控件中填写自己的姓名，文字格式设置为黑体、二号、黑色；在"年份"控件中填写"2023"，文字颜色设置为黑色。删除其他不必要的控件。

c．选中图片，单击"图片工具"选项卡"格式"子选项卡"图片样式"命令组中的"其他"下拉按钮，在打开的下拉列表中选择"映像棱台，白色"样式。

2．添加分节符与生成目录

（1）设置正文文字格式。操作步骤如下：

将正文的文字格式设置为仿宋、四号，段落设置为首行缩进 2 字符。可通过修改样式进行设置（推荐使用），也可选中文字内容直接设置。

（2）在封面与正文之间插入分节符，然后生成目录。操作步骤如下：

a．将鼠标指针移至"序言"左侧，单击"布局"选项卡"页面设置"命令组中的"分隔符"下拉按钮，在打开的下拉列表中选择"分节符"→"下一页"选项，在封面与正文之间生成一个空白页的"节"。

b．在目录页，单击"引用"选项卡"目录"命令组中的"目录"下拉按钮，在打开的下拉列表中选择"自定义目录"选项，在打开的"目录"对话框中选中"显示页码"和"页码右对齐"复选框，设置"显示级别"为"3"，单击"确定"按钮，生成目录。

c．输入目录标题。输入"目录"两字作为标题，设置样式为标题1，文字格式为黑体、居中，段落状态为段后24磅。

3．设置页眉

对正文页面进行设置：左侧注明"大学生职业生涯规划书"，右侧则使用"标题1"的内容。操作步骤如下：

a．进入页眉编辑状态。在正文页眉区域双击，在"页眉和页脚工具"选项卡"设计"子选项卡的"选项"命令组中选中"奇偶页不同"复选框。后述步骤b至f须分别在任一正文奇数页页眉和偶数页页眉执行。

b．单击"页眉和页脚工具"选项卡"设计"子选项卡"页眉和页脚"命令组中的"页眉"下拉按钮，在打开的下拉列表中选择"空白（三栏）"选项，添加页眉内容，移除其中间栏。

c．在左侧的文本框内输入"大学生职业生涯规划书"，调整文本对齐方式，使其靠左对齐。

d．将鼠标指针置于右侧文本框，单击"页眉和页脚工具"选项卡"设计"子选项卡"插入"命令组中的"文档部件"下拉按钮，在打开的下拉列表中选择"域"选项，打开"域"对话框，在"域名"下拉列表中选择"StyleRef"选项，并在"样式名"列表中选择"标题1"选项，单击"确定"按钮。

e．将鼠标指针移至任一正文页面页眉，单击"页眉和页脚工具"选项卡"设计"子选项卡"导航"命令组中的"链接到前一条页眉"按钮，清除其高亮状态。删除正文之前页面的页眉内容。

f．去除第1节和第2节中页眉的横线。将鼠标指针移至相应节的页眉上，选中段落标记后，单击"开始"选项卡"段落"命令组中的"边框"下拉按钮，在打开的下拉列表中选择"无框线"选项，从而取消页眉横线。

4．设置页脚

仅针对正文页进行设置，奇偶页采用不同的页脚设计，奇数页采用"马赛克3"样式，起始页码设置为1；偶数页则使用"马赛克1"风格。操作步骤如下：

a．双击正文页脚区域，进入页脚编辑状态。

b．在任一正文奇数页的页脚处，单击"页眉和页脚工具"选项卡"设计"子选项卡"页眉和页脚"命令组中的"页码"下拉按钮，在打开的下拉列表中选择"页面底端"→"马赛克3"选项，插入页码。单击"页眉和页脚工具"选项卡"设计"子选项卡"页眉和页脚"命令组中的"页码"下拉按钮，在打开的下拉列表中选择"设置页码格式"选项，在打开的"页码格式"对话框中选中"起始页码"单选项，输入"1"作为起始页码，单击"确定"按钮后调整页码的图形和数字位置，确保数字不被图形遮挡。

c．在任一正文偶数页的页脚处，按照步骤b执行页码的添加和调整工作。

d．将鼠标指针分别移至正文的奇偶页码处，依照前述步骤取消"链接到前一条页眉"的高亮状态并删除相应页脚内容。

e．退出页眉页脚编辑状态。在文档中任意正文区域双击或单击"页眉和页脚工具"选项卡"设计"子选项卡"关闭"命令组中的"关闭页眉和页脚"按钮退出。

5．更新目录与添加水印

操作步骤如下：

a．将鼠标指针移至目录域，单击"引用"选项卡"目录"命令组中的"更新目录"按钮，在打开的"更新目录"对话框中选中"更新整个目录"单选项，并删除目录第一行。

b．单击"设计"选项卡"页面背景"命令组中的"水印"下拉按钮，在打开的下拉列表中选择"自定义水印"选项，打开"水印"对话框，设置水印内容为"姓名+作品"，版式为"斜式"。

最终效果如图 3-19 所示。

图 3-19

【任务6】 制作大学迎新欢迎词

打开素材"Word12 素材.docx",制作样张效果。

1. 编辑页眉图片

操作步骤如下:

a. 插入图片。双击页眉处进入编辑状态,单击"插入"选项卡"插图"命令组中的"图片"按钮,在打开的对话框中选择"图片-1.jpg",单击"插入"按钮。

b. 环绕文字设置。选中图片,单击"图片工具"选项卡"格式"子选项卡"排列"命令组中的"环绕文字"下拉按钮,在打开的下拉列表中选择"上下型环绕"选项。

c. 样式与边框。单击"图片工具"选项卡"格式"子选项卡"图片样式"命令组中的"映象棱台,黑色"按钮,设置"图片边框"为"无轮廓"。

d. 调整大小。单击"图片工具"选项卡"格式"子选项卡"大小"命令组中的"高级版式:大小"按钮,打开"布局"对话框,设置图片高度为4厘米,宽度为21厘米,选中"锁定纵横比"复选框,调整位置使其与纸张顶部三边对齐。

e. 取消页眉横线。双击页眉,使页眉处于编辑状态。将鼠标指针移至页眉,选中段落标记,设置边框为"无框线",退出页眉编辑状态。

2. 设置书签与超链接

操作步骤如下:

a. 插入书签。单击"插入"选项卡"链接"命令组中的"书签"按钮,打开"书签"对话框,设置"书签名"为"首页","排序依据"为"名称",单击"添加"按钮。

b. 创建文本框。在文档中插入两个文本框,内容分别为"学校风光欣赏"和"内容简介",格式均为"强烈效果-蓝色,强调颜色5",文字居中对齐。在最后页"学校风光欣赏"处创建"学校风光"书签,插入文本框,并在文本框内输入"返回首页",文本框格式同前两个。

c. 建立超链接。选中第一页的"学校风光欣赏"文本框并右击,在弹出的快捷菜单中选择"超链接"命令。打开"插入超链接"对话框,单击"书签"按钮,选择"学校风光"书签,单击"确定"按钮,建立超链接。

同样,为最后一页的"返回首页"文本框建立指向"首页"书签的超链接;为"内容简介"与"学校简介.png"图片文件建立超链接。

3. 修订文档内容

将文档第二段内容(从"在硕果累累的金……"开始,到"欢迎你们!")按照如图3-20所示进行修订。操作步骤如下:

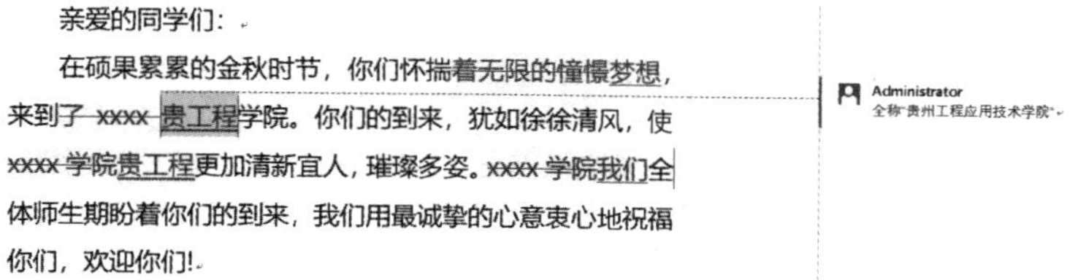

图 3-20

a．启动修订。单击"审阅"选项卡"修订"命令组中的"修订"按钮，使其高亮显示，在该命令组的右上角设置显示"所有标记"。

b．进行修订。按照图示进行文字的增加与删除。

c．添加批注。选中文字"贵工程"，单击"审阅"选项卡"批注"命令组中的"新建批注"按钮，在文档的右侧生成一个新的批注框，在生成的批注框中输入文本内容。

d．进行屏幕截图，并将截图文件另存为"姓名-修订.jpg"。

e．再次单击"审阅"选项卡，在"更改"命令组中单击"接受"下拉按钮，在打开的下拉列表中选择"接受所有修订"选项，以接受文档中的所有修订。在"批注"命令组中单击"删除"下拉按钮，在打开的下拉列表中选择"删除文档中的所有批注"选项，可以清除所有批注。单击"修订"下拉按钮，可以取消修订的高亮显示。

4．添加首字下沉与文字注音

操作步骤如下：

a．首字下沉。将鼠标指针移至文档的第一行，单击"插入"选项卡"文本"命令组中的"首字下沉"下拉按钮，在打开的下拉列表中选择"首字下沉选项"选项，打开"首字下沉"对话框。设置位置为"下沉"，字体为"微软雅黑"，下沉行数为"3"，其他选项保持默认设置，单击"确定"按钮。

b．拼音指南。选中文本"硕果累累"，单击"开始"选项卡"字体"命令组中的"拼音指南"按钮，打开"拼音指南"对话框。在对话框中，所有选项保持默认设置，然后单击"确定"按钮，给"硕果累累"添加拼音。

5．添加水印与保存文档

水印内容为"姓名+作品"，效果如图 3-21 所示，版式为"斜式"。将文档重命名为"姓名-大学迎新欢迎词.docx"，存放在自己创建的文件夹中。

图 3-21

第 4 章　Excel 2016 表格处理

4.1　Excel 中的基本操作

【实训目的】

1. 掌握工作表的编辑与格式设置。
2. 掌握对工作表内容进行编辑与格式化的操作。
3. 掌握设置工作表自动保存时间间隔的方法。

【实训内容】

1. 在工作表中输入指定信息，并进行相应的格式设置。
2. 在工作表中添加新列，删除指定行。
3. 替换工作表中的特定内容。
4. 设置文档的自动保存时间间隔。
5. 为数据区域添加边框。
6. 冻结工作表中指定的窗口。
7. 设置条件格式以突出显示数据。

【实训要求】

1. 严格按照实训内容进行操作，确保每个步骤的正确性和完整性。
2. 在操作过程中，注意数据的安全性和保密性，避免误删或泄漏重要信息。
3. 对于实验中的每个步骤，都需要认真记录操作过程和结果，以便后续分析和总结。

【任务 1】　Excel 工作表编辑与自动化设置

打开"Excel-01"文件夹中的"Excel 素材.xlsx"文件，进行如下操作。

1. 编辑"Sheet1"工作表

正确输入"编号"列中的数据；将"基本工资"列和"补贴"列中的数据设置成货币类型，加千位分隔符，小数位数保留 2 位。

（1）设置"编号"列格式并填充。操作步骤如下：

a. 选中需要输入编号的单元格，单击"开始"选项卡"数字"命令组右下角的"数字格式"按钮，打开"设置单元格格式"对话框。

b. 在"数字"选项卡的"分类"列表框中选择"文本"选项，如图 4-1 所示，单击"确定"按钮，将选中的单元格的数字类型设置为文本，单击"确定"按钮。

c. 在 A2 单元格中输入"0001"，在 A3 单元格中输入"0002"，选中 A2 和 A3 单元格，向下拖动填充柄，完成"编号"列的快速填充。

图 4-1

（2）设置"基本工资"列和"补贴"列格式。操作步骤如下：

a．选中"基本工资"列和"补贴"列的数据（F2:G122），单击"开始"选项卡"数字"命令组右下角的"数字格式"按钮，打开"设置单元格格式"对话框。

b．在"数字"选项卡的"分类"列表框中选择"货币"选项，设置"小数位数"为"2"，"货币符号（国家/地区）"选择"¥"，单击"确定"按钮，如图 4-2 所示，完成设置。

图 4-2

2．插入新列

在"实发工资"列前增加"社保扣款""合计工资"和"个人所得税"三列。操作步骤如下：

a．选中"实发工资"列，右击，在弹出的快捷菜单中选择"插入"命令，插入一列（空白列）。

b．重复上述步骤，再插入两列（空白列），并在列标题位置分别输入"社保扣款""合计工资"和"个人所得税"。

3．删除指定员工

删除"编号"为"0005"的员工。操作步骤如下：

a．将鼠标指针放置在编号为"0005"的员工所在的行号上，单击选中该行。

b．右击，在弹出的快捷菜单中选择"删除"命令，删除该行。

4．替换部门名称

图 4-3

将"部门"列中的"办公室"重命名为"行政部"。操作步骤如下：

a．选中"部门"列，单击"开始"选项卡"编辑"命令组中的"查找和选择"下拉按钮，在打开的下拉列表中选择"替换"选项，打开"查找和替换"对话框。

b．在"查找内容"文本框中输入"办公室"，在"替换为"文本框中输入"行政部"，如图 4-3 所示，单击"全部替换"按钮，完成替换。

5．设置文档自动保存时间间隔

设置文档自动保存时间间隔为 2 分钟。将其设置界面截图保存为"01-Excel 自动保存时间设置截图.png"。操作步骤如下：

a．选择"文件"→"选项"命令，打开"Excel 选项"对话框。

b．切换到"保存"选项卡，在"保存工作簿"栏中将"保存自动恢复信息时间间隔"设置为 2 分钟，如图 4-4 所示，单击"确定"按钮，完成设置。

图 4-4

c．利用截图键截图，并将设置界面截图保存为"01-Excel 自动保存时间设置截图.png"。操作完成后文档效果如图 4-5 所示。

	A	B	C	D	E	F	G	H	I	J	K	L
1	编号	姓名	性别	职位	部门	基本工资	补贴	社保扣款	合计工资	个人所得税	实发工资	签名
2	0001	何平	男	经理	采购部	¥3,300.00	¥200.00					
3	0002	贾杰	女	组长	销售部	¥3,300.00	¥200.00					
4	0003	江一山	男	组长	采购部	¥2,800.00	¥200.00					
5	0004	李小平	女	副组长	采购部	¥2,600.00	¥200.00					
6	0006	卢祥千	男	员工	销售部	¥2,500.00	¥200.00					
7	0007	张默然	女	员工	采购部	¥2,500.00	¥200.00					
8	0008	李楠	男	员工	销售部	¥2,500.00	¥200.00					
9	0009	吴萍萍	女	员工	采购部	¥2,500.00	¥200.00					
10	0010	王海江	男	经理	销售部	¥3,900.00	¥200.00					
11	0011	张小丽	女	组长	行政部	¥2,800.00	¥200.00					
12	0012	李磊	男	副组长	销售部	¥2,600.00	¥200.00					
13	0013	马腾	女	员工	行政部	¥2,300.00	¥200.00					
14	0014	赵静	女	员工	行政部	¥2,300.00	¥200.00					
15	0015	金鑫鑫	男	员工	采购部	¥2,650.00	¥200.00					
16	0016	王平平	女	副组长	销售部	¥2,700.00	¥200.00					
17	0017	艾贵民	男	组长	采购部	¥3,900.00	¥200.00					
18	0018	蔡国永	男	员工	销售部	¥2,800.00	¥200.00					
19	0019	陈静	女	员工	销售部	¥2,600.00	¥200.00					
20	0020	陈丽	女	员工	采购部	¥2,800.00	¥200.00					
21	0021	陈梦娜	女	员工	销售部	¥2,800.00	¥200.00					
22	0022	陈泽义	男	员工	采购部	¥2,650.00	¥200.00					
23	0023	邓沙沙	女	经理	销售部	¥2,700.00	¥200.00					
24	0024	邓先娥	女	组长	采购部	¥3,900.00	¥200.00					
25	0025	丁韦	女	副组长	采购部	¥2,600.00	¥200.00					
26	0026	董宇希	女	员工	销售部	¥2,600.00	¥200.00					
27	0027	杜文燕	女	员工	销售部	¥2,300.00	¥200.00					
28	0028	冯冰雨	女	员工	销售部	¥2,800.00	¥200.00					
29	0029	付政福	男	员工	采购部	¥2,650.00	¥200.00					
30	0030	高叶叶	女	经理	销售部	¥2,700.00	¥200.00					
31	0031	郭兰	女	组长	采购部	¥3,900.00	¥200.00					
32	0032	韩振玲	女	副组长	采购部	¥2,600.00	¥200.00					
33	0033	何静	男	员工	采购部	¥2,300.00	¥200.00					
34	0034	何明书	男	员工	采购部	¥2,300.00	¥200.00					
35	0035	胡春	女	员工	销售部	¥2,800.00	¥200.00					
36	0036	胡恩女	女	员工	采购部	¥2,650.00	¥200.00					
37	0037	胡莉	女	经理	采购部	¥2,700.00	¥200.00					
38	0038	黄德馨	女	组长	采购部	¥3,900.00	¥200.00					
39	0039	黄双双	女	副组长	销售部	¥2,600.00	¥200.00					
40	0040	黄枝春	男	员工	销售部	¥2,600.00	¥200.00					
41	0041	蒋春花	女	员工	销售部	¥2,800.00	¥200.00					
42	0042	蒋先亚	男	员工	销售部	¥2,800.00	¥200.00					
43	0043	廉琳	女	员工	采购部	¥2,650.00	¥200.00					

图 4-5

【任务 2】　工作表格式设置与条件格式化操作

打开"Excel-05"文件夹中的"Excel 素材.xlsx"文件。

1．设置文件标题

在"Sheet1"工作表的第 1 行前插入 1 行，内容为"员工工资表"，字体为"华文楷体"，字号为"36"，垂直、水平方向合并居中。操作步骤如下：

a．选中第 1 行，右击，在弹出的快捷菜单中选择"插入"命令，在第 1 行前插入一行（空白行）。

b．选中 A1:N1 单元格区域，单击"开始"选项卡"对齐方式"命令组中的"合并后居中"按钮，合并单元格。

c．在合并的单元格内输入"员工工资表"，并设置字体为"华文楷体"，字号为"36"。

2．设置数据格式与对齐方式

设置其余单元格数据居中显示，字体为"宋体"，字号为"12"。操作步骤如下：

a．框选除第 1 行外的其余单元格，单击"开始"选项卡"对齐方式"命令组中的"居中"按钮，使数据居中显示。

b．在"开始"选项卡的"字体"命令组中，设置字体为"宋体"，字号为"12"。

3．添加边框

在数据区域添加边框，外边框用双实线，内边框用细实线。操作步骤如下：

a．选中 A2:N122 单元格区域，单击"开始"选项卡"单元格"命令组中的"格式"下拉按钮，在打开的下拉列表中选择"设置单元格格式"选项，打开"设置单元格格式"对话框。

b．切换到"设置单元格格式"对话框的"边框"选项卡，先选择线条样式为双实线，选择"预置"栏中的"外边框"选项，再选择线条样式中的细实线，选择"预置"栏中的"内部"选项，如图 4-6 所示，单击"确定"按钮，完成边框设置。

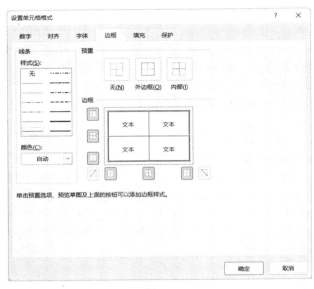

图 4-6

4．设置列标题填充效果

在列标题上设置填充效果，自定义颜色值 R、G、B 均为 166。操作步骤如下：

a．选中 A2:N2 单元格区域列标题，单击"开始"选项卡"字体"命令组中的"填充颜色"下拉按钮，在打开的下拉列表中选择"其他颜色"选项，打开"颜色"对话框。

b．切换到"颜色"对话框的"自定义"选项卡，设置颜色模式为 RGB，并在"红色（R）""绿色（G）""蓝色（B）"文本框中均输入"166"，如图 4-7 所示，单击"确定"按钮，完成自定义颜色设置。

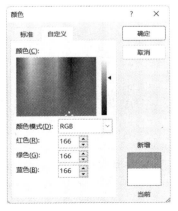

图 4-7

5．冻结窗口显示

将工作表的第 1～2 行冻结窗口显示。操作步骤如下：

选中表格中的第 3 行，单击“视图”选项卡“窗口”命令组中的“冻结窗格”下拉按钮，在打开的下拉列表中选择“冻结拆分窗格”选项，冻结工作表的第 1～2 行。

6．设置条件格式化

将“职位”为“经理”的单元格标识为“浅红填充色深红色文本”，使用红色数据条标识“实发工资”数据。操作步骤如下：

a．选中“职位”列数据，单击“开始”选项卡“样式”命令组中的“条件格式”下拉按钮，在打开的下拉列表中选择“突出显示单元格规则”→“等于”选项，打开“等于”对话框。

b．在“等于”对话框中，输入“经理”作为条件值，并设置格式为“浅红填充色深红色文本”，如图 4-8 所示，单击“确定”按钮。

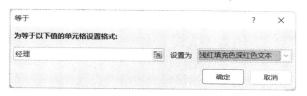

图 4-8

c．选中“实发工资”列中的数据，单击“开始”选项卡“样式”命令组中的“条件格式”下拉按钮，在打开的下拉列表中选择“数据条”→“实心填充”→“红色数据条”选项，完成数据条标识设置。

完成后效果如图 4-9 所示。

1	员工工资表												
2	编号	姓名	性别	身份证号码	出生日期（按yy-mm-dd格式）	职位	部门	基本工资	奖金	补贴	社保扣款	合计工资	个人所得税	实发工资
3	0010	刘	男	******199808141912	1998-08-14	经理	销售倍	¥3,900.00	¥1,200.00	¥200.00	¥583.00	¥4,717.00	¥36.51	¥4,680.49
4	0024	李永	男	******199610013914	1996-10-01	组长	采购部	¥3,890.00	¥1,100.00	¥200.00	¥570.90	¥4,619.10	¥33.57	¥4,585.53
5	0031	吴锦	男	******199805202512	1998-05-20	组长	采购部	¥3,880.00	¥1,100.00	¥200.00	¥569.80	¥4,610.20	¥33.31	¥4,576.89
6	0017	杨均	男	******199801233574	1998-01-23	组长	采购部	¥3,850.00	¥1,100.00	¥200.00	¥566.50	¥4,583.50	¥32.51	¥4,551.00
7	0045	曾	男	******199901021513	1999-01-02	组长	采购部	¥3,749.00	¥1,100.00	¥200.00	¥555.39	¥4,493.61	¥29.81	¥4,463.80
8	0038	管	男	******199706272019	1997-06-27	组长	采购部	¥3,720.00	¥1,100.00	¥200.00	¥552.20	¥4,467.80	¥29.03	¥4,438.77
9	0052	周国	男	******199808102032	1998-08-10	组长	采购部	¥3,716.00	¥1,100.00	¥200.00	¥551.76	¥4,464.24	¥28.93	¥4,435.31
10	0059	韦寒	男	******199610155337	1996-10-15	组长	采购部	¥3,683.00	¥1,100.00	¥200.00	¥548.13	¥4,434.87	¥28.05	¥4,406.82
11	0066	文进	男	******199702250014	1997-02-25	组长	采购部	¥3,650.00	¥1,100.00	¥200.00	¥544.50	¥4,405.50	¥27.17	¥4,378.34
12	0073	吴奇	男	******199804210212	1998-04-21	组长	采购部	¥3,617.00	¥1,100.00	¥200.00	¥540.87	¥4,376.13	¥26.28	¥4,349.85
13	0080	夏	女	******199702068725	1997-02-06	组长	采购部	¥3,584.00	¥1,100.00	¥200.00	¥537.24	¥4,346.76	¥25.40	¥4,321.36
14	0087	熊	女	******199703143247	1997-03-14	组长	采购部	¥3,551.00	¥1,100.00	¥200.00	¥533.61	¥4,317.39	¥24.52	¥4,292.87
15	0094	徐	女	******199901206541	1999-01-20	组长	采购部	¥3,518.00	¥1,100.00	¥200.00	¥529.98	¥4,288.02	¥23.64	¥4,264.38
16	0101	杨定	女	******199810251347	1998-10-25	组长	采购部	¥3,485.00	¥1,100.00	¥200.00	¥526.35	¥4,258.65	¥22.76	¥4,235.89
17	0001	肖志	男	******199706272019	1997-06-27	经理	行政部	¥3,353.00	¥1,200.00	¥200.00	¥522.83	¥4,230.17	¥21.91	¥4,208.26
18	0108	杨	女	******199608086627	1996-08-08	组长	采购部	¥3,452.00	¥1,100.00	¥200.00	¥522.72	¥4,229.28	¥21.88	¥4,207.40
19	0115	杨思	女	******199709192527	1997-09-19	组长	采购部	¥3,419.00	¥1,100.00	¥200.00	¥519.09	¥4,199.91	¥21.00	¥4,178.91
20	0122	杨学	女	******199901206541	1999-01-20	组长	采购部	¥3,386.00	¥1,100.00	¥200.00	¥515.46	¥4,170.54	¥20.12	¥4,150.42
21	0023	先	男	******199610155337	1996-10-15	经理	销售倍	¥3,221.00	¥1,200.00	¥200.00	¥508.31	¥4,112.69	¥18.38	¥4,094.31
22	0002	冷	男	******200004213617	2000-04-21	组长	采购部	¥3,320.00	¥1,100.00	¥200.00	¥508.20	¥4,111.80	¥18.35	¥4,093.45
23	0030	陈	男	******199702250014	1997-02-25	经理	销售倍	¥3,188.00	¥1,200.00	¥200.00	¥504.68	¥4,083.32	¥17.50	¥4,065.82
24	0003	吴寅	男	******199610276638	1996-10-27	组长	销售倍	¥3,287.00	¥1,100.00	¥200.00	¥504.57	¥4,082.43	¥17.47	¥4,064.96
25	0037	张洪	男	******199804210212	1998-04-21	经理	销售倍	¥3,155.00	¥1,200.00	¥200.00	¥501.05	¥4,053.95	¥16.62	¥4,037.33
26	0011	陆	男	******199610129815	1996-10-12	组长	行政部	¥3,254.00	¥1,100.00	¥200.00	¥500.94	¥4,053.06	¥16.59	¥4,036.47
27	0044	徐建	男	******199904303371	1999-04-30	经理	销售倍	¥3,122.00	¥1,200.00	¥200.00	¥497.42	¥4,024.58	¥15.74	¥4,008.84
28	0051	李中	男	******199901085695	1999-01-08	经理	销售倍	¥3,089.00	¥1,200.00	¥200.00	¥493.79	¥3,995.21	¥14.86	¥3,980.35
29	0058	韦登	男	******199805171175	1998-05-17	经理	销售倍	¥3,056.00	¥1,200.00	¥200.00	¥490.16	¥3,965.84	¥13.98	¥3,951.86
30	0065	韦志	男	******199806136096	1998-06-13	经理	销售倍	¥3,023.00	¥1,200.00	¥200.00	¥486.53	¥3,936.47	¥13.09	¥3,923.38
31	0072	吴	男	******199609193270	1996-09-19	经理	销售倍	¥2,990.00	¥1,200.00	¥200.00	¥482.90	¥3,907.10	¥12.21	¥3,894.89
32	0079	席	女	******199709224567	1997-09-22	经理	销售倍	¥2,957.00	¥1,200.00	¥200.00	¥479.27	¥3,877.73	¥11.33	¥3,866.40
33	0086	谢宇	女	******199909104445	1999-09-10	经理	销售倍	¥2,700.00	¥1,200.00	¥200.00	¥451.00	¥3,649.00	¥4.47	¥3,644.53
34	0093	徐	女	******199811060281	1998-11-06	经理	销售倍	¥2,700.00	¥1,200.00	¥200.00	¥451.00	¥3,649.00	¥4.47	¥3,644.53
35	0100	杨朝	女	******199709201883	1997-09-20	经理	销售倍	¥2,700.00	¥1,200.00	¥200.00	¥451.00	¥3,649.00	¥4.47	¥3,644.53
36	0107	杨进	女	******199710050849	1997-10-05	经理	销售倍	¥2,700.00	¥1,200.00	¥200.00	¥451.00	¥3,649.00	¥4.47	¥3,644.53
37	0114	杨世	女	[illegible]	[illegible]	经理	销售倍	[illegible]	[illegible]	[illegible]	[illegible]	[illegible]	[illegible]	[illegible]

图 4-9

4.2 Excel 中的公式与函数的使用

【实训目的】

1．掌握公式的编辑与函数的使用方法。
2．掌握工作表中快速填充的方法。
3．掌握工作表中分列的使用方法。
4．掌握公式中运算符的使用方法。

【实训内容】

1．工作表中基本公式和函数的使用。
2．工作表中数据输入方式设置。
3．身份证号码中信息提取。
4．不同工作簿（表）之间数据汇聚。
5．快速填充与分列。

【实训要求】

1．严格按照实训内容进行操作，确保每个步骤的正确性和完整性。
2．在操作过程中，注意数据的安全性和保密性，避免误删或泄漏重要信息。
3．对于实验中的每个步骤，都需要认真记录操作过程和结果，以便后续分析和总结。

【任务1】 函数与公式的基本操作

打开"Excel-02"文件夹中的"Excel 素材.xlsx"文件，对 Sheet1 工作表中有关"工资"的数据列，利用公式和函数计算社保扣款、合计工资、个人所得税、实发工资、最大值、平均值及实发工资总额等操作任务。

1．自定义公式计算（一）

计算"社保扣款"，公式如下：社保扣款=（基本工资+奖金+补贴）×11%。操作步骤如下：

a．选中 I2 单元格，输入公式"=(F2+G2+H2)*0.11"。

b．按 Enter 键完成输入，双击填充柄向下进行填充，如图 4-10 所示。

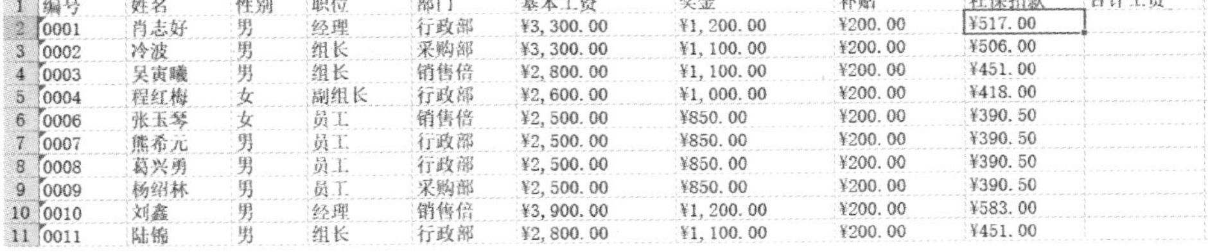

图 4-10

2．自定义公式计算（二）

计算"合计工资"，公式如下：合计工资=基本工资+奖金+补贴-社保扣款。操作步骤如下：

a．选中 J2 单元格，输入公式"=F2+G2+H2-I2"。

b．按 Enter 键完成输入，双击填充柄向下进行填充，如图 4-11 所示。

	A	B	C	D	E	F	G	H	I	J	K
J2					fx	=F2+G2+H2-I2					
1	编号	姓名	性别	职位	部门	基本工资	奖金	补贴	社保扣款	合计工资	个人所得税
2	0001	肖志好	男	经理	行政部	¥3,300.00	¥1,200.00	¥200.00	¥517.00	¥4,183.00	
3	0002	冷波	男	组长	采购部	¥3,300.00	¥1,100.00	¥200.00	¥506.00	¥4,094.00	
4	0003	吴寅曦	男	组长	销售倍	¥2,800.00	¥1,100.00	¥200.00	¥451.00	¥3,649.00	
5	0004	程红梅	女	副组长	行政部	¥2,600.00	¥1,000.00	¥200.00	¥418.00	¥3,382.00	
6	0006	张玉琴	女	员工	销售部	¥2,500.00	¥850.00	¥200.00	¥390.50	¥3,159.50	
7	0007	熊希元	男	员工	行政部	¥2,500.00	¥850.00	¥200.00	¥390.50	¥3,159.50	
8	0008	葛兴勇	男	员工	行政部	¥2,500.00	¥850.00	¥200.00	¥390.50	¥3,159.50	
9	0009	杨绍林	男	员工	采购部	¥2,500.00	¥850.00	¥200.00	¥390.50	¥3,159.50	
10	0010	刘鑫	男	经理	销售倍	¥3,900.00	¥1,200.00	¥200.00	¥583.00	¥4,717.00	
11	0011	陆锦	男	组长	行政部	¥2,800.00	¥1,100.00	¥200.00	¥451.00	¥3,649.00	

图 4-11

3．使用特定函数计算

计算"个人所得税"，规则为，如果合计工资金额大于或等于 3500 元，则个人所得税规则为（合计工资-3500）×3%，否则不扣税。操作步骤如下：

a．选中 K2 单元格，单击"公式"选项卡"函数库"命令组中的"插入函数"按钮。

b．打开"插入函数"对话框，在"选择函数"列表框中选择"IF"函数，如图 4-12 所示，单击"确定"按钮，打开"函数参数"对话框。

c．在"Logical_test"参数栏中输入条件表达式"J2>=3500"。

d．在"Value_if_true"参数栏中输入条件表达式为真时返回的值"(J2-3500)*0.03"。

e．在"Value_if_false"参数栏中输入条件表达式为假时返回的值"0"，如图 4-13 所示。

f．单击"确定"按钮，双击填充柄向下进行填充。

图 4-12　　　　　　　　　　　　　　　　　图 4-13

4．自定义公式计算（三）

计算"实发工资"，公式如下：实发工资=合计工资-个人所得税。操作步骤如下：

a．选中 L2 单元格，输入公式"=J2-K2"。

b．按 Enter 键完成输入，双击填充柄向下进行填充。

5．计算各列最大值

在 F123:L123 单元格区域，分别计算"基本工资""奖金""补贴""社保扣款""合计工资""个人所得税""实发工资"列的最大值。操作步骤如下：

a．在 E123 单元格内输入"最大值"。

b．选中 F123 单元格，单击"公式"选项卡"函数库"命令组中的"插入函数"按钮。

c．打开"插入函数"对话框，在"选择函数"列表框中选择"MAX"函数，单击"确定"按钮，打开"函数参数"对话框。

d．在"Number1"参数栏中输入 F2:F122（或直接框选 F2:F122 单元格区域），如图 4-14 所示，单击"确定"按钮，即可计算出"基本工资"列中数值的最大值。

图 4-14

e．向右拖动 F123 单元格的填充柄，完成"奖金""补贴""社保扣款""合计工资""个人所得税""实发工资"列的最大值填充。

6．计算各列平均值

在 F124:L124 单元格区域，分别计算"基本工资""奖金""补贴""社保扣款""合计工资""个人所得税""实发工资"列的平均值。操作步骤如下：

a．在 E124 单元格内输入"平均值"。

b．选中 F124 单元格，单击"公式"选项卡"函数库"命令组中的"插入函数"按钮。

c．打开"插入函数"对话框，在"选择函数"列表框中选择"AVERAGE"函数，单击"确定"按钮，打开"函数参数"对话框。

d．在"Number1"参数栏中输入"F2:F122"，如图 4-15 所示，单击"确定"按钮，即可计算出"基本工资"列中数值的平均值。

e．向右拖动 F124 单元格的填充柄，完成"奖金""补贴""社保扣款""合计工资""个人所得税""实发工资"列的平均值填充。

7．计算总额

在 L125 单元格计算实发工资的总额（求和）。操作步骤如下：

a．在 E125 单元格内输入"工资总额"。

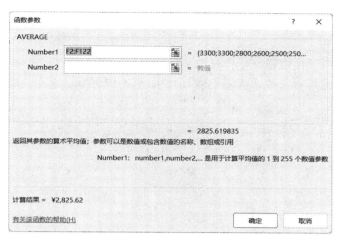

图 4-15

b．选中 L125 单元格，单击"公式"选项卡"函数库"命令组中的"插入函数"按钮。

c．打开"插入函数"对话框，在"选择函数"列表框中选择"SUM"函数，单击"确定"按钮，打开"函数参数"对话框。

d．在"Number1"参数栏中输入"L2:L122"，单击"确定"按钮，如图 4-16 所示，即可计算出"实发工资"列中数值的总额。

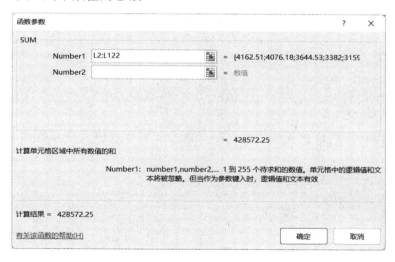

图 4-16

【任务 2】　数据填充与排序

打开"Excel-03"文件夹中的"Excel 素材.xlsx"文件。

1．序列填充的数据验证

将"性别"列中数据的输入方式设置成按序列填充（序列项为"男"和"女"）。操作步骤如下：

a．选中"性别"列需要填充的单元格范围（C2:C122）。

b. 单击"数据"选项卡"数据工具"命令组中的"数据验证"按钮，打开"数据验证"对话框。

c. 单击"允许"下拉按钮，在打开的下拉列表中选择"序列"选项，在"来源"栏中输入"男,女"（注意：逗号需在英文状态下输入），如图 4-17 所示，单击"确定"按钮完成设置。

图 4-17

2. 从单元格中提取信息并格式化

身份证号码中的第 7～10 位数字表示出生年份，第 11、12 位数字表示出生月份，第 13、14 位表示出生日，第 17 位表示性别：奇数表示"男"，偶数表示"女"。因此，可以从"身份证号码"列中提取出生日期，并将出生日期数据按日期格式"yy-mm-dd"填充。操作步骤如下：

a. 在 E2 单元格内输入公式"=MID(D2,7,4)&"-"&MID(D2,11,2)&"-"&MID(D2,13,2)"，然后按 Enter 键完成输入。

b. 将鼠标指针指向该单元格的填充柄，双击即可完成出生日期数据填充，操作结果如图 4-18 所示。

图 4-18

3. 降序排序

将"排名"列中的所有数据按"实发工资"进行降序排序。操作步骤如下：

a. 在 O2 单元格内输入公式"=RANK.EQ(N2,$N$2:$N$122,0)"，按 Enter 键完成输入。

b. 将鼠标指针指向该单元格的填充柄，双击即可完成"排名"列的数据填充，操作结果如图 4-19 所示。

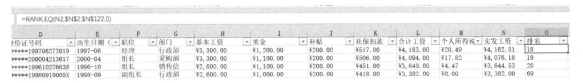

=RANK.EQ(N2,$N$2:$N$122,0)

份证号码	出生日期	职位	部门	基本工资	奖金	补贴	社保扣款	合计工资	个人所得税	实发工资	排名
*****199706272019	1997-06	经理	行政部	¥3,300.00	¥1,200.00	¥200.00	¥517.00	¥4,183.00	¥20.49	¥4,162.51	18
*****200004213617	2000-04	组长	采购部	¥3,300.00	¥1,100.00	¥200.00	¥506.00	¥4,094.00	¥17.82	¥4,076.18	19
*****199610276638	1996-10	组长	销售倍	¥2,800.00	¥1,100.00	¥200.00	¥451.00	¥3,649.00	¥4.47	¥3,644.53	20
*****19980919005X	1998-09	副组长	行政部	¥2,600.00	¥1,000.00	¥200.00	¥418.00	¥3,382.00	¥0.00	¥3,382.00	69

图 4-19

【任务 3】　使用函数与分列

打开 "Excel-04" 文件夹中的 "Excel 素材.xlsx" 文件。

1. 使用 VLOOKUP 函数

使用 VLOOKUP 函数，将 "Excel 素材 2" 工作表内 "性别" 列中的数据按照编号顺序复制到 "Excel 素材 1" 工作表的 "性别" 列中。操作步骤如下：

a. 在 C2 单元格内输入公式 "=VLOOKUP(A2,Excel 素材 2!$A$2:$C$122,3,0)" 或 "=VLOOKUP (A2,Excel 素材 2!A:C,3,0)"，然后按 Enter 键完成输入。

b. 将鼠标指针指向该单元格的填充柄，双击即可完成 "性别" 列的数据填充，操作结果如图 4-20 所示。

C2		✕	✓	fx	=VLOOKUP(A2,Excel 素材2!$A$2:$C$122,3,0)

	A	B	C	D	E	F	G
1	编号	姓名	性别	身份证号码	职位	部门	生活费用,学习培训
2	0026	姜青青	男	******199211064417	员工	销售倍	生活费用700元,出差费2503元
3	0062	韦栩	男	******199211064417	员工	采购部	生活费用1000元,培训费505元
4	0096	许梅	女	******199604132626	员工	销售倍	生活费用700元,出差费2507元
5	0120	杨兴望	女	******199604132626	员工	采购部	生活费用1000元,出差费3012元
6	0084	萧代光	女	******199608086627	员工	销售倍	生活费用1000元,出差费3009元

图 4-20

2. 汇总列内容并单独列出

汇总 "Excel 素材 1" 工作表内 "生活费用，学习培训" 列中的支出金额，将其结果放入 "个人支出（元）" 列中。操作步骤如下：

a. 在 H2 单元格中输入 "dx=700+2503"，然后按 Enter 键完成输入。

b. 选中 H2:H122 单元格区域，单击 "开始" 选项卡 "编辑" 命令组中的 "填充" 下拉按钮，在打开的下拉列表中选择 "快速填充" 选项，或者直接使用 Ctrl+E 快捷键，结果如图 4-21 所示。

dx=700+2503				

D	E	F	G	H
身份证号码	职位	部门	生活费用,学习培训	个人支出（元）
******199211064417	员工	销售倍	生活费用700元,出差费2503元	dx=700+2503
******199211064417	员工	采购部	生活费用1000元,培训费505元	dx=1000+505
******199604132626	员工	销售倍	生活费用700元,出差费2507元	dx=700+2507
******199604132626	员工	采购部	生活费用1000元,出差费3012元	dx=1000+3012
******199608086627	员工	销售倍	生活费用1000元,出差费3009元	dx=1000+3009

图 4-21

c. 单击 "开始" 选项卡 "编辑" 命令组中的 "查找和选择" 下拉按钮，在打开的下拉列表中选择 "替换" 选项，打开 "查找和替换" 对话框。

d. 在"查找内容"文本框中输入"dx"，在"替换为"文本框中不输入任何内容，如图 4-22 所示。单击"全部替换"按钮，结果如图 4-23 所示。

图 4-22

D	E	F	G	H
身份证号码	职位	部门	生活费用,学习培训	个人支出（元）
******199211064417	员工	销售倍	生活费用700元,出差费2503元	3203
******199211064417	员工	采购部	生活费用1000元,培训费505元	1505
******199604132626	员工	销售倍	生活费用700元,出差费2507元	3207
******199604132626	员工	采购部	生活费用1000元,出差费3012元	4012
******199608086627	员工	销售倍	生活费用1000元,出差费3009元	4009
******199608086627	组长	采购部	生活费用800元,出差费3006元	3806
******199609193270	员工	采购部	生活费用1000元,出差费3012元	4012
******199609193270	经理	销售倍	生活费用1000元,出差费10486元	11486

图 4-23

3. 分割列并重命名

将"Excel 素材 1"工作表中的"生活费用，学习培训"列，按"，"分成两列，列表头分别命名为"生活费用"和"学习培训"。操作步骤如下：

a. 选中"个人支出（元）"列，右击，在弹出的快捷菜单中选择"插入"命令，在"个人支出（元）"列左侧插入一列（空白列）。

b. 选中"生活费用，学习培训"列，单击"数据"选项卡"数据工具"命令组中的"分列"按钮。

c. 打开"文本分列向导-第 1 步，共 3 步"对话框，采用默认设置，如图 4-24 所示，单击"下一步"按钮。

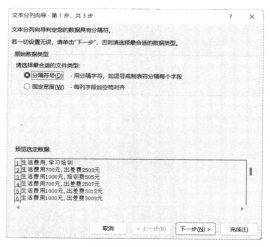

图 4-24

d．在"文本分列向导-第 2 步，共 3 步"对话框中，在"分隔符号"栏中选中"逗号"复选框，如图 4-25 所示。单击"下一步"按钮，打开"文本分列向导-第 3 步，共 3 步"对话框，采用默认设置。单击"完成"按钮，完成分列。

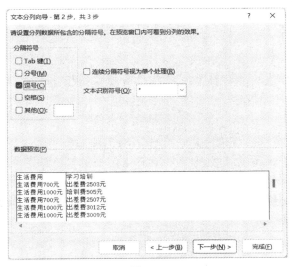

图 4-25

4．重命名工作表

将"Excel 素材 1"工作表改名为"操作结果"。操作步骤如下：

a．在"Excel 素材 1"工作表名称处右击，在弹出的快捷菜单中选择"重命名"命令。

b．输入"操作结果"，按 Enter 键完成工作表的重命名。

4.3　Excel 中的数据管理

【实训目的】

1．掌握数据的排序。
2．掌握数据的分类汇总。
3．掌握数据透视表与切片器的使用方法。
4．掌握数据的筛选与高级筛选的方法。

【实训内容】

1．数据的排序。
2．数据的分类汇总。
3．根据数据创建数据透视表与切片器。
4．数据的自动筛选与高级筛选。

【实训要求】

1．对数据按照规则排序。
2．能够对指定数据进行分类汇总。

3．能够对指定数据创建数据透视表与切片器，实现多个字段的分类汇总。

4．能够使用普通筛选与高级筛选，筛选出指定条件的数据。

【任务 1】 分类汇总与创建数据透视表

打开"Excel-06"文件夹中的"Excel 素材"文件。

1．复制并排序工作表

复制"Sheet1"工作表，并将其重命名为"06-操作结果-排序"工作表。在此工作表中，首先按照"性别"进行升序排序，当"性别"相同时，再按照"实发工资"进行降序排序。操作步骤如下：

a．在"Sheet1"工作表名称处右击，在弹出的快捷菜单中选择"移动或复制"命令，打开"移动或复制工作表"对话框，选中"建立副本"复选框，如图 4-26 所示，单击"确定"按钮。

c．在复制的工作表名称处右击，在弹出的快捷菜单中选择"重命名"命令，输入"06-操作结果-排序"，按 Enter 键完成工作表重命名。

d．选中"06-操作结果-排序"工作表中有效数据的任一单元格，单击"数据"选项卡"排序和筛选"命令组中的"排序"按钮，打开"排序"对话框。

e．单击"添加条件"按钮，在对话框中添加"次要关键字"，并按照如图 4-27 所示的参数，设置"主要关键字"及"次要关键字"。

图 4-26

图 4-27

f．设置完成后，单击"确定"按钮，得到排序结果。

2．复制工作表并进行分类汇总

复制"Sheet1"工作表，并将其重命名为"06-操作结果-分类汇总"工作表。在此工作表中，按照"部门"统计"实发工资"的平均值，并只显示统计结果。操作步骤如下：

a．复制"Sheet1"工作表，并将其重命名为"06-操作结果-分类汇总"。

b．在"06-操作结果-分类汇总"工作表中，按照前述方法对"部门"进行排序。

c．单击"数据"选项卡"分级显示"命令组中的"分类汇总"按钮，打开"分类汇总"对话框。按照如图 4-28 所示的参数进行设置，单击"确定"按钮，完成数据的分类汇总。

d．结果如图 4-29 所示，单击左上角的标签 2，只显示统计结果，显示结果如图 4-30 所示。

图 4-28

	A	B	C	D	E	F	G	H	I	J	K	L	M	N
1	编号	姓名	性别	身份证号码	出生日期（按yy-mm）	职位	部门	基本工资	奖金	补贴	社保扣款	合计工资	个人所得	实发工资
2	0034	周海飞	男	******199902270054	1999-02-27	员工	采购部	¥2,300.00	¥850.00	¥200.00	¥368.50	¥2,981.50	¥0.00	¥2,981.50
3	0052	周国利	男	******199608102032	1998-08-10	组长	采购部	¥3,900.00	¥1,100.00	¥200.00	¥572.00	¥4,628.00	¥33.84	¥4,594.16
4	0050	张华飞	男	******199805092792	1998-05-09	员工	采购部	¥2,650.00	¥850.00	¥200.00	¥407.00	¥3,293.00	¥0.00	¥3,293.00
5	0046	袁加加	男	******199806141912	1998-08-14	组长	采购部	¥2,800.00	¥1,000.00	¥200.00	¥440.00	¥3,560.00	¥1.80	¥3,558.20
6	0122	杨学波	女	******199901206541	1999-01-20	组长	采购部	¥3,900.00	¥1,100.00	¥200.00	¥572.00	¥4,628.00	¥33.84	¥4,594.16
7	0032	杨兴鑫	男	******199812160012	1998-12-16	副组长	采购部	¥2,800.00	¥1,000.00	¥200.00	¥440.00	¥3,560.00	¥1.80	¥3,558.20
8	0120	杨兴熙	女	******199604132626	1996-04-13	员工	采购部	¥2,650.00	¥850.00	¥200.00	¥407.00	¥3,293.00	¥0.00	¥3,293.00
9	0102	杨行行	女	******199807184324	1998-07-18	副组长	采购部	¥2,800.00	¥1,000.00	¥200.00	¥440.00	¥3,560.00	¥1.80	¥3,558.20
10	0118	杨万车	女	******199901206541	1999-01-20	员工	采购部	¥2,300.00	¥850.00	¥200.00	¥368.50	¥2,981.50	¥0.00	¥2,981.50

图 4-29

	A	B	C	D	E	F	G	H	I	J	K	L	M	N
1	编号	姓名	性别	身份证号码	出生日期（按yy-mm）	职位	部门	基本工资	奖金	补贴	社保扣款	合计工资	个人所得	实发工资
66							采购部 平均值							¥3,619.70
114							销售部 平均值							¥3,467.75
125							行政部 平均值							¥3,392.67
126							总计 平均值							¥3,541.92
127														

图 4-30

3. 创建数据透视表并加入切片器

切换到"Sheet1"工作表，使用此工作表中的数据创建数据透视表，并将数据透视表放置在新工作表中，将该工作表重命名为"06-操作结果-数据透视表"。在数据透视表中，按照"部门"和"性别"统计员工实发工资的最大值，并加入"部门"切片器实现筛选。操作步骤如下：

a. 切换到"Sheet1"工作表，选中有效数据的单元格。

b. 单击"插入"选项卡"表格"命令组中的"数据透视表"按钮，打开"创建数据透视表"对话框。采用默认设置，单击"确定"按钮，在新工作表"Sheet4"中创建了数据透视表。

c. 选中数据透视表中的任一单元格，在"数据透视表字段"窗格中将"部门"拖到"行"区域，将"性别"拖到"列"区域，将"实发工资"拖到"值"区域。

d. 单击"值"区域的"求和项：实发工资"下拉按钮，在打开的下拉列表中选择"值字段设置"选项，打开"值字段设置"对话框，将"计算类型"设置为"最大值"。单击"确定"按钮，完成字段设置，操作结果如图 4-31 所示。

图 4-31

e. 选中数据透视表中的任一单元格，单击"数据透视表工具"选项卡"分析"子选项卡"筛选"命令组中的"插入切片器"按钮，打开"插入切片器"对话框，选中"部门"复选框，如图 4-32 所示。然后单击"确定"按钮，结果如图 4-33 所示。

图 4-32

图 4-33

【任务 2】　筛选操作实践

打开"Excel-07"文件夹中的"Excel 素材"文件。

1. 自动筛选工作表

复制"Sheet1"工作表，并将复制的工作表重命名为"07-操作结果-自动筛选"工作表，在此工作表中找出"实发工资"大于或等于 3500 元的女职工。操作步骤如下：

a. 复制"Sheet1"工作表，并将其重命名为"07-操作结果-自动筛选"工作表。

b. 选中工作表中有效数据的单元格，单击"数据"选项卡"排序和筛选"命令组中的"筛选"按钮。在"性别"列标题处展开下拉列表，按图 4-34 进行筛选设置。

　　c．在"实发工资"列标题处展开下拉列表，选择"数字筛选"→"大于或等于"选项，打开"自定义自动筛选方式"对话框，按图 4-35 进行筛选设置。

　　d．设置完成后，单击"确定"按钮，即可筛选出"实发工资"大于或等于 3500 元的女职工。

图 4-34

图 4-35

2．高级筛选工作表

　　复制"Sheet1"工作表，并将复制的工作表重命名为"07-操作结果-高级筛选"工作表，在此工作表中筛选出如下内容。

　　（1）筛选条件一。所有"性别"为"男"、"职位"为"员工"、"实发工资"大于或等于 3000 元的所有记录，将筛选结果复制到本工作表中从 P4 单元格开始的区域。操作步骤如下：

　　a．复制"Sheet1"工作表，并将其重命名为"07-操作结果-高级筛选"工作表。

　　b．在工作表的 P1:R2 单元格区域内创建筛选条件，具体设置如图 4-36 所示。三个筛选条件为"且"的关系，因此，三个筛选条件的值放在同一行。

　　c．创建好条件区域后，单击"数据"选项卡"排序和筛选"命令组中的"高级"按钮，打开"高级筛选"对话框，选中"将筛选结果复制到其他位置"单选项，"列表区域"选择原始数据区域，"条件区域"选择 P1:R2，"复制到"选择从 P4 单元格开始的区域，如图 4-37 所示，单击"确定"按钮。

图 4-36

图 4-37

d. 按照对话框提示完成高级筛选，筛选结果将显示在工作表中，如图 4-38 所示。

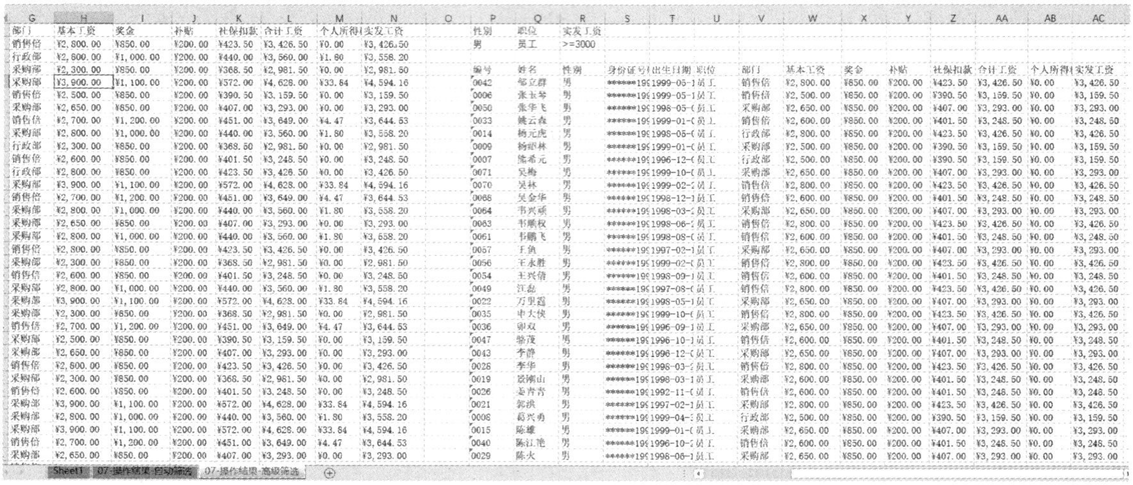

图 4-38

（2）筛选条件二。所有吴姓且"职位"为"经理"，或者"实发工资"小于 3000 元的记录，将筛选结果复制到本工作表中从 P41 单元格开始的区域。操作步骤如下：

a. 在工作表的 T1:V3 单元格区域内创建另一组筛选条件，如图 4-39 所示。"姓名"和"职位"两个筛选条件为"且"的关系，因此，这两个筛选条件的值要放在同一行。"*"表示通配符，指"任意多个字符"。

前两个筛选条件与第三个筛选条件"实发工资"是"或"的关系，因此，第三个筛选条件的值和前两个筛选条件的值不放在同一行。

b. 创建好条件区域后，单击"数据"选项卡"排序和筛选"命令组中的"高级"按钮，打开"高级筛选"对话框，选中"将筛选结果复制到其他位置"单选项，"列表区域"选择原始数据区域，"条件区域"选择 T1:V3，"复制到"选择从 P41 单元格开始的区域，如图 4-40 所示。

c. 单击"确定"按钮完成高级筛选，筛选结果如图 4-41 所示。

T	U	V
姓名	职位	实发工资
吴*	经理	
		<3000

图 4-39

图 4-40

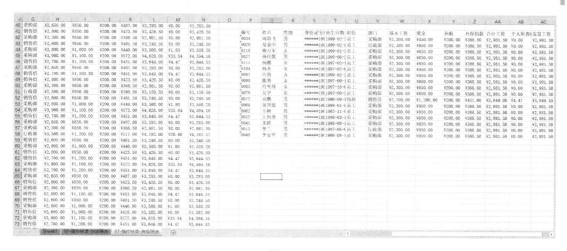

图 4-41

4.4　Excel 中的图表制作

【实训目的】

1. 掌握正余弦函数的使用方法。
2. 掌握数据表中图表的制作方法。

【实训内容】

1. 制作折线图。
2. 正余弦函数的使用。
3. 制作散点图。

【实训要求】

1. 能够使用正余弦函数创建数据表，并绘制散点图。
2. 能够根据给定的数据制作折线图。

【任务 1】　Excel 图表与迷你图制作

打开"Excel-08"文件夹中的"Excel 素材.xlsx"文件，在"Sheet1"工作表中进行如下操作。将操作完成的文件命名为"08-姓名-Excel 操作结果.xlsx"，并保存到"Excel-08"文件夹中。

1. 创建图表

根据数据源制作"月销量""累计销量"的相应折线图。操作步骤如下：

a．打开"Excel-08"文件夹中的"Excel 素材"工作簿，选中 A2:M4 单元格区域，单击"插入"选项卡"图表"命令组右下角的"查看所有图表"按钮，打开"插入图表"对话框。

b．切换到"所有图表"选项卡，选择"折线图"，如图 4-42 所示，单击"确定"按钮，插入折线图。

图 4-42

2. 设置图表

将生成的图表放置在 A6:J21 单元格区域内。设置图表布局为"布局 9"，图表标题为"2023年国产某品牌汽车销量统计图"，字体为"微软雅黑"，字号为"20"。设置纵坐标轴标题为"辆数"，纵坐标轴刻度线主要类型为"交叉"，横坐标轴基准为"天"。

（1）放置图表并设置布局。操作步骤如下：

a. 选中插入的图表，拖动图表右下角，将图表放置在 A6:J21 单元格区域。

b. 单击"图表工具"选项卡"设计"子选项卡"图表布局"命令组中的"快速布局"下拉按钮，在打开的下拉列表中选择"布局 9"选项，结果如图 4-43 所示。

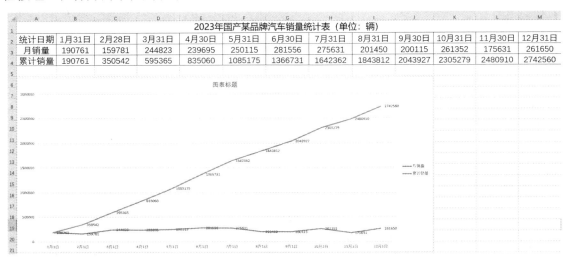

图 4-43

（2）图表标题及坐标轴设置。操作步骤如下：

a. 在"图表标题"中输入"2023 年国产某品牌汽车销量统计图"，选中图表标题，将字体设置为"微软雅黑"，字号设置为"20"。

b. 选中图表，单击"图表工具"选项卡"设计"子选项卡"图表布局"命令组中的"添加图表元素"下拉按钮，在打开的下拉列表中选择"轴标题"→"主要纵坐标轴"选项，在添加的纵坐标轴标题框内输入"辆数"。

c．选中图表的纵坐标轴刻度线，右击，在弹出的快捷菜单中选择"设置坐标轴格式"命令，打开"设置坐标轴格式"窗格，在"刻度线"栏中设置"主要类型"为"交叉"，操作结果如图 4-44 所示。

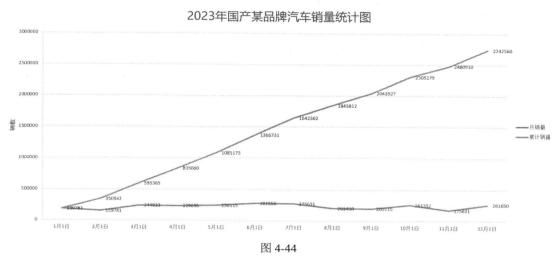

图 4-44

d．选中图表的横坐标轴刻度线，右击，在弹出的快捷菜单中选择"设置坐标轴格式"命令，打开"设置坐标轴格式"窗格，在"坐标轴选项"栏的"单位"中设置"基准"为"天"，如图 4-45 所示。

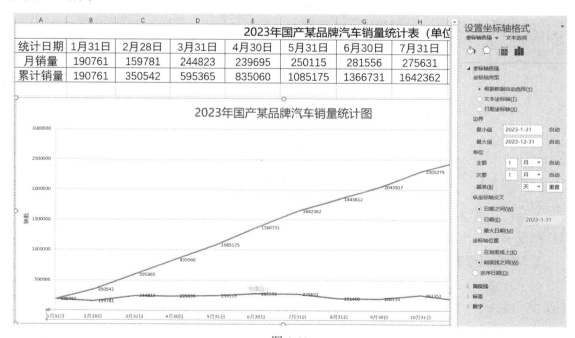

图 4-45

3. 制作柱状迷你图

在第 N 列创建柱状迷你图，操作步骤如下：

a. 选中 N3 单元格，单击"插入"选项卡"迷你图"命令组中的"柱状图"按钮，打开"创建迷你图"对话框，在"数据范围"栏中输入具体数据范围，如图 4-46 所示，单击"确定"按钮，完成"月销量"数据的迷你柱状图的制作。

b. 选中 N4 单元格，采用同样的方法制作"累计销量"数据的迷你柱状图。

图 4-46

操作结果如图 4-47 所示。

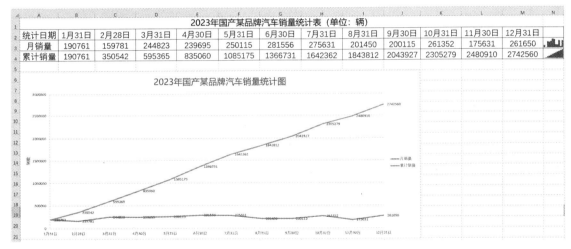

图 4-47

【任务2】 Excel 工作表与图表的综合操作

新建工作簿文件，在该文件中完成下列操作，将操作完成的文件命名为"09-姓名-Excel操作结果.xlsx"，并保存到"Excel-09"文件夹中。

1. 删除工作表

若工作簿下有多个工作表，只保留"Sheet1"工作表，将其他工作表删除，后面所有操作都在"Sheet1"工作表中进行。

2. 创建数据表

第 1 行的数据：从 B1 单元格开始要求以 15 为公差进行自动填充获得，保留整数数字格式。第 2 行的数据：从 B2 单元格开始要求用求正弦值的公式计算获得，保留 3 位小数数字格式。第 3 行的数据：从 B3 单元格开始要求用求余弦值的公式计算获得，保留 3 位小数数字格式。第 4 行的数据：正弦值和余弦值之和，保留 3 位小数数字格式。操作步骤如下：

a．在工作表中按照示例输入行标题，在 B1 单元格内输入 0，在 C1 单元格内输入 15，选中 B1:C1 单元格区域，向右拖动填充柄，填充需要的数据。

b．在 B2 单元格内输入公式"=SIN(B1*PI()/180)"，按 Enter 键确认，向右拖动该单元格填充柄，填充需要的数据。

c．在 B3 单元格内输入公式"=COS(B1*PI()/180)"，按 Enter 键确认，向右拖动该单元格填充柄，填充需要的数据。

d．在 B4 单元格内输入公式"=B2+B3"，按 Enter 键确认，向右拖动该单元格填充柄，填充需要的数据。

e．选中 B2:Z4 单元格区域，单击"开始"选项卡"数字"命令组右下角的"数字格式"按钮，打开"设置单元格格式"对话框，具体设置如图 4-48 所示，单击"确定"按钮，完成单元格数字格式的设置。

图 4-48

3．设置数据表

为数据表添加框线，为行标题添加填充色。操作步骤如下：

a．选中 A1:Z4 单元格区域，单击"开始"选项卡"字体"命令组中的"边框"下拉按钮，在打开的下拉列表中选择"所有框线"选项，为该区域的单元格增加框线。

b．选中 A1:A4 单元格区域，单击"开始"选项卡"数字"命令组右下角的"数字格式"按钮，打开"设置单元格格式"对话框，切换到"填充"选项卡，设置填充色为"绿色"，单击"确定"按钮，结果如图 4-49 所示。

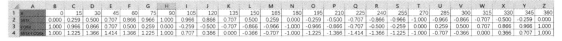

图 4-49

4．创建图表

设置图表类型为"带平滑线的散点图"，图表样式为"样式 2"，图表标题为"三角函数图像"，图表标题和图例的字号为"20"。操作步骤如下：

a．选中 A1:Z4 单元格区域，单击"插入"选项卡"图表"命令组右下角的"查看所有图表"按钮，打开"插入图表"对话框，在"所有图表"选项卡中选择"ＸＹ（散点图）"，然后选择"带平滑线的散点图"，如图 4-50 所示，单击"确定"按钮，插入带平滑线的散点图。

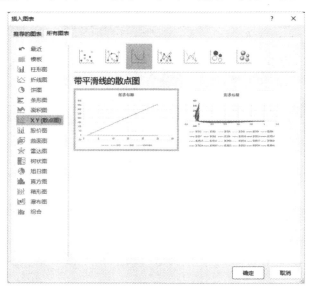

图 4-50

b．选中插入的图表，选择"图表工具"选项卡"设计"子选项卡"图表样式"命令组中的"样式 2"，更改图表样式，然后输入图表标题"三角函数图像"，图表标题和图例字号均设置为"20"，结果如图 4-51 所示。

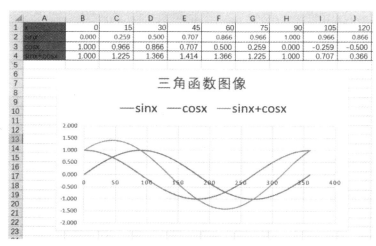

图 4-51

4.5　Excel 中的数据保护

【实训目的】

1．掌握清除公式的方法。

2．掌握隐藏、取消隐藏的方法。

3．掌握数据保护的方法。

4．掌握工作表的打印设置的方法。

【实训内容】

1．清除数据表中的所有公式。

2．工作表隐藏、数据行取消隐藏。

3．锁定单元格、设置工作表及工作簿保护密码。

【实训要求】

1．能快速清除表格中的所有公式。

2．能够隐藏或取消隐藏工作表及工作表中的行数据。

3．能够对工作表、工作簿进行保护操作。

4．对工作表进行打印设置。

【任务】　清除公式、设置格式与保护

打开"Excel-10"文件夹中的"Excel 素材.xlsx"工作簿。

1．清除公式与删除列

在"10-Excel 素材"工作表中，清除数据表中所有的公式，删除"身份证号码"列。操作步骤如下：

a．清除数据表公式。在"10-Excel 素材"工作表中，选中 A2:N123 单元格区域，按 Ctrl+C 快捷键复制，选中 A2 单元格，单击"开始"选项卡"剪贴板"命令组中的"粘贴"下拉按钮，在打开的下拉列表中选择"选择性粘贴"选项，打开"选择性粘贴"对话框。

b．在"粘贴"栏中选择"数值"单选项，如图 4-52 所示。单击"确定"按钮，只粘贴数值，清除所有公式。选中"身份证号码"列，右击，在弹出的快捷菜单中选择"删除"命令，删除"身份证号码"列。

图 4-52

2．设置列标题自动换行

在"10-Excel 素材"工作表中，将列标题作"自动换行"处理。操作步骤如下：

a．选中第 2 行数据（列标题）。

b．单击"开始"选项卡"对齐方式"命令组中的"自动换行"按钮，完成列标题的自动换行处理。

3. 隐藏与取消隐藏记录

隐藏"10-Excel 原数据表"工作表，并取消隐藏"10-Excel 素材"工作表中所有隐藏的记录。操作步骤如下：

a．隐藏工作表。单击"10-Excel 原数据表"名称标签，右击，在弹出的快捷菜单中选择"隐藏"命令，完成工作表的隐藏操作。

b．单击工作表左上角的三角形按钮选中全部单元格，右击，在弹出的快捷菜单中选择"取消隐藏"命令，如图 4-53 所示。取消隐藏"10-Excel 素材"工作表中所有的记录。

图 4-53

4. 进行打印设置

图 4-54

在"10-Excel 素材"工作表中，设置纸张方向为"横向"，设置数据表前两行在打印各页面顶端时重复显示；打印的"居中方式"为"水平"居中，并预览打印效果。操作步骤如下：

a．纸张方向与打印标题。单击"页面布局"选项卡"页面设置"命令组中的"纸张方向"下拉按钮，在打开的下拉列表中选择"横向"选项。

b．单击"页面布局"选项卡"页面设置"命令组中的"打印标题"按钮，打开"页面设置"对话框，在"工作表"选项卡中，设置"顶端标题行"为前两行，如图 4-54 所示。

c．居中方式与预览。在"页边距"选项卡中，选中"水平"复选框，单击"打印预览"按钮。打印预览效果如图 4-55 所示。

图 4-55

5. 锁定单元格与工作表、工作簿保护

对"10-Excel 素材"工作表中除 G3:M123 单元格区域外的所有单元格进行"锁定"设置；并设置工作表保护（锁定的单元格不能够被选中），如结构保护，密码为"1"。操作步骤如下：

a. 锁定单元格。选中 G3:M123 单元格区域，右击，在弹出的快捷菜单中选择"设置单元格格式"命令，如图 4-56 所示，切换到"保护"选项卡，取消选中"锁定"复选框，单击"确定"按钮。

b. 单击"审阅"选项卡"更改"命令组中的"保护工作表"按钮，打开"保护工作表"对话框，输入密码"1"，并选中"选定未锁定的单元格"复选框，如图 4-57 所示，单击"确定"按钮。

图 4-56

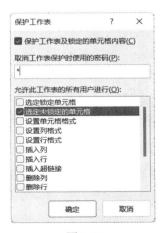

图 4-57

c．保护工作簿结构。单击"审阅"选项卡"更改"命令组中的"保护工作簿"按钮，打开"保护结构和窗口"对话框，在"密码（可选）"文本框中输入密码"1"，如图 4-58 所示，单击"确定"按钮，打开"确认密码"对话框，再次输入密码"1"，单击"确定"按钮，完成对工作簿的保护。

图 4-58

第5章　PowerPoint 2016 演示文稿制作

5.1　PowerPoint 基础操作一

【实训目的】

1．掌握演示文稿的创建、打开、保存等基本操作。
2．熟悉演示文稿的视图模式及幻灯片页面内容的编辑方法。
3．学会设置演示文稿的背景颜色和填充效果。
4．掌握背景切换设置技巧。

【实训内容】

1．新建演示文稿。
2．在标题占位符、副标题占位符中输入文字。
3．应用"行云流水"主题，并调整其背景颜色。
4．插入背景图片、文字方向设置。
5．设置幻灯片切换效果。

【实训要求】

1．掌握演示文稿的创建、打开、保存等基本操作。
2．能够灵活编辑幻灯片的页面内容。
3．能够根据实训内容的要求，正确设置演示文稿的背景颜色和填充效果。
4．能够使用演示文稿设计出简单实用的演示。

【任务1】　熟悉演示文稿的基本功能

学校要开展主题为"学习领会党的二十大精神"的班会，为了突出主题，烘托气氛，现需要制作演示文稿。

1．新建并保存演示文稿

新建一个空白演示文稿，并将其以"01-××主题班会.pptx"的形式命名，并保存在"PPT-01"文件夹中。操作步骤如下：

a．启动 PowerPoint 2016 应用程序，程序将默认建立一个空白演示文稿。

b．单击快速访问工具栏中的"保存"按钮，打开"另存为"对话框，选择"PPT-01"文件夹作为保存位置。

c．在"文件名"文本框中输入"01-××主题班会.pptx"，单击"保存"按钮。

2．设计幻灯片模板

选择一个设计主题和变体效果，使幻灯片模板效果更美观。操作步骤如下：

a. 单击"设计"选项卡"主题"命令组中的"其他"下拉按钮,在打开的下拉列表中选择"行云流水"主题;在"变体"命令组中选择适合的设计变体。

b. 单击"设计"选项卡"自定义"命令组中的"设置背景格式"按钮,在打开的"设置背景格式"窗格中,选择"纯色填充"单选项,并设置颜色为"红色",如图5-1所示。

图 5-1

3. 编辑幻灯片内容

选择幻灯片版式为"标题幻灯片"(一般默认新建的幻灯片就是标题幻灯片)。

(1)编辑标题。操作步骤如下:

a. 单击"单击此处添加标题"文本框,输入"学习领会党的二十大主题班会"。

b. 选中标题,在"开始"选项卡的"字体"命令组中,设置字号为"54",字体为"华文行楷",颜色为"黄色";在"段落"命令组中,设置文字居中对齐。

c. 单独选中文字"党的二十大",设置字号为"130"。

(2)编辑副标题。操作步骤如下:

a. 单击"单击此处添加副标题"文本框,输入"班级:××",然后按 Enter 键换行。接着输入"时间:20××年×月×日",再按 Enter 键换行,最后输入"地点:×××"。

b. 选中副标题,在"开始"选项卡的"字体"命令组中,设置字号为"36",字体为"黑体"。在"段落"命令组中,设置文字左对齐。

【任务2】 演示文稿中的文字排版

打开"PPT-02"文件夹中的"PPT 素材.pptx"文件,完成下列操作任务,并将其以"02-××唐诗欣赏.pptx"的形式命名,保存在"PPT-02"文件夹中。参考效果如图5-2所示。

1. 改变幻灯片背景

将"PPT-02"文件夹中的"背景.jpeg"图片作为演示文稿(除第 1 张幻灯片外)的背景。操作步骤如下:

a. 单击"设计"选项卡"自定义"命令组中的"设置背景格式"按钮,打开"设置背景格式"窗格。

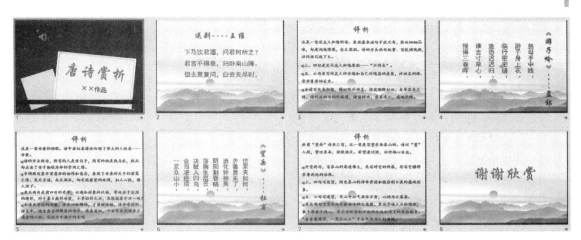

图 5-2

b．在"填充"栏中，选择"图片或纹理填充"单选项，在"插入图片来自"区域中，单击"文件"按钮，打开"插入图片"对话框。

c．在"插入图片"对话框中，定位到"PPT-02"文件夹，选择"背景.jpeg"图片，单击"插入"按钮。完成设置后，单击"设置背景格式"窗格下方的"全部应用"按钮，将背景应用到全部文件。

d．为第一张幻灯片单独设置背景，不以"背景.jpeg"为背景。

2．添加文字内容

操作步骤如下：

a．在封面幻灯片中添加相应的文字内容。选中需要设置方向的文字，单击"开始"选项卡"段落"命令组中的"文字方向"下拉按钮，在打开的下拉列表中选择适当的文字方向，并对文字进行字体、大小、颜色等设置。

b．新建相应版式的幻灯片，打开"PPT-02"文件夹中的"诗词文本素材.txt"文件，将相应内容复制到新建的幻灯片中。

c．根据需要，对幻灯片内容进行排版和格式设置。

3．设置幻灯片切换效果

操作步骤如下：

a．在"切换"选项卡的"切换到此幻灯片"命令组中选择"剥离"效果，设置幻灯片的切换效果。

b．如需对全部幻灯片应用此效果，可单击"切换"选项卡"计时"命令组中的"全部应用"按钮。

c．将文件重命名为"02-××唐诗欣赏.pptx"，并保存至"PPT-02"文件夹中。

5.2　PowerPoint 基础操作二

【实训目的】

1．掌握演示文稿中艺术字的插入和修改方法。

2．掌握演示文稿中图片的插入和样式的修改方法。

3．掌握演示文稿中 SmartArt 图形的使用方法。

4．掌握演示文稿中动画的设置方法。

【实训内容】

1．设置艺术字，学习更换字体。

2．图片的插入和样式的修改。

3．SmartArt 图形中关系漏斗形的使用。

4．幻灯片进入、强调动画的设置，动画文本按字母、计时进行设置。

【实训要求】

1．通过学习和操作，能熟练使用艺术字。

2．掌握 SmartArt 图形的使用方法，能根据图集的演示文稿设置相应的动画，优化演示文稿的播放效果。

【任务1】 艺术字、SmartArt 图形设置

打开"PPT-03"文件夹中的"PPT 模板素材.pptx"文件，根据该模板创建一个演示文稿，并将其重命名。

1．打开并保存模板

操作步骤如下：

a．打开文件后，根据该模板创建一个新的演示文稿，并将其命名为"03-××放飞儿时的梦想.pptx"。

b．将该文件保存在"PPT-03"文件夹中。

2．编辑标题与副标题

在第 1 张幻灯片中进行如下操作：

a．删除"单击此处添加标题"文本框。

b．单击"插入"选项卡"文本"命令组中的"艺术字"下拉按钮，在打开的下拉列表中选择"渐变填充-金色，着色 1，反射"样式，输入标题"放飞儿时的梦想"。

c．将标题字体设置为"华文琥珀"，字号为"72"，颜色为"绿色"。

d．在副标题占位符中输入"××的童年"，设置字体为"微软雅黑"，字号为"54"，颜色为"黑色"。

3．插入图片与设置样式

在第 2 张幻灯片中进行如下操作：

a．在图片占位符中，单击"插入"选项卡"图像"命令组中的"图片"按钮，打开"插入图片"对话框，选择"PPT-03"文件夹中的"黄果树瀑布.jpg"图片，单击"插入"按钮。

b．选中插入的图片，在"图片工具"选项卡"格式"子选项卡的"图片样式"命令组中选择"旋转，白色"样式。

4．插入与编辑 SmartArt 图形

在第 3 张幻灯片中进行如下操作：

a．单击"插入"选项卡"插图"命令组中的"SmartArt"按钮，打开"选择 SmartArt 图形"对话框，在"关系"类别中选择"漏斗"型，单击"确定"按钮。

b．插入 SmartArt 图形后，单击"SmartArt 工具"选项卡"设计"子选项卡"创建图形"命令组中的"文本窗格"按钮，在打开的窗格中输入文字。

c．设置 SmartArt 图形的颜色。在"SmartArt 样式"命令组中，为 SmartArt 图形设置颜色。

5．进行公式、形状与截图的对齐编辑

在第 4 张幻灯片中进行如下操作：

a．单击"插入"选项卡"符号"命令组中的"公式"下拉按钮，在打开的下拉列表中选择"插入新公式"选项，输入相应的公式。

b．单击"插入"选项卡"插图"命令组中的"形状"下拉按钮，在打开的下拉列表中选择"笑脸"图形，在幻灯片中进行绘制。选中笑脸嘴巴中间节点，向上拉动可将其变为"哭脸"。

c．插入 Windows 图标的截图，并与公式和形状图形一起，设置文字格式，设置对齐方式为"垂直居中"和"横向分布"。

完成后的效果如图 5-3 所示。

图 5-3

【任务2】　文本动画设置

在"PPT-04"文件夹中打开"PPT 素材.pptx"演示文稿，为幻灯片内的指定对象设置动画效果，并重命名，保存在"PPT-04"文件夹中。

1．设置旋转动画

在第 3 张幻灯片中进行如下操作：

a．选中幻灯片 3 中的白色文字段落。

b．单击"动画"选项卡"高级动画"命令组中的"添加动画"下拉按钮，在打开的下拉列表中的"进入"栏选择"旋转"选项。

2．设置浮入动画

在第 4 张幻灯片中进行如下操作：

a．选中幻灯片4中的白色字体段落。

b．单击"动画"选项卡"高级动画"命令组中的"添加动画"下拉按钮，在打开的下拉列表中的"进入"栏选择"浮入"选项。

c．单击"动画"选项卡"高级动画"命令组中的"动画窗格"按钮，打开"动画窗格"窗格。单击该动画右侧的下拉按钮，在打开的下拉列表中选择"效果选项"选项，打开"上浮"对话框。

d．在"效果"选项卡中，设置"动画文本"为"按字母"，字母之间延迟为"5%"。在"计时"选项卡中，设置"期间"为"中速（2秒）"。

3．设置缩放和字体颜色动画

在第5张幻灯片中进行如下操作：

a．选中幻灯片5中的图片，单击"动画"选项卡"高级动画"命令组中的"添加动画"下拉按钮，在打开的下拉列表中的"进入"栏选择"缩放"选项。

b．选中幻灯片5中的白色文字段落，单击"动画"选项卡"高级动画"命令组中的"添加动画"下拉按钮，在打开的下拉列表中的"强调"栏选择"字体颜色"选项。

c．单击"动画窗格"窗格中该动画右侧的下拉按钮，在打开的下拉列表中选择"效果选项"选项，打开"字体颜色"对话框，在"效果"选项卡中将"字体颜色"设置为"红色"，将"样式"设置为从白到红的渐变色谱，将"动画文本"设置成"按字母"；在"计时"选项卡中，将"开始"设置为"上一动画之后"。其他选项按默认设置，如图5-4所示，单击"确定"按钮。

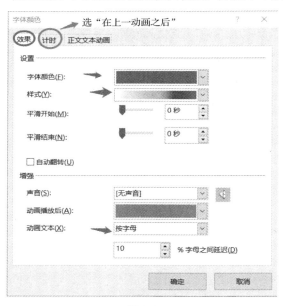

图 5-4

4．设置擦除动画

在第6张幻灯片中进行如下操作：

a．选中幻灯片6中的白色文字段落，单击"动画"选项卡"高级动画"命令组中的"添加动画"下拉按钮，在打开的下拉列表中的"退出"栏选择"擦除"选项。

b．单击"动画"选项卡"高级动画"命令组中的"动画窗格"按钮，在"动画窗格"窗格中，单击该动画右侧的下拉按钮，在打开的下拉列表中选择"效果选项"选项，打开"擦除"对话框。

c．在"效果"选项卡中，设置"方向"为"自顶部"，"声音"为"爆炸"，"动画文本"为"按字母"，单击"确定"按钮。

完成上述设置后，放映整个演示文稿，检查动画效果是否满足要求。

5.3　PowerPoint 中常用功能的简单应用

【实训目的】

1．掌握演示文稿中表格的设置方法。
2．掌握演示文稿中超链接的设置和使用方法。
3．掌握演示文稿中触发器的使用方法。
4．掌握演示文稿中母版的设置方法。
5．掌握演示文稿中超链接导航的个性化设置方法。

【实训内容】

1．设置表格，选取合适的表格样式。
2．文本目录的超链接设置。
3．设置云形标注触发对象。
4．设置超链接导航。

【实训要求】

1．能够对演示文稿的表格进行相应的设置。
2．在演示文稿中使用超链接、触发器、母版，使得演示文稿的可读性和观赏性更好。

【任务1】　演示文稿中的表格使用

打开"PPT-05"文件夹中的"PPT 素材.pptx"演示文稿。将文件重命名为"05-××生活费统计.pptx"，并将文件保存至"PPT-05"文件夹中。

1．插入表格

插入普通表格。操作步骤如下：

a．在"幻灯片 7"与"幻灯片 8"之间插入两张新幻灯片。选择幻灯片版式为"标题和内容"。为第一张新幻灯片添加标题"××大学×学期生活费用统计"，为第二张新幻灯片添加标题"××大学月生活费用统计"。

b．在"××大学×学期生活费用统计"幻灯片中插入表格并生成图表。在"插入"选项卡"表格"命令组中单击"表格"下拉按钮，在打开的下拉列表中选择"Excel 电子表格"选项。

c．在插入的 Excel 电子表格中输入相应的数据。根据表格数据，自动选择或手动插入一个合适的图表，如图 5-5 所示。

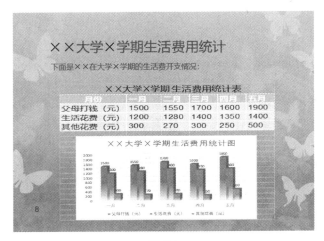

图 5-5

2. 插入三维饼图

在"××大学月生活费用统计"幻灯片中插入表格并生成三维饼图。操作步骤如下：

a. 单击"插入"选项卡"表格"命令组中的"表格"下拉按钮，在打开的下拉列表中选择"插入表格"选项。

b. 在打开的"插入表格"对话框中，输入所需的列数和行数，并单击"确定"按钮。在插入的表格中输入相应的内容。

c. 单击"插入"选项卡"插图"命令组中的"图表"按钮，打开"插入图表"对话框，选择"饼图"中的"三维饼图"，单击"确定"按钮。

d. 设置图表样式，完成后如图 5-6 所示。

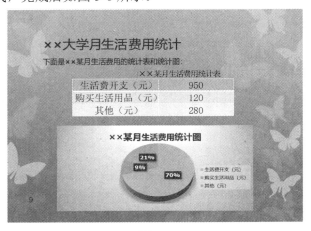

图 5-6

【任务2】 超链接和触发器的使用

打开"PPT-06"文件夹中的"PPT 素材.pptx"演示文稿，制作目录项与触发器动画，并将修改后的演示文稿重命名，如"06-××成长过程.pptx"，将演示文稿保存在"PPT-06"文件夹中。

1．制作目录项

（1）转换目录项为文本框。操作步骤如下：

a．转换目录项为文本框。打开"PPT素材.pptx"演示文稿，定位到幻灯片2。选中从"童年时光"到"我的未来"的文本内容（共5行文字），右击，在弹出的快捷菜单中选择"转换为SmartArt"→"垂直项目符号列表"命令，将其转换为文本框表示的目录项。

b．调整目录项的位置，使其按照"左对齐"和"纵向分布"进行对齐，效果如图 5-7所示。

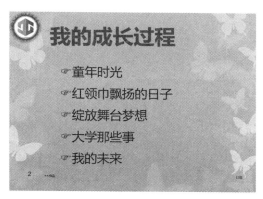

图 5-7

（2）为目录项添加超链接。操作步骤如下：

a．选中第一个目录项"童年时光"，右击，在弹出的快捷菜单中选择"超链接"命令。

b．在打开的"插入超链接"对话框中，在左侧选择"本文档中的位置"选项，在"请选择文档中的位置"列表中选择"3.童年时光"幻灯片，单击"确定"按钮，建立超链接。

c．重复以上步骤，为其他目录项添加相应的超链接。

2．制作触发器动画

（1）设置文本框动画效果。操作步骤如下：

a．定位到幻灯片7，选中"我有一个梦想……"文本框。

b．在"动画"选项卡中，为文本框添加"进入"类型的"淡出"动画效果。

（2）插入云形标注与图片。操作步骤如下：

a．在幻灯片右上角插入"图片1.gif"。

b．单击"插入"选项卡"插图"命令组中的"形状"下拉按钮，在打开的下拉列表的"标注"栏中选择"云形标注"选项，绘制标注，并输入文字"想知道我的梦想是什么吗？点我吧！"

c．调整云形标注和图片的位置与大小，以符合样张效果，效果如图5-8所示。

（3）设置触发器动画，触发器动画指向如图5-9所示。操作步骤如下：

a．选中已设置动画的"我有一个梦想……"文本框。

b．在"动画"选项卡的"高级动画"命令组中，单击"触发"下拉按钮，在打开的下拉列表中选择"单击"→"云形标注"选项作为触发对象。

c．完成设置后，单击云形标注将启动文本框的淡出动画效果。

图 5-8

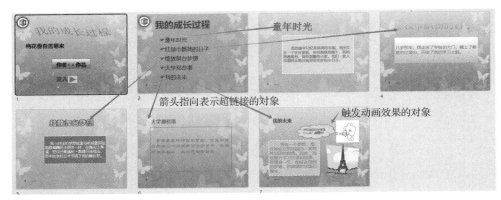

图 5-9

【任务3】 母版的设置

在"PPT-07"文件夹中，对"PPT 素材.pptx"演示文稿进行自定义幻灯片母版与版式设置，并重命名，如"07-××幻灯片母版设置 1.pptx"。

1．设置幻灯片母版

操作步骤如下：

a．单击"视图"选项卡"母版视图"命令组中的"幻灯片母版"按钮。

b．设置"Spring 幻灯片母版"。

设置"标题占位符"字体为"微软雅黑"，字号为"40"，颜色为"粉红色"，文本居中对齐。

设置"内容占位符"字体为"微软雅黑"，字号为"32"，颜色为"黑色"，文本顶端对齐。

在页脚区域，设置"页码""备注"（备注输入"姓名+作品"）及"日期"等，字体为"华文琥珀"，字号为"16"，颜色为"黑色"，完成后的效果如图 5-10 所示。

c．完成设置后，单击"幻灯片母版"选项卡"关闭"命令组中的"关闭母版视图"按钮退出幻灯片母版编辑状态。

2．设置标题和内容版式

操作步骤如下：

a．插入图片。在"标题占位符"左侧，单击"插入"选项卡"图像"命令组中的"图片"按钮，打开"插入图片"对话框，选择"学校 logo.jpg"图片，单击"插入"按钮。单击"图片工具"选项卡"格式"子选项卡"调整"命令组中的"删除背景"按钮,打开"背景消除"

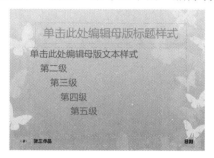

图 5-10

选项卡,单击"关闭"命令组中的"保留更改"按钮,去除背景。

　　b.绘制文本框。在幻灯片底端,单击"插入"选项卡"文本"命令组中的"文本框"按钮,绘制五个文本框,并分别输入"童年时光""红领巾飘扬的日子""绽放舞台梦想""大学那些事""我的未来",对所有文本框进行字体和形状样式等设置,确保样式一致。

　　c.设置超链接。分别将五个文本框与其对应标题的幻灯片建立超链接,操作步骤如前所述。

　　d.保存并退出。完成设置后,退出幻灯片母版编辑状态,操作效果如图 5-11 所示。

　　e.对演示文稿进行放映,观察每张幻灯片外观效果并验证各导航按钮超链接功能是否正确。

图 5-11

【任务 4】　母版个性化和文本动画的设置

　　在"PPT-08"文件夹中打开名为"PPT 素材.pptx"的演示文稿。在该演示文稿的节标题版式幻灯片中已经创建了具有正确超链接的导航:"辛弃疾简介""破阵子""南乡子""永遇乐""丑奴儿"和"结束"。将此演示文稿重命名,如"08-××幻灯片母版设置 2.pptx",并保存在"PPT-08"文件夹中。

1.在幻灯片母版中创建个性化导航

　　操作步骤如下:

　　a.进入"幻灯片母版"视图,在"节标题版式"中,将已创建的导航复制到标题和内容版式中。

b．将标题和内容版式复制 5 次，确保共有 6 个页面，与导航按钮个数相等。

c．对每张标题和内容版式中的导航按钮进行个性化外观设置，如图 5-12 所示。

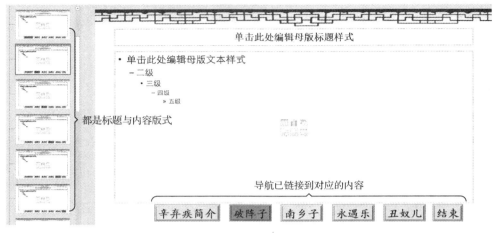

图 5-12

d．关闭"幻灯片母版"视图。

2．应用个性化导航

操作步骤如下：

a．针对要使用个性化导航的幻灯片，单击"开始"选项卡"幻灯片"命令组中的"版式"下拉按钮，在打开的下拉列表中直接选择需要的版式，按照标题内容选择相应的个性化导航幻灯片版式。

b．效果如图 5-13 所示。

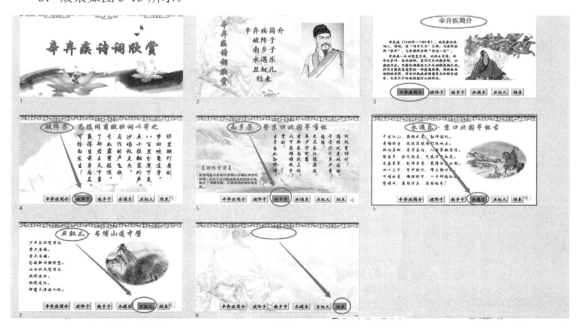

图 5-13

3．设置最后一张幻灯片

操作步骤如下：

a．将版式更改为"标题和内容"，并将"结束"按钮的颜色设置为"绿色"。

b．对幻灯片中文本框的片尾动画进行设置。将文本框内容的字号设置为"44"，将文本框沿幻灯片正下方拖出幻灯片之外（可将幻灯片的显示比例缩小，以便操作）。

c．为该文本框创建向上直线型的"动作路径"动画效果。选中文本框，单击"动画"选项卡"动画"命令组中的"其他"下拉按钮，在打开的下拉列表中选择"其他动作路径"选项，在打开的"更改动作路径"对话框中选择"向上"选项，单击"确定"按钮，并调整好"动作路径"的开始端和终止端。

d．设置动画属性。打开"动画窗格"窗格，将计时期间设置为 9 秒，其他设置保持默认，具体设置如图 5-14 所示，单击"确定"按钮。

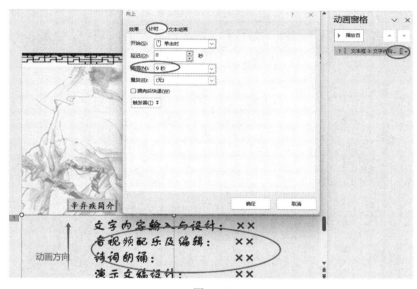

图 5-14

5.4　PowerPoint 综合应用

【实训目的】

1．掌握演示文稿的放映设置方法。

2．掌握演示文稿的切片设置方法。

【实训内容】

1．设置持续时长，自动换片时间。

2．进行排练计时、循环播放。

【实训要求】

1．根据实际要求，进行放映设置。

2．掌握演示文稿的播放设置。

【任务】 幻灯片的切换和播放设置

在"PPT-10"文件夹中打开名为"ppt素材.pptx"的演示文稿，并保存在"PPT-10"文件夹中。

1．设置幻灯片的切换效果

操作步骤如下：

a．选中首页幻灯片，在"切换"选项卡中，将切换效果设置为"推进"，设置"效果选项"为"自顶部"。

b．在"切换"选项卡的"计时"命令组中，设置"持续时间"为5秒，勾选"设置自动换片时间"复选框并设置为12秒，取消选中"单击鼠标时"复选框。

c．单击"全部应用"按钮，以确保所有幻灯片都应用相同的切换效果，如图5-15所示。

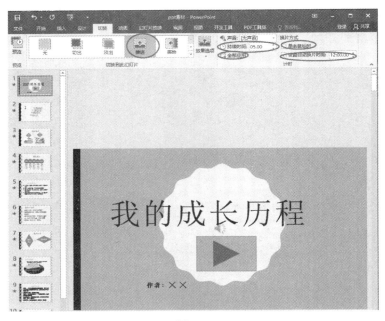

图 5-15

d．放映整个演示文稿以观察切换效果，并将演示文稿另存为"10-幻灯片切换效果.pptx"，关闭该文件。

2．设置幻灯片的隐藏与放映

操作步骤如下：

a．重新打开"PPT-10"文件夹中的"ppt素材.pptx"演示文稿。

b．选中幻灯片 15，在"幻灯片放映"选项卡的"设置"命令组中单击"隐藏幻灯片"按钮，可以隐藏该幻灯片。

c．单击"幻灯片放映"选项卡"设置"命令组中的"排练计时"按钮，进入"录制"界面，预设每张幻灯片的放映时间。

　　d．在"幻灯片放映"选项卡的"设置"命令组中单击"设置幻灯片放映"按钮，打开"设置放映方式"对话框，选中"循环播放，按 ESC 键终止"和"放映时不加动画"复选框，如图 5-16 所示，单击"确定"按钮。

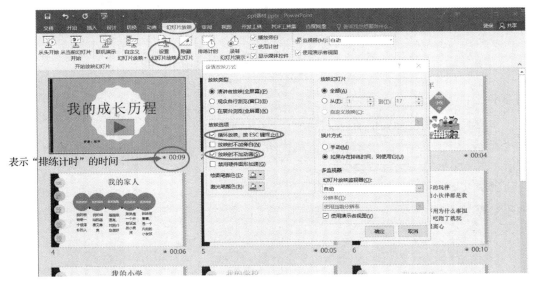

图 5-16

　　e．按 F5 键进行放映并观察放映效果，并将演示文稿另存为"10-幻灯片放映设置.pptx"。

3．导出为视频

操作步骤如下：

　　a．打开"10-幻灯片放映设置.pptx"文件。

　　b．选择"文件"→"导出"命令，在打开的"导出"界面选择"创建视频"选项。

　　c．在打开的"创建视频"界面，设置文件名为"10-××作品-视频.mp4"，并将文件保存到"PPT-10"文件夹中。

第6章　WPS 办公软件

6.1　WPS 文字的基础排版

【实训目的】

1．熟悉创建 WPS 文字的方法。

2．掌握 WPS 文字的基本排版知识和方法。包括字体相关设置、段落相关设置，以及插入常用对象，简单的图文混排设置。

3．按照要求正确保存 WPS 文字。

【实训内容】

1．建立 WPS 文字。

2．录入 WPS 文字内容，并进行简单的排版。

3．在 WPS 文字中插入常用对象，并对插入的对象进行图文混排。

【实训要求】

1．创建新的 WPS 文字，并按照实训要求进行保存。

2．学习并应用基本的 WPS 文字排版技巧，包括字体样式、大小、颜色的设置，以及段落的间距、缩进和对齐方式的调整。

3．在 WPS 文字中插入所需的对象，例如图片、表格或图表，并进行编辑。

【任务1】　建立 WPS 文字

在计算机 D 盘创建以自己的名字命名的文件夹，并将本任务的 WPS 文字命名为"××-WPS 文字基础排版.docx"，保存在自己创建的文件夹中，输入如下内容。

桂花

桂花是中国传统十大花卉之一，是集绿化、美化、香化于一体的观赏与实用兼备的优良园林树种，桂花清可绝尘，浓能远溢，堪称一绝。尤其是仲秋时节，丛桂怒放，夜静轮圆之际，把酒赏桂，陈香扑鼻，令人神清气爽。在我国古代的咏花诗词中，咏桂之作的数量也颇为可观。桂花自古就深受中国人的喜爱，被视为传统名花，适合全国多个地区栽培。

桂花终年常绿，枝繁叶茂，秋季开花，在园林中应用普遍，常作园景树，有孤植、对植，也有成丛成林栽种。在我国古典园林中，桂花常与建筑物、山、石相配，以丛生灌木型的植株植于亭、台、楼、阁附近。旧式庭院常用对植，古称"双桂当庭"或"双桂留芳"。

我国是桂花的故乡，在联苑中有不少对联与桂花有关，金秋赏桂时节，倘能品味一下与桂花有关的对联，则更添赏桂的情趣。南宋杰出女文学家李清照一生撰有不少对联，其中一联写道："露花倒影柳三变，桂子飘香张九成。"上联中的"柳三变"是宋代著名词人，在此与下联中的"张九成"为宋高宗时人相对，同时，上联中的"露花倒影"是柳三变的词句，与下联中的"桂子飘香"是张九成的文句相匹配，上下联珠联璧合，独具匠心。

古代有两个文人，一个叫王宠，另一个叫文衡山，两人常作联互娱。一次，两人外出赏景，王宠脱口吟出上联："二月莺花，声色动人耳目，"此时文衡山应声续了下联："九秋蟾桂，影香惹我身心。"上联写绝了眼前莺花之美，下联写活了月中桂花之影，上下联绘声绘色，生动传神，相映成趣。

【任务2】　制作样张

在任务 1 的基础上，编辑文档。

1．编辑纸张方向和页边距

操作步骤如下：

a．单击"页面"选项卡"页面设置"命令组[①]右下角的"页面设置"按钮，打开"页面设置"对话框，在"页边距"和"方向"区域进行设置。

b．将页面的页边距上、下均设置为 2.5 厘米，左、右均设置为 3.2 厘米，文档的纸张方向设置为"横向"。

2．编辑标题格式

操作步骤如下：

a．选中文字，在"开始"选项卡的"字体"命令组和"样式"命令组中进行设置。

b．将"十大名花——桂花"设置为"标题"，字体为"楷体"，字号为"二号"，居中。

3．编辑正文字体

操作步骤如下：

a．选中除标题外的所有文字，在"开始"选项卡的"字体"命令组中进行设置。

b．单击该命令组右下角的"字体"按钮，打开"字体"对话框，在"字体"选项卡中，设置正文字体为"楷体"，字号为"小四"；在"字符间距"选项卡中，设置"间距"为"加宽 1.2 磅"，单击"确定"按钮。

4．编辑正文段落

操作步骤如下：

a．选中各个段落，单击"开始"选项卡"段落"命令组右下角的"段落"按钮，打开"段落"对话框，在"缩进和间距"选项卡中进行设置；或者选中段落后右击，在弹出的快捷菜单中选择"段落"命令，打开"段落"对话框进行设置。

b．设置正文段落"特殊格式"为"首行缩进 2 字符"，设置"间距"为"段前 0.5 行"，行距为"固定值 18 磅"，单击"确定"按钮。

5．编辑段落底纹

操作步骤如下：

a．分别选中各个段落，单击"开始"选项卡"字体"命令组中的"突出显示"下拉按钮，分别在打开的下拉列表中选择相应颜色。

---

① 可在功能区右击，在弹出的快捷菜单中设置是否显示命令组名。

b．将第一段设置为青绿色段落底纹，将最后一段设置为黄色段落底纹。

6．编辑分栏

操作步骤如下：

a．选中相应段落，单击"页面"选项卡"页面设置"命令组中的"分栏"下拉按钮，在打开的下拉列表中选择"更多分栏"选项，打开"分栏"对话框进行设置。

b．将第二、三段分成两栏，选中"栏宽相等"复选框，间距"4字符"，选中"分隔线"复选框。

7．插入图片并编辑其格式

操作步骤如下：

a．单击"插入"选项卡"常用对象"命令组中的"图片"下拉按钮，在打开的下拉列表中选择"本地图片"选项，打开"插入图片"对话框找到素材所在路径，单击"打开"按钮。将图片插入文档第二段与第三段之间的适当位置。

b．选中所添加的图片，单击"图片工具"选项卡"排列"命令组中的"环绕"下拉按钮，在打开的下拉列表中选择"紧密型环绕"选项；在"大小和位置"命令组中设置图片大小为"高度3厘米"，选中"锁定纵横比"复选框。

8．添加水印

操作步骤如下：

单击"页面"选项卡"效果"命令组中的"水印"下拉按钮，在打开的下拉列表中选择"插入水印"选项，打开"水印"对话框，选中"文字水印"复选框，水印内容为"姓名+作品"，版式为"倾斜"，单击"确定"按钮。

最终效果如图6-1所示。

桂花

桂花是中国传统十大花卉之一，是集绿化、美化、香化于一体的观赏与实用兼备的优良园林树种，桂花清可绝尘，浓能远溢，堪称一绝。尤其是仲秋时节，丛桂怒放，夜静轮圆之际，把酒赏桂，陈香扑鼻，令人神清气爽。在我国古代的咏花诗词中，咏桂之作的数量也颇为可观。桂花自古就深受中国人的喜爱，被视为传统名花，适合全国多个地区栽培。

桂花终年常绿，枝繁叶茂，秋季开花。在园林中应用普遍，常作园景树，有孤植、对植，也有成丛成林栽种。在我国古典园林中，桂花常与建筑物、山、石相配，以丛生灌木型的植株植于亭、台、楼、阁附近。旧式庭院常用对植，古称"双桂当庭"或"双桂留芳"。

我国是桂花的故乡，在联苑中有不少对联与桂花有关，金秋赏桂时节，倘能品味一下与桂花有关的对联，则更添赏桂的情趣。南宋杰出女文学家李清照一生撰有不少对联，其中一联写道："

露花倒影柳三变，桂子飘香张九成。"上联中的"柳三变"是宋代著名词人，在此与下联中的"张九成"为宋宋高宗时人相对，同时，上联中的"露花倒影"是柳三变的词句，与下联中的"桂子飘香"是张九成的文句相匹配，上下联珠联璧合，独具匠心。

古代有两个文人，一个叫王宅，另一个叫文衡山，两人常作联互娱。一次，两人外出赏景，王宅脱口吟出上联："二月莺花，声色动人耳目。"此时文衡山应声续了下联："九秋蟾桂，影香惹我身心。"上联写绝了眼前莺花之美，下联写活了月中桂花之影，上下联绘声绘色，生动传神，相映成趣。

图6-1

6.2　WPS 文字的高级排版

【实训目的】

1．熟悉在 WPS 文字中插入表格的方法。

2．掌握 WPS 文字中表格的基本排版方法，包括但不限于表格的相关设置、段落设置，插入常用对象，进行简单的图文混排设置。

3．掌握分节的方法，了解分节在设置页码中的作用。

4．掌握设置目录的方法。

【实训内容】

1．编辑 WPS 文字，并按要求正确保存。

2．对 WPS 文字内容进行简单的排版。

3．在 WPS 文字中插入常用对象，并对插入的对象进行编辑和图文混排。

4．编辑 WPS 文字内容，设置分节、页码，生成目录。

【实训要求】

1．对文档进行基本的排版操作，包括标题、段落和样式设置。

2．插入图片、文本框等对象，并进行图文混排。

3．根据内容设置文档分节，并添加合适的页码。

4．根据文档标题样式自动生成目录，并提交完整文档。

【任务 1】　制作论文封面

在计算机 D 盘创建以自己的名字命名的文件夹，并将本任务的文档以"××-论文封面制作.docx"为文件名保存在自己创建的文件夹中。

打开"wps-word-02"文件夹中的"wps-word-02 素材.docx"文件进行如下操作。

1．设置第一行格式

操作步骤如下：

a．将鼠标指针移至最左侧，按两次 Enter 键。将"××××大学"设置为第三行开始显示。

b．选中"××××大学"，在"开始"选项卡中设置文字格式和对齐方式，字体为"华文行楷"，字号为"60"，居中。

c．再次选中相同文字右击，在弹出的快捷菜单中选择"段落"命令，打开"段落"对话框，在"缩进和间距"选项卡中设置间距为"段后 5 行"，单击"确定"按钮。

2．设置"毕业设计"格式

操作步骤如下：

a．选中"毕业设计"，在"开始"选项卡中设置文字格式和对齐方式，字体为"宋体"，字号为"45"，加粗，居中。

b．选中"毕业设计"，右击，在弹出的快捷菜单中选择"段落"命令，打开"段落"对话框，在"缩进和间距"选项卡中设置段落行距为"单倍行距，7 倍"，单击"确定"按钮。

3. 设置"教务处制"格式

操作步骤如下：

a. 选中"教务处制"，在"开始"选项卡中设置文字格式和对齐方式，字体为"宋体"，字号为"16"，居中。

b. 选中"教务处制"右击，在弹出的快捷菜单中选择"段落"命令，打开"段落"对话框，在"缩进和间距"选项卡中设置"段前"行数为"2 行"，段落"行距"为"固定值，22 磅"，单击"确定"按钮。

4. 用插入表格的方式设置其他文字

操作步骤如下：

a. 选中相应文字，单击"插入"选项卡"常用对象"命令组中的"表格"下拉按钮，在打开的下拉列表中选择"文本转换成表格"选项，打开"将文字转换成表格"对话框，设置 2 列 7 行，在"文字分隔位置"项下选中"空格"单选项，单击"确定"按钮。生成表格后，将表格和表格中的文字居中显示。

b. 设置第一列文字字体为"宋体"，字号为"16"，加粗，第二列文字字体为"宋体"，字号为"16"。

c. 设置数字字体为"Times New Roman"，字号为"16"（所选文字中若有各种文字，设置数字或英文专有字体时，不影响所选文字中的中文字体）。

d. 选中表格，右击，在弹出的快捷菜单中选择"边框和底纹"命令，打开"边框和底纹"对话框，在"边框"选项卡中设置边框的显示方式，可以取消或添加表格边框，单击"确定"按钮。

e. 调整第一列和第二列的文字，对齐。

5. 添加水印

操作步骤如下：

单击"页面"选项卡"效果"命令组中的"水印"下拉按钮，在打开的下拉列表中选择"插入水印"选项，打开"水印"对话框，选中"文字水印"复选框，水印内容为"姓名+作品"，版式为"倾斜"，单击"确定"按钮。

最终效果如图 6-2 所示。

图 6-2

【任务 2】　制作大学生防骗手册

在计算机 D 盘创建以自己的名字命名的文件夹，并将本任务的文档以"××-大学生防诈骗相关知识.docx"为文件名保存在自己创建的文件夹中。

打开"wps-word-03"文件夹中素材"wps-word-03 素材.docx"文件，进行如下操作。

1．设置字体

操作步骤如下：

选中素材中的所有文字，在"开始"选项卡的"字体"命令组中，设置中文字体为"宋体"，数字和英文字体为"Times New Roman"。

2．设置题目格式

操作步骤如下：

a．新建样式。在"开始"选项卡"样式"命令组中单击右下角的"样式和格式"按钮，在打开的窗格中单击"新样式"按钮，在打开的"新建样式"对话框中设置"名称"为"题目样式"，"样式基于"为"（无样式）"，字体为"黑体"，字号为"小二"，居中；单击"格式"下拉按钮，在打开的下拉列表中选择"段落"选项，在打开的"段落"对话框中，设置"段前"和"段后"均为"17 磅"，行距为"单倍行距，3 倍"，单击"确定"按钮。回到"新建样式"对话框，单击"确定"按钮。

b．选中"大学生防诈骗相关知识"，在"开始"选项卡"样式"命令组中选择新建的"题目样式"。

3．设置标题格式

操作步骤如下：

a．修改一级标题样式。在"开始"选项卡"样式"命令组中右击"标题 1"，在弹出的快捷菜单中选择"修改样式"命令。在打开的"修改样式"对话框中，设置样式基于"（无样式）"，字体为"宋体"，字号为"四号"，加粗；单击"格式"下拉按钮，在打开的下拉列表中选择"段落"选项，在打开的"段落"对话框中，设置"段前"和"段后"均为"0"，行距为"固定值，22 磅"，无特殊格式缩进，单击"确定"按钮。回到"修改样式"对话框，单击"确定"按钮。

b．设置一级标题。选中一级标题相关文字，在"开始"选项卡"样式"命令组中单击修改后的"标题 1"，或者设置任意一个一级标题之后，用格式刷将格式复制到其他一级标题。

c．修改二级标题样式。在"开始"选项卡"样式"命令组中右击"标题 2"，在弹出的快捷菜单中选择"修改样式"命令。在打开的"修改样式"对话框中，设置样式基于"（无样式）"，字体为"宋体"，字号为"小四"；单击"格式"下拉按钮，在打开的下拉列表中选择"段落"选项，在打开的对话框中，设置"段前"和"段后"均为"0"，行距为"固定值，22 磅"，无特殊格式缩进，单击"确定"按钮。回到"修改样式"对话框，单击"确定"按钮。

d．设置二级标题。选中二级标题相关文字，在"开始"选项卡"样式"命令组中选择修改后的"标题 2"，或者设置任意一个二级标题之后，用格式刷将格式复制到其他二级标题。

4．设置正文字号和段落

操作步骤如下：

a．修改样式。在"开始"选项卡"样式"命令组中右击"正文"，在弹出的快捷菜单中选择"修改样式"命令，在打开的"修改样式"对话框中，设置字体为"宋体"，字号为"小四"，两端对齐。

b．单击"格式"下拉按钮，在打开的下拉列表中选择"段落"选项，在打开的"段落"对话框中，设置行距为"22 磅"，首行缩进为"2 字符"，单击"确定"按钮。回到"修改样式"对话框，单击"确定"按钮。

5．插入并编辑图片

操作步骤如下：

a．将鼠标指针移至图注上方，单击"插入"选项卡"常用对象"命令组中的"图片"下拉按钮，在打开的下拉列表中选择"本地图片"选项，打开"插入图片"对话框，找到素材所在位置，单击"打开"按钮。

b．选中图片，单击"图片工具"选项卡的"环绕"下拉按钮，在打开的下拉列表中选择"嵌入型"选项，适当调整图片大小。

c．选中图片，在"开始"选项卡"段落"命令组中单击"居中对齐"按钮；选中图注，使用同样的方法设置为居中对齐，在"字体"命令组中单击"减小字号"按钮。

6．目录与正文分节

操作步骤如下：

将鼠标指针移到"目录"下一行，单击"插入"选项卡"页"命令组中的"分页"下拉按钮，在打开的下拉列表中选择"下一页分节符"选项，进行分节。

7．为正文插入页眉

操作步骤如下：

a．在正文页面，双击页眉处，或者在"插入"选项卡"页"命令组中单击"页眉页脚"按钮，进入页眉编辑状态。

b．在"页眉页脚"选项卡中取消选中"页眉同前节"复选框。

c．在页眉光标处输入"大学生防诈骗相关知识"，设置字体为"楷体"，字号为"五号"，居中。

8．为正文插入页脚

操作步骤如下：

a．在正文页面进入页脚编辑状态，方式同进入页眉编辑状态。

b．在"页眉页脚"选项卡中取消选中"页脚同前节"复选框。

c．在页脚光标处输入"第页，共页"，设置字体为"楷体"，字号为"五号"，居中。

d．将光标移至"第"和"页"之间，在"页眉页脚"选项卡"插入"命令组中单击"域"按钮，打开"域"对话框，在"域名"列表框中选择"当前页码"选项，单击"确定"按钮回到页面；将光标移至"共"和"页"之间，在"页眉页脚"选项卡"插入"命令组中单击"域"按钮，弹出"域"对话框，在"域名"列表框中选择"本节总页数"选项，单击"确定"按钮回到页面。

e．在页脚上方单击"重新编号"下拉按钮，在打开的下拉列表中将页码编号设为"1"，单击右侧绿色小勾确认。

f．在正文任意处双击，或者在"页眉页脚"选项卡"关闭"命令组中单击"关闭"按钮，退出页眉页脚编辑状态。

9．生成目录

操作步骤如下：

a．将"目录"二字中间空两格，设置字体为"黑体"，字号为"三号"，居中。

b．将鼠标指针下移一行，单击"引用"选项卡"目录"命令组中的"目录"下拉按钮，在打开的下拉列表中选择"自定义目录"选项，打开"目录"对话框，设置"显示级别"为 2 级，单击"确定"按钮。

c．选中目录内容，设置字体、字号；设置段落格式。目录内容字体为"宋体"，字号为"五号"，行距为"20 磅"，无特殊格式缩进。

10．添加水印

操作步骤如下：

单击"页面"选项卡"效果"命令组中的"水印"下拉按钮，在打开的下拉列表中选择"插入水印"选项，打开"水印"对话框，选中"文字水印"复选框，水印内容为"姓名+作品"，版式为"倾斜"，单击"确定"按钮。

最终效果如图 6-3 所示。

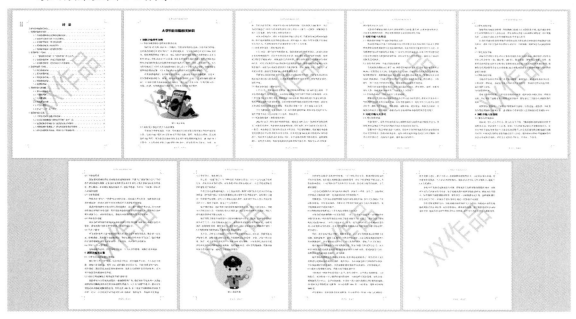

图 6-3

6.3　WPS 表格的基本操作

【实训目的】

1．掌握 WPS 表格的建立及 WPS 表格数据的输入操作。

2．掌握 WPS 表格的编辑和格式化操作。

3．能够在 WPS 表格中应用公式和函数，进行数据的计算。

【实训内容】

1．在 WPS 表格中输入指定信息并进行格式设置。
2．设置数据类型。
3．计算平均成绩。

【实训要求】

1．学会建立 WPS 表格并能快速输入指定数据。
2．能够对 WPS 表格进行编辑和格式化操作。
3．能够使用 WPS 表格中的公式和函数对指定数据进行计算。

【任务 1】 WPS 表格的编辑与格式化操作

新建 WPS 表格文件，在该文件中完成下列操作，将操作完成后的文件命名为"01-××-WPS 表格操作结果.xlsx"，并保存到"WPS Excel-01"文件夹中。

1．输入数据与设置格式

在"Sheet1"工作表内输入相应数据，并对表格进行设置，操作步骤如下：

a．输入数据，如图 6-4 所示。

▲	A	B	C	D	E	F	G	H
1	学生平均成绩表							
2	姓名	性别	学号	计算机	高等数学	英语	平均成绩	成绩等级
3	安然			95	90	85		
4	曾祥华			76	98	77		
5	陈军			90	67	80		
6	陈星宇			68	80	90		
7	成中进			55	56	10		
8	程会			90	90	98		
9	杜雪			57	50	90		
10	方祖巧			70	93	90		
11	付静			71	53	90		
12	高雪			70	90	60		
13	韩丽			56	90	39		
14	何崇			80	80	58		
15	黄讯			90	80	80		
16	冀文正			80	90	80		

图 6-4

b．选中 A1:H1 单元格区域，单击"开始"选项卡"对齐方式"命令组中的"合并及居中"按钮，并把合并居中后的文字字体设置为"微软雅黑"，字号设置为"20"。

c．选中 A1:H16 单元格区域，单击"开始"选项卡"字体"命令组中的"框线"下拉按钮，在打开的下拉列表中选择"所有框线"选项，为表格设置框线。

2．填充数据

在"性别"列进行序列填充，在"学号"列填充学号，操作步骤如下：

a．选中"性别"列中需要填充的单元格。

b．单击"数据"选项卡"数据工具"命令组中的"有效性"按钮，打开"数据有效性"对话框，单击"允许"下拉按钮，在打开的下拉列表中选择"序列"选项，在"来源"栏中输入"男,女"（中间的逗号必须是英文字符逗号），如图 6-5 所示，单击"确定"按钮，即可对"性别"列需要填充的单元格进行限定内容的序列填充。

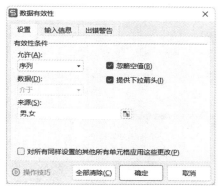

图 6-5

c．选中"学号"列需要填充的单元格，单击"开始"选项卡"数字格式"命令组右下角的"单元格格式：数字"按钮，打开"单元格格式"对话框，设置数字类型为"文本"，如图 6-6 所示，单击"确定"按钮。

图 6-6

d．在 C3 单元格内输入学号"123456001"，将鼠标指针指向填充柄，双击或按住鼠标左键并向下拖动到 C16 单元格释放鼠标，完成"学号"列的数据填充。

【任务 2】　WPS 表格的计算平均值并划分等级操作

打开任务 1 完成的表格，在该文件中完成下列操作，并将操作完成的文件命名为"02-××-WPS 表格操作结果.xlsx"，另存到"WPS Excel-02"文件夹中。

1．计算平均分

计算表格中三门课程的平均成绩，操作步骤如下：

a. 选中"平均成绩"列需要填充的单元格区域，右击，在弹出的快捷菜单中选择"设置单元格格式"命令，在打开的"单元格格式"对话框中，设置数字类型为"数值"，并保留 2 位小数，如图 6-7 所示，单击"确定"按钮。

图 6-7

b. 选中 G3 单元格，单击"公式"选项卡"快速函数"命令组中的"求和"下拉按钮，在打开的下拉列表中选择"Avg 平均值（A）"函数，数据范围输入"D3:F3"，按 Enter 键完成填充。

c. 选中 G3 单元格，将鼠标指针指向填充柄，双击完成"平均成绩"列数据填充，操作结果如图 6-8 所示。

	A	B	C	D	E	F	G	H
2	姓名	性别	学号	计算机	高等数学	英语	平均成绩	成绩等级
3	安然	男	123456001	95	90	85	90.00	
4	曾祥华	男	123456002	76	98	77	83.67	
5	陈军	男	123456003	90	67	80	79.00	
6	陈星宇	男	123456004	68	80	90	79.33	
7	成中进	男	123456005	55	56	10	40.33	
8	程会	女	123456006	90	90	98	92.67	
9	杜雪	女	123456007	57	50	90	65.67	
10	方祖巧	女	123456008	70	93	90	84.33	
11	付静	女	123456009	71	53	90	71.33	
12	高雪	女	123456010	70	90	60	73.33	
13	韩丽	女	123456011	56	90	39	61.67	
14	何崇	男	123456012	80	80	58	72.67	
15	黄讯	男	123456013	90	80	80	83.33	
16	冀文正	男	123456014	80	90	80	83.33	

图 6-8

2. 划分等级

根据学生平均成绩，划分为三个等级：平均成绩≥90 为优，90>平均成绩≥75 为良，75>平均成绩≥60 为中，平均成绩<60 为差。操作步骤如下：

a．单击 H3 单元格，在 H3 单元格中输入 "=IF(G3>=90,"优",IF(G3>=75,"良",IF(G3>=60,"中","差")))"，按 Enter 键，完成 H3 单元格的等级划分。

b．双击 H3 单元格右下角的填充柄，完成所有成绩的等级划分填充，结果如图 6-9 所示。

	A	B	C	D	E	F	G	H
1	学生平均成绩表							
2	姓名	性别	学号	计算机	高等数学	英语	平均成绩	成绩等级
3	安然	男	123456001	95	90	85	90.00	优
4	曾祥华	男	123456002	76	98	77	83.67	良
5	陈军	男	123456003	90	67	80	79.00	良
6	陈星宇	男	123456004	68	80	90	79.33	良
7	成中进	男	123456005	55	56	10	40.33	差
8	程会	女	123456006	90	90	98	92.67	优
9	杜雪	女	123456007	57	50	90	65.67	中
10	方祖巧	女	123456008	70	93	90	84.33	良
11	付静	女	123456009	71	53	90	71.33	中
12	高雪	女	123456010	70	90	60	73.33	中
13	韩丽	女	123456011	56	90	39	61.67	中
14	何崇	男	123456012	80	80	58	72.67	中
15	黄讯	男	123456013	90	80	80	83.33	良
16	冀文正	男	123456014	80	90	80	83.33	良

图 6-9

6.4　WPS 表格的图表制作

【实训目的】

1．掌握 WPS 表格中图表的制作方法。

2．掌握冻结窗格操作。

【实训内容】

1．进行 WPS 表格列的删除。

2．根据 WPS 表格中数据的插入图表。

3．设置冻结窗格。

【实训要求】

1．能够删除数据列。

2．能够根据输入的数据制作图表并进行相应设置。

3．能够对数据表中的行进行冻结操作。

【任务】　WPS 表格的图表制作

打开 6.3 节完成的 "02-××-WPS 表格操作结果.xlsx" 文件，在该文件中完成下列操作，并将操作完成的文件命名为 "03-××-WPS 电子表格操作结果.xlsx"，另存到 "WPS Excel-03" 文件夹中。

1．删除数据列

删除 "学号" 列及 "成绩等级" 列数据。操作步骤如下：

a．选中第 B 列和第 C 列数据，右击，在弹出的快捷菜单中选择 "删除" 命令，即可删除 "性别" 列和 "学号" 列数据。

b．选中第 E 列和第 F 列数据，右击，在弹出的快捷菜单中选择"删除"命令，即可删除"平均成绩"列及"成绩等级"列数据。

c．把表格第一行标题改为"学生成绩表"，操作结果如图 6-10 所示。

	A	B	C	D
1	学生成绩表			
2	姓名	计算机	高等数学	英语
3	安然	95	90	85
4	曾祥华	76	98	77
5	陈军	90	67	80
6	陈星宇	68	80	90
7	成中进	55	56	10
8	程会	90	90	98
9	杜雪	57	50	90
10	方祖巧	70	93	90
11	付静	71	53	90
12	高雪	70	90	60
13	韩丽	56	90	39
14	何崇	80	80	58
15	黄讯	90	80	80
16	冀文正	80	90	80

图 6-10

2．创建图表

根据指定数据创建图表，并进行适当设置。操作步骤如下：

a．选中 A2:D16 单元格区域，单击"插入"选项卡"图表"命令组中的"插入柱形图"下拉按钮，在打开的下拉列表中选择"簇状柱状图"选项，插入簇状柱状图。

b．选中插入的图表，单击"图表工具"选项卡"图表布局"命令组中的"添加元素"下拉按钮，在打开的下拉列表中选择"轴标题"→"主要横向坐标轴"选项，如图 6-11 所示，添加横坐标轴标题"姓名"；采用相同的方法添加纵坐标轴标题"成绩"。

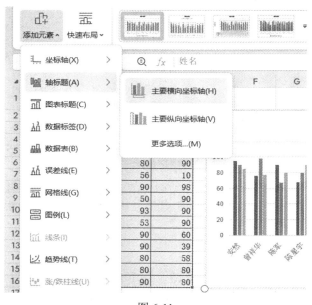

图 6-11

c．单击"图表工具"选项卡"图表布局"命令组中的"添加元素"下拉按钮，在打开的下拉列表中选择"图例"→"右侧"选项，改变图例位置。

d．将图表标题改为"学生成绩图表"，拖动图表右下角位置适当更改图表大小，操作结果如图 6-12 所示。

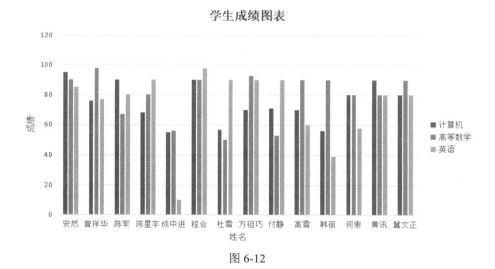

图 6-12

3．冻结窗格

操作步骤如下：

选中 A3 单元格，单击"视图"选项卡"窗口"命令组中的"冻结窗格"下拉按钮，在打开的下拉列表中选择"冻结至第 2 行"选项，如图 6-13 所示，完成前两行的窗格冻结。

图 6-13

6.5　WPS 表格的公式使用

【实训目的】

1．掌握 VLOOKUP 函数的使用。

2．掌握 RANK 函数的使用。

3．掌握绝对引用符的使用。

【实训内容】

1．使用 VLOOKUP 函数进行 WPS 表格数据操作。

2．使用 RANK 函数进行 WPS 表格数据操作。

【实训要求】

1．能够使用 VLOOKUP 函数进行数据查询。

2．能够使用 RANK 函数对数据进行排名。

3．能够在函数中正确使用绝对引用符。

【任务】 WPS 表格函数的使用

打开"WPS Excel-04"文件夹中的"WPS04 操作素材.xlsx"文件，在该文件中完成下列操作，将操作完成的文件命名为"04-××-WPS 表格操作结果.xlsx"，并保存到"WPS Excel-04"文件夹中。

1．使用 VLOOKUP 函数

在"WPS04 操作素材"文件中，将素材 2 工作表中的"才艺操行成绩"数据复制到"素材 1"工作表中的对应位置。操作步骤如下：

a．打开"素材 1"工作表，选中 E2 单元格，单击"公式"选项卡"快速函数"命令组中的"插入"按钮，打开"插入函数"对话框，在对话框中找到"VLOOKUP"函数，单击"确定"按钮，打开 VLOOKUP 的"函数参数"对话框。

b．在"函数参数"对话框的"查找值"参数栏中输入"B2"，在"数据表"参数栏中用鼠标指针选中"素材 2"中的 B1:D51 单元格区域，并在行号和列表前添加绝对引用符"$"，"列序数"填写"3"，"匹配条件"填写"0"，如图 6-14 所示，单击"确定"按钮。把"素材 2"中的"才艺操行成绩"复制到"素材 1"工作表中，双击 F2 单元格右下角的填充柄，快速填充所有的"才艺操行成绩"列单元格。

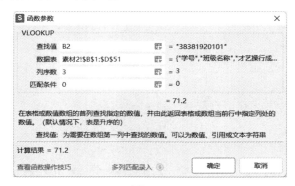

图 6-14

2．计算综合成绩

根据学业成绩占比 60%、才艺操行成绩占比 40%计算综合成绩。操作步骤如下：

在 F2 单元格内输入"=D2*0.6+E2*0.4",按 Enter 键计算出该名学生的综合成绩,双击 F2 单元格右下角的填充柄实现快速填充。

3．使用 RANK 函数

使用 RANK 函数计算所有同学的综合成绩排名。操作步骤如下：

a. 选中 G2 单元格,单击"公式"选项卡"快速函数"命令组中的"插入"按钮,打开"插入函数"对话框,找到"RANK"函数,单击"确定"按钮,打开 RANK 的"函数参数"对话框。

b. 在"函数参数"对话框中的"数值"参数栏中输入"F2",在"引用"参数栏中用鼠标指针选中 F2:F49 单元格区域,并在行号和列标前添加绝对引用符"$",在"排位方式"参数栏中输入"0",如图 6-15 所示,单击"确定"按钮,完成该名学生的综合成绩排名。双击 G2 单元格右下角的填充柄,完成所有学生的综合成绩排名。

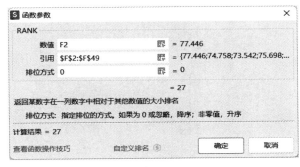

图 6-15

6.6 WPS 演示的基础操作

【实训目的】

1．掌握 WPS 演示的创建、打开、保存。
2．掌握 WPS 演示的幻灯片页面内容的编辑。
3．掌握 WPS 演示的背景设置和切换设置。
4．掌握 WPS 演示的表格的设置。
5．掌握 WPS 演示的图片插入。

【实训内容】

1．进行标题占位符、副标题占位符的文字输入。
2．插入背景图片,设置文字竖排。
3．设置"形状"切换。
4．设置表格。
5．插入图片。

【实训要求】

1．创建并保存一个新的 WPS 演示。

2．在幻灯片中编辑标题和副标题的内容，设置背景图片。

3．为幻灯片中的形状设置切换效果。

4．插入并编辑一个表格，确保内容清晰。

5．插入一张相关图片，并调整其大小和位置，完成后保存并提交。

【任务1】 WPS 演示的基本功能

某班级要开展主题为"安全教育"的班会，为了突出主题，烘托气氛，需要为主题班会制作一张如图 6-16 所示的辩论场景幻灯片。

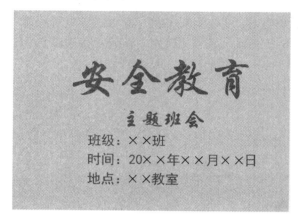

图 6-16

新建一个空白演示文稿，并重命名，如"01-××主题班会 WPS.pptx"，保存在"WPS-PPT-01"文件夹中。

1．设计幻灯片模板

操作步骤如下：

a．启动 WPS 演示应用程序，程序默认建立一个空白的演示文稿，按要求保存在"PPT-01"文件夹中。

b．单击"设计"选项卡"背景版式"命令组中的"背景"按钮，打开"对象属性"窗格，"填充"选项选择"纯色填充"，颜色选择"红色"，如图 6-17 所示。

2．编辑幻灯片

在"开始"选项卡中选择幻灯片版式为"标题幻灯片"，然后进行如下操作：

a．单击"单击此处添加标题"文本框，在该文本框中输入"安全教育"，然后转行输入"主题班会"，设置字号为"54"，字体为"华文行楷"，颜色为"黄色"，对齐方式为"居中对齐"，其中"安全教育"字号为"130"。

b．单击"单击此处添加副标题"文本框，在该文本框中输入"班级：××班"，转行输入"时间：20××年××月××日"，再转行输入"地点：××教室"。将输入好的文字设置成相应的颜色，字体为"黑体"，字号为"36"，对齐方式为"左对齐"。

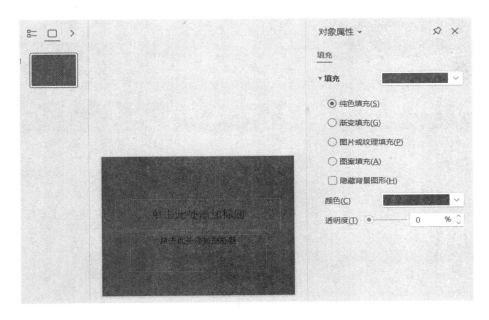

图 6-17

【任务 2】　WPS 演示的文字排版

打开"WPS-PPT-02"文件夹中的"PPT 素材.pptx"文件，完成下列操作，并重命名，如"02-××唐诗欣赏 WPS.pptx"，保存在"WPS-PPT-02"文件夹中。

1．填充背景

改变幻灯片背景。将"PPT-02"文件夹中的"背景.jpeg"图片作为本演示文稿（除第 1 张幻灯片外）的背景。操作步骤如下：

单击"设计"选项卡"背景版式"命令组中的"背景"按钮，打开"对象属性"窗格，选中"图片或纹理填充"单选项，单击"图片填充"下拉按钮，在打开的下拉列表中选择"本地文件"选项，打开"选择纹理"对话框，找到背景图片，选中后单击"打开"按钮，即可插入背景图片。

2．设置幻灯片

操作步骤如下：

a．输入幻灯片中的文字。选中要设置的文字所在的文本框，右击，在弹出的快捷菜单中选择"设置对象格式"命令，打开"对象属性"窗格，切换到"文本选项"选项卡"文本框"子选项卡，将"文字方向"设置为"竖排（从右向左）"。

b．单击"切换"选项卡，设置幻灯片的切换方式。

效果如图 6-18 所示。

图 6-18

【任务3】 WPS 演示的表格应用

打开"WPS-PPT-03"文件夹中的"PPT 模板素材.ppt"文件，根据该模板创建一个演示文稿，并重命名，如"03-××表格设置 WPS.ppt"，保存在"WPS-PPT-03"文件夹中。

1. 编辑首页幻灯片

操作步骤如下：

单击"标题占位符"文本框，输入"××班级校优加分"，选中该文本框，设置字号为"72"，颜色为"绿色"；单击"副标题占位符"文本框，输入"××同学"，选中该文本框，设置字体为"微软雅黑"，字号为"54"，颜色为"黑色"。

2. 插入表格

操作步骤如下：

a. 单击"插入"选项卡"表格"命令组中的"表格"下拉按钮，在打开的下拉列表中选择 5 行 3 列的表格，然后在表格中输入相应的数据。

b. 删除多余的幻灯片。

效果如图 6-19 所示。

图 6-19

第7章 程序设计基础及实践

学习编程时，有的学生会根据编程考试的要求制订学习计划，但是，采用传统的应试方法并不是唯一的学习途径。编程是一项技能，其核心在于实践和动手。一般从编写简单的程序如"Hello World"开始，逐步深入，进而学习更复杂的语法和概念。

为了提升学习效率，可以利用在线编程学习平台如 PTA（Programming Teaching Assistant）、头歌等，选择从易到难的编程题目进行练习。同时，若有机会，寻找经验丰富的导师进行指导，将帮助你更快地掌握编程技巧。若条件有限，则要学会利用搜索引擎和在线资源来解决问题。此外，加入编程讨论社群，与同行交流学习，也是提升编程能力的好方法。将这些方法应用于实践，可以更高效地学习编程。

7.1 如何学习编程

【实训目的】

1．熟悉在线编程学习平台的使用方法。
2．掌握编程语言和编译器的选择方法。
3．了解常见评测结果及其意义。
4．学习高效做题的方法，提升编程实践和解题能力。

【实训内容】

1．了解编程语言和编译器，熟悉在线评测系统。
2．会使用在线编程学习平台。在 PTA 平台中注册并熟悉相关操作，使用头歌平台进行实训，在牛客网中进行学习资源访问与练习，在 AcWing 平台上进行代码提交与检查。
3．理解 AC、CE、WA 等评测结果，分析出现错误的原因。

【实训要求】

1．独立完成实训任务。
2．遵守在线编程学习平台使用规定和道德准则。

【任务 1】 编程语言和编译器选择及在线评测系统介绍

1．选择编程语言和编译器

在编程考试中，由于大多会设定程序的运行时间上限，所以选择高效的编程语言至关重要。

常用的编程语言有 C、C++、Java、Python 等。虽然 Java 和 Python 在通用编程中非常流行，但在对性能要求较高的考试中，C 和 C++ 往往更为合适，因为它们通常能提供更快的执行速度。考虑到 C++ 的语法向下兼容 C，并且 C 的输入与输出操作在某些情况下更为高效，主体部分可以使用 C 的语法。然而，C++ 的某些特性和功能（如变量随时定义和标准模板库）也极具吸引力，因此在实际编程中，可以根据需求适当混用 C 和 C++ 的语法（详见第 7.2 节）。

在选择编译器时，应根据个人偏好和考试环境来决定。不同的考试可能提供不同的编译器选项，包括但不限于 VC6.0、VS 系列、Dev-C++、C-Free、Code::Blocks 和 Eclipse 等。由于 VC6.0 的编译标准较为陈旧，很多新版 C/C++性能可能无法支持，因此建议避免使用。Dev-C++、C-Free 和 Code::Blocks 是轻便且易于使用的编译器，通常作为首选。VS 系列虽然功能强大但文件内存占比相对较大，在没有其他选择时可以考虑。Eclipse 则主要用于 Java 编程，不建议在 C/C++考试中使用。

2．在线评测系统

在各类考试中，我们通常借助在线评测（Online Judge，OJ）系统来判断程序是否正确。这些 OJ 系统不仅提供了题目的详细描述、输入格式、输出格式，还包含了样例输入及输出，以供我们参考。为了验证程序的正确性，我们需要根据题目要求编写相应的代码，并提交给 OJ 系统进行评测。OJ 系统后台会运行多组测试数据，并根据程序输出的正确性返回不同的结果。值得注意的是，代码通过样例数据评测不代表程序正确，因为后台还会使用其他多组数据进行验证。

本章所包含的例题与练习题主要来自多个知名的在线编程学习平台，如 PTA、头歌、牛客、AcWing 等。这些平台不仅提供了丰富的编程题目，还有详细的题目解析和社区交流，为我们提供了一个良好的学习编程和提升编程能力的环境。下面，我们将对这几个平台进行简要介绍。

【任务 2】 PTA 平台的注册与使用

1．PAT 简介

PAT（Professional Ability Test）是一种考察计算机程序设计能力的考试，目前分为乙级（Basic）、甲级（Advanced）和顶级（Top）3 个难度层次，考试难度依次递增。考生需要选择其中一个难度层次报名。其中顶级将涉及大量 ACM-ICPC（美国计算机协会主办的国际大学生程序设计竞赛）的考点，报考的人数也相对较少。本章主要介绍乙级和团体程序设计天梯赛（以下简称"天梯赛"）（L1）的考试知识点。

为便于区别，本章中来自乙级的题目将以四位数记录，例如 1003 表示乙级的题号为 1003 的题目。读者可以访问 PAT 官方题库或相关平台来查看和练习这些题目。

本书中来自天梯赛的题目将以 L1 开头，例如 L1-006 表示天梯赛的题号为 L1-006 的题目。读者可以访问天梯赛官方题库或相关平台来查看和练习这些题目。

对于来自以上平台的题目，读者只需在对应网站上注册一个账号，就可以进行题目的提交和练习。具体的注册和提交流程可以参考平台的官方说明或教程。

2．用户注册

（1）学生注册。访问 PAT 考试的辅助教学平台 PTA，如图 7-1 所示。

图 7-1

（2）在页面右上方单击"注册"按钮。使用自己的邮箱进行注册，如图 7-2 所示。注册成功后需登录注册时提供的邮箱进行账号激活。

图 7-2

激活账号后，使用邮箱和密码登录系统。成功登录后将看到主界面，如图 7-3 所示。单击"固定题目集"按钮，进行下一步操作。

图 7-3

3．真题练习

（1）天梯赛真题练习。在主界面的"练习"板块单击"团体程序设计天梯赛-练习集"按钮，如图 7-4 所示。

图 7-4

进入"团体程序设计天梯赛-练习集"页面后，用户会看到一系列天梯赛真题，单击题目，即可开始天梯赛真题的练习。

（2）乙级真题练习。在主界面的"考试"板块单击"PAT (Basic Level) Practice（中文）"按钮，如图 7-5 所示。

图 7-5

进入"PAT (Basic Level) Practice（中文）"页面后，用户会看到一系列乙级真题，单击题目即可开始乙级真题的练习。

【任务3】 头歌平台的注册与使用

1．用户注册

在头歌平台官网完成用户注册后，支持绑定 QQ 或微信直接登录。

2．加入课堂

单击首页右上方的 ⊕ 按钮，在弹出的列表中选择"加入教学课堂"选项，打开"加入课堂"对话框，输入相应的邀请码，设置身份为"学生/参赛者"，完成后单击"确定"按钮，如图 7-6 所示。

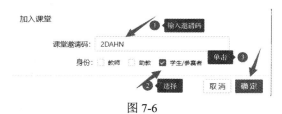

图 7-6

3．选择训练项目

浏览网站提供的训练项目列表，选择自己感兴趣的训练项目，如图 7-7 所示。

图 7-7

单击所选训练项目的名称或相关链接，进入项目详情页。

4．开始训练

在页面右上角单击"开启挑战"按钮，如图 7-8 所示。

图 7-8

5．体验训练环境

进入具体的训练环境后，开始边学边练，如图 7-9 所示。

图 7-9

平台将实时反馈用户的操作是否正确，帮助用户及时纠正错误。用户可以根据平台的提示和指导，完成任务。

【任务 4】　牛客网的注册与使用

1．用户注册

在牛客网官网完成用户注册，如图 7-10 所示。新用户可选择使用 QQ 登录以简化注册流程。注册完成后，新用户可考虑领取资料大礼包。

2．登录与访问学习资源

登录成功后，用户可以选择希望访问的学习资源。例如，选择进入"题库"页面，再进入"新手入门"专区，如图 7-11 所示。

图 7-10

图 7-11

3．开始练习

进入"竞赛讨论区"页面，可以看到语法入门和算法入门题单，开始练习之旅，如图 7-12 所示。

图 7-12

【任务 5】　AcWing 平台的注册与使用

1. 用户注册

在 AcWing 平台官网进行用户注册。为了方便快捷，可以选择使用 QQ 或微信登录并完成注册流程。

2. 登录与选择学习资源

完成注册并登录后，用户可以选择想要访问的学习资源。例如，如果想练习算法题目，可以进入"题库"页面，并选择题目，如图 7-13 所示。

图 7-13

3. 提交答案

在理解题目要求后，用户编写相应的代码。完成代码的编写后，可以单击"调试代码"按钮进行调试，之后单击"提交答案"按钮，如图 7-14 所示。提交后，系统将自动对代码进行测试，并给出测试结果。

用户可以查看代码是否通过测试，以及测试结果的详细信息。如果代码有误，可以根据系统提示的信息修改代码，并重新提交。

图 7-14

【任务 6】　常见的评测结果与高效做题方法

1. 答案正确（Accepted）

当用户提交的代码通过了所有测试时，系统会返回"Accepted"的评测结果。这表明用户的代码在逻辑和准确性上均达到了题目的要求。对于单点测试，每组的数据通过都会标记为"Accepted"；而在多点测试中，只有当所有组的数据都通过时，才会获得最终的"Accepted"结果。

2．编译错误（Compile Error，CE）

如果系统无法成功编译用户提交的代码，将会返回"Compile Error"的评测结果。在收到此结果时，应先检查是否选择了正确的编程语言，并确认本地编译器是否能够成功编译用户的代码。在修改后，再次提交代码进行评测。

3．答案错误（Wrong Answer，WA）

当用户的代码在某些测试数据上得到的结果与标准答案不符时，系统会返回"Wrong Answer"的评测结果。意味着虽然代码可能通过了样例数据的测试，但是存在逻辑错误或算法缺陷。需要仔细检查代码逻辑，并删除可能存在的调试信息。

4．运行超时（Time Limit Exceeded，TLE）

每道题目都设定了程序运行时间的上限。如果用户的代码在执行过程中超过了这一限制，系统将返回"Time Limit Exceeded"的评测结果。这可能是算法的时间复杂度过高或某些特殊数据导致代码进入死循环所致的。需仔细分析算法的时间复杂度，并检查代码中是否存在可能导致死循环的特殊情况。

5．运行错误（Runtime Error，RE）

"Runtime Error"的评测结果可能由多种原因引起，包括但不限于段错误（如数组越界、指针错误）、浮点错误（如除数为零、模数为零）以及递归爆栈等。当收到此结果时，需首先检查用户的数组大小是否超过了题目规定的数据范围，并检查代码中是否存在可能导致除数为零或模数为零的特殊情况。对于递归算法，需确保在大数据量下不会因递归层数过深而导致栈溢出。

6．内存超限（Memory Limit Exceeded，MLE）

每道题目都设定了程序使用的内存上限。如果用户的程序在执行过程中使用了过多的内存空间，系统将返回"Memory Limit Exceeded"的评测结果。这通常是使用了过大的数组或其他数据结构所致的。需仔细分析用户的程序内存使用情况，并尝试优化数据结构以降低内存消耗。

7．格式错误（Presentation Error，PE）

"Presentation Error"的评测结果通常是输出格式不符合题目要求所致的。这可能是由于多余的空格、换行符或其他格式问题引起的。需仔细检查用户的输出格式是否符合题目要求，并进行相应的修改。

8．输出超限（Output Limit Exceeded，OLE）

如果用户的程序输出了过量的内容（通常是远超题目要求的输出量），系统将返回"Output Limit Exceeded"的评测结果。这可能是输出了大量的调试信息或特殊数据导致的死循环输出所致的。需检查用户的代码逻辑和输出控制语句，确保在符合题目要求的前提下输出正确的结果。

9. 如何高效地做题

一般来说，按照算法专题进行集中的题目训练，是算法学习的有效策略。这种方法能够对特定算法进行深入且细致的全面练习，相较之下，随意练习或按题号顺序"刷题"则难以构建完整的知识体系。

若在解题过程中遇到暂时无法解决的题目，建议先搁置，转而处理其他题目。待一段时间后再次回顾，可能有新的启发（例如，可以设立一个待解决问题列表，每当遇到难题时便将其加入列表，并定期从列表中挑选题目重新思考，若仍无头绪，可再次将其放回列表）。当然，若题目难度较大，长时间思考仍无头绪，则可查阅题解，了解解题方法后，再独立进行代码编写。

此外，在解题过程中，适当总结相似题目的解题方法，也是专题训练中的一项重要工作。通过这一步骤，可以事半功倍地提升解题能力。

7.2　C/C++入门及简单的顺序结构

【实训目的】

1. 掌握编程语言 C/C++ 的基础知识。
2. 通过编写和分析 Hello World 程序，初步了解 C/C++ 的基本结构和执行流程。
3. 了解 C/C++ 的语法元素（包括语句结束符、注释、标识符和关键字）及其用法。
4. 了解 C/C++ 的数据类型和存储空间。
5. 理解变量，包括变量的定义、声明及左值和右值的概念。
6. 掌握常量的定义和使用方法，以及 auto、register、static、extern 等存储类的应用。
7. 了解各种运算符的种类、用法和优先级。

【实训内容】

1. 编写 Hello World 程序，理解程序结构。
2. 学习语句结束符、注释，掌握标识符和关键字。
3. 学习整数和浮点类型，理解数据存储空间。
4. 理解变量的定义和声明，区分左值和右值。
5. 学习整数、浮点、字符和字符串常量，使用 const 定义常量。
6. 学习 auto、register、static、extern 存储类，理解存储类的用途。
7. 掌握运算符的种类和用法，理解运算符优先级。

【实训要求】

1. 了解程序设计的相关概念，如机器语言、汇编语言、高级程序设计语言等。
2. 编写并测试程序，记录并解决问题。

【任务 1】　C/C++入门：Hello World 程序结构

C/C++的基本程序结构

先来探讨 C/C++ 程序结构，以便在接下来的章节中作为参考。

C/C++程序主要由以下部分组成：预处理器指令、函数和变量。现在通过一段简单的代

码来展示如何输出"Hello World!",具体如下:

```
#include <bits/stdc++.h>
using namespace std;
int main() {
    printf("Hello World!");
    return 0;
}
```

代码的第一行#include <bits/stdc++.h>是一个预处理器指令,告诉 C/C++编译器在实际编译之前要包含 bits/stdc++.h 这个头文件,该文件通常包含了标准库中的所有头文件。

int main()是程序的主函数,也是程序的入口,即程序从这里开始执行。

printf("Hello World!")是 C/C++标准库中的一个函数,用于在屏幕上显示消息"Hello World!"。

return 0 语句用于终止 main 函数的执行,并将 0 返给操作系统,通常表示程序正常结束。

【任务 2】 C/C++编程基础:语法元素详解

在 C/C++程序中,有几个关键的语法元素需要理解和掌握。这些元素包括语句结束符、注释、标识符、关键字和空格。下面将详细解释这些元素及其使用方法。

1.语句结束符

在 C/C++程序中,分号(;)是语句的结束符。每个完整的语句都必须以分号结束,以表明一个逻辑实体的结束。例如,输出 Hello World 的代码的第 4 行和第 5 行结束后都有一个分号。

2.注释

C/C++提供了两种注释方式。

a.单行注释:以//开始的注释,用于对单行代码或代码片段进行说明。这种注释可以单独占一行,也可以放在代码行的末尾。

b.多行注释:使用以/*开始和以*/结束的注释块,可以对多行代码进行注释。注意,不能在注释内嵌套注释,注释也不能出现在字符串或字符值中。

3.标识符

C/C++中的标识符是用于标识变量、函数或其他用户自定义项目的名称。一个合法的标识符必须以字母(A~Z,a~z)或下画线(_)开始,后面可以跟零个或多个字母、下画线和数字(0~9)。标识符中不能包含标点字符,如@、$和%。C/C++是区分大小写的编程语言,因此 Man 和 man 是两个不同的标识符。表 7-1 是一些有效的标识符示例。

表 7-1 标识符示例

序 号	标 识 符	序 号	标 识 符
1	mohd	4	m50
2	move_name	5	_tempj
3	a_123	6	a23b9

4．关键字

关键字是 C/C++中预定义的、具有特殊含义的标识符，不能用作常量名、变量名或其他标识符名称。C/C++中的部分关键字及其说明如表 7-2 所示。

表 7-2　C/C++中的部分关键字及其说明

关键字	说　　明	关键字	说　　明
auto	声明自动变量	register	声明寄存器变量
break	跳出当前循环	return	子程序返回语句（可带参数，也可不带参数）
case	开关语句分支	short	声明短整型变量或函数
char	声明字符型变量或函数返回值类型	signed	声明有符号类型变量或函数
const	声明只读变量	sizeof	计算数据类型或变量长度（所占字节数）
continue	结束当前循环，开始下一轮循环	static	声明静态变量
default	开关语句中的"其他"分支	struct	声明结构体类型
do	循环语句的循环体	switch	用于开关语句
double	声明双精度浮点型变量或函数返回值类型	typedef	用于给数据类型赋别名
if	条件语句	unsigned	声明无符号类型变量或函数
else	条件语句否定分支（与 if 连用）	union	声明共用体类型
float	声明浮点型变量或函数返回值类型	void	声明函数无返回值或无参数，声明无类型指针
for	一种循环语句	volatile	声明变量在程序执行过程中可被隐含地改变
int	声明整型变量或函数	while	循环语句的循环条件
long	声明长整型变量或函数返回值类型		

5．空格

在 C/C++中，尽管空格不直接参与代码的执行，但扮演着重要的角色。只包含空格的行，通常还可能带有注释，被称为空白行，这些行会被 C/C++编译器完全忽略。空格的主要用途是分隔语句的各个部分，帮助编译器识别语句中元素（如 int）的起始和结束位置。

例如，在下面的语句中：

```
int a;
```

int 和 a 之间必须至少有一个空格字符（通常是空白符），这样编译器才能区分它们。然而，在以下语句中：

```
cnt = apples + oranges; // 获取两种水果的总数
```

cnt 和=，或者=和 apples 之间的空格字符不是必需的，但为了增强代码的可读性，可以根据需要适当增加一些空格。

【任务 3】　C/C++中的数据类型

在 C/C++中，数据类型是用于声明不同类型变量或函数的基础系统。变量的数据类型决定了其在内存中占用的存储空间，以及计算机如何解释存储的位模式。

1. 整数类型

整数类型占用的存储空间与系统架构的位数有关。在 32 位系统中，int 类型通常占用 4 字节，long 类型也通常占用 4 字节（但在某些系统上可能占用 8 字节）。在 64 位系统中，int 类型仍然占用 4 字节（long long 类型通常占用 8 字节）。表 7-3 列出了标准整数类型占用的存储空间和数值范围（具体值可能因系统和编译器而异）。

表 7-3　标准整数类型占用的存储空间和数值范围

类　　型	占用的存储空间	数值范围
char	1 字节	−128～127 或 0～255
unsigned char	1 字节	0～255
signed char	1 字节	−128～127
int	2 或 4 字节	−32768～32767 或−2147483648～2147483647
unsigned int	2 或 4 字节	0～65535 或 0～4294967295
short	2 字节	−32768～32767
unsigned short	2 字节	0～65535
long	4 字节	−2147483648～2147483647
unsigned long	4 字节	0～4294967295

为了确定某个数据类型的变量在特定平台中占用的实际存储空间，可以使用 sizeof 运算符。表达式 sizeof(type)会返回该类型的对象在内存中所占用的存储空间（字节）。以下是一个示例代码，用于演示如何获取 int 类型占用的存储空间：

```
#include <bits/stdc++.h>
using namespace std;
int main() {
    printf("int 类型占用的存储空间:%zu bytes\n", sizeof(int));
    return 0;
}
```

2. 浮点类型

浮点类型用于表示小数。float 类型通常占用 4 字节（32 位），double 类型通常占用 8 字节（64 位）。表 7-4 列出了标准浮点类型占用的存储空间、数值范围和精度（具体值可能因系统和编译器而异）。

表 7-4　浮点类型、数值范围和精度

类　　型	占用的存储空间	数值范围	精　　度
float	4 字节	$-3.4 \times 10^{38} \sim 3.4 \times 10^{38}$	6～7
double	8 字节	$-1.7 \times 10^{-308} \sim 1.7 \times 10^{308}$	15～16
long double	16 字节	$-1.2 \times 10^{-4932} \sim 1.2 \times 10^{4932}$	18～19

下面的示例代码将演示如何输出浮点类型占用的存储空间及可以表示的数值：

```
#include <bits/stdc++.h>
using namespace std;
int main() {
    printf("float 类型占用的存储空间:%zu bytes\n", sizeof(float));
    printf("float 最小值:%E\n", FLT_MIN);
    printf("float 最大值:%E\n", FLT_MAX);
    printf("精度值:%u\n", FLT_DIG);
    return 0;
}
```

需要注意的是，%E 格式说明符用于以指数形式输出浮点数。

【任务 4】　C/C++中的变量

1. 变量

在 C/C++中，变量是程序可操作的存储区的名称。每个变量都有其特定的类型，该类型决定了变量在内存中占用的存储空间和布局。变量的名称可以由字母、数字和下画线组成，但必须以字母或下画线开头，大写字母和小写字母被视为不同的字符。

基于基本数据类型，C/C++中有以下几种基本的变量类型，如表 7-5 所示。

表 7-5　几种基本的变量类型

类　　型	描　　述
char	通常是 1 字节（8 位）。这是一个整数类型
int	对机器而言，整数的最自然的大小
float	单精度浮点值。单精度是 1 位符号，8 位指数，23 位小数 符号　指数（8位）　　　　　　　小数（23位） 0 0 1 1 1 1 1 0 0 0 1 0 0 0 0 0 0 0 0 0 0 0 0 0 0 0 0 0 0 0 0 0　= 0.15625 3130　　　2322　　位索引　　　　　　　0
double	双精度浮点值。双精度是 1 位符号，11 位指数，52 位小数 符号　指数（11位）　　　　　　　小数（52位） 63　　52　　　　　　位索引　　　　　　　0

2. 定义变量

定义变量是指告诉编译器在何处及如何为变量分配存储空间的过程。定义变量时，需要指定变量的类型和名称。可以使用一个类型说明符和一个或多个变量名。例如：

```
type variable_name;
```

其中，type 必须是一个有效的 C/C++数据类型，而 variable_name 是变量名。例如：

```
int a, b, c; // 声明并定义了三个整型变量：a、b 和 c
```

可以在声明的同时对变量进行初始化，即指定一个初始值。初始化器由一个等号（=）和一个常量表达式组成：

```
type variable_name = value;
```

例如：

```
int d = 3, f = 5; // 声明并初始化了两个整型变量: d 和 f
```

如果不进行初始化，带有静态存储持续时间的变量会被隐式地初始化为 null（所有字节的值都是 0），而其他变量的初始值是未定义的。

3. 声明变量

声明变量是指告诉编译器变量存在并具有指定的类型和名称。声明只在编译阶段有意义，实际存储空间的分配在程序连接时完成。变量声明有两种情况：

一是需要建立存储空间的声明：例如，"int a;"在声明的同时就建立了存储空间。

二是不需要建立存储空间的声明：使用 extern 关键字声明变量而不定义。例如，"extern int a;"表示变量 a 可以在其他文件中定义。

除非使用 extern 关键字，否则变量的声明通常也是变量的定义。

4. 左值和右值

在 C/C++中，表达式有以下两种类型。

（1）左值（Lvalue）。左值是指向内存位置的表达式，可以出现在赋值号的左边或右边。变量是左值，因为有存储位置，可以被赋值。

（2）右值（Rvalue）。右值指的是存储在内存中某个地址的数值，不能作为赋值的目标，即不能出现在赋值号的左边。数值型的字面量是右值，因为没有存储位置。

例如，以下分别是一个有效语句和一个无效语句：

```
int g = 20; // g 是左值, 20 是右值
// 10 = 20; // 无效语句, 因为 10 是右值, 不能作为赋值的目标
```

【任务 5】 C/C++中的常量及其定义方法

常量是程序中不会改变其值的固定值（又称字面量）。常量可以是任何基本数据类型，如整数、浮点数、字符或字符串等。常量被定义后，其值不能被修改，这与变量有所不同。

1. 整数常量

整数常量可以是十进制、八进制或十六进制的表示形式。前缀用于指定基数：0x 或 0X 表示十六进制，0 表示八进制，不带前缀则默认为十进制。

整数常量还可以带后缀，后缀可以是大写字母或小写字母，如 u 或 U 表示无符号整数（unsigned），l 或 L 表示长整数（long），u 或 U 与 l 或 L 的顺序任意。但 l 可能会与数字 1 混淆，因此在实践中更推荐使用 L。

以下是一些整数常量是否合法的示例：

```
212        //合法的
215u       //合法的
0xFeeL     //合法的
078        //非法的: 8 不是八进制数字
032UU      //非法的: 后缀不能重复
```

以下是各种类型的整数常量示例:

```
85              //十进制数字
0213            //八进制数字
0x4b            //十六进制数字
30              //整数
30u             //无符号整数
30l             //长整数
30ul            //无符号长整数
```

2. 浮点常量

浮点常量由整数部分、小数点、小数部分和指数部分组成,可以用小数形式或指数形式表示。当使用小数形式时,必须包含整数部分、小数部分或两者都包含。当使用指数形式时,必须包含尾数、指数或两者都包含。带符号的指数用 e 或 E 引入。浮点常量的后缀通常是 f 或 F(表示 float),l 或 L(在某些编译器中用于表示 long double,但不推荐用 l,因为可能与数字 1 混淆),或者省略后缀(默认为 double)。

以下是一些浮点常量的示例:

```
3.14159         //合法的双精度浮点数
314159E-5L      //合法的单精度浮点数
510E            //非法的: 不完整的指数
210f            //非法的: 没有小数或指数
.e55            //非法的: 缺少整数
```

3. 字符常量

字符常量是括在单引号中的字符,如'x',可以存储在 char 类型的变量中。字符常量可以是一个普通字符(如'x')、一个转义序列(如'\t'),或一个通用字符(如\u02C0')。在 C/C++ 中,转义序列是以反斜杠开头、后接字母或数字的字符组合,具有特殊含义,如\n 表示换行符。转义序列及其含义如表 7-6 所示。

表 7-6 转义序列及其含义

转义序列	含 义	转义序列	含 义
\a	警报铃声	\'	单引号
\b	退格	\"	双引号
\f	换页	\\	反斜杠
\r	回车	\?	文本问号
\t	水平制表符	\xhh	一个或多个数字的十六进制数
\v	垂直制表符	\ooo	1~3 位的八进制数
\n	换行		

4. 字符串常量

字符串常量是括在双引号中的字符序列。一个字符串包含普通字符、转义序列和通用字符,可以使用空格作为分隔符,将长字符串常量分成多行,但通常更推荐在需要时直接拼接字符串,或使用字符串连接运算符+(在 C++中)。

下面三种形式表示的字符串常量是相同的。

形式1：

```
"hello,dear"
```

形式2：

```
"hello,\
dear"
```

形式3：

```
"hello,""d""ear"
```

5．定义常量的方法

在 C/C++中，有两种方法定义常量：

使用#define 预处理器指令。这种方法用于在预处理阶段进行简单的文本替换，不进行类型检查，方法如下：

```
#define IDENTIFIER VALUE
```

使用 const 关键字。这种方法用于在编译时定义常量，具有类型安全性，方法如下：

```
const type variableName = value;
```

在可能的情况下，建议使用 const 关键字定义常量，因为其提供了更好的类型检查和作用域控制功能。

【任务6】　C/C++中的存储类及其应用

存储类在 C/C++中定义了变量和函数的可见性和生命周期。这些说明符放置在所修饰的类型之前，为开发者提供了控制程序内存布局和访问权限的工具。下面将详细介绍在 C/C++中常用的存储类及其应用场景。

1．auto 存储类

auto 存储类是局部变量的默认存储类。在函数内部声明的变量，除非明确指定了其他存储类，否则都将被视为 auto 存储类。例如：

```
int month; // 默认为 auto 存储类
auto int month; // 等同于上面的定义
```

需要注意的是，auto 关键字通常可以省略，因为局部变量默认就是 auto 存储类。

2．register 存储类

register 存储类建议编译器将局部变量存储在寄存器中，而不是 RAM 中。这样做可以提高访问速度，但受限于寄存器的大小和可用数量。例如：

```
register int miles; // 变量 miles 可能存储在寄存器中
```

需要注意的是，register 存储类只是提出一个建议，编译器可能会忽略，具体取决于硬件和实现过程中的限制。

3．static 存储类

static 存储类可以使得局部变量在函数调用结束后仍然保持其值，直到程序结束。这样，即使函数的局部作用域已经结束，变量的存储空间也仍然有效，并且它的值会在下一次该函数被调用时继续使用。

此外，当 static 关键字修饰全局变量时，会将变量的作用域限制在声明它的文件内。例如：

```
static int count; // 局部变量，在函数调用时值保持不变
static int globalVar; // 全局变量，但仅限于当前文件可见
```

全局声明的一个 static 变量或方法可以被任何函数或方法调用，只要这些方法与 static 变量或方法出现在同一个文件中。

4．extern 存储类

extern 存储类用于在其他文件中引用一个全局变量或函数。当在多个文件中共享一个全局变量或函数时，可以在其中一个文件中定义，而在其他文件中使用 extern 关键字来声明引用。这样做可以确保所有文件都引用同一个内存位置。例如：

在文件 A 中定义：

```
int globalVar = 10;
```

在文件 B 中引用：

```
extern int globalVar; // 引用文件 A 中定义的全局变量
```

当用户有多个文件且定义了一个可以在其他文件中使用的全局变量或函数时，可以在其他文件中使用 extern 关键字得到已定义的变量或函数的引用。

【任务 7】　C/C++中的运算符及优先级

运算符是一种告诉编译器执行特定数学或逻辑操作的符号。C/C++内置了丰富的运算符，包括算术运算符、关系运算符、逻辑运算符、位运算符、赋值运算符和杂项运算符。下面将逐一介绍这些运算符及其用法。

1．算术运算符

C/C++支持多种算术运算符。

假设变量 A 的值为 10，变量 B 的值为 20，算术运算符实例如表 7-7 所示。

表 7-7　算术运算符

运算符	描　　述	实　　例
+	将两个操作数相加	A+B 将得到 30
−	从左操作数中减去右操作数	A−B 将得到−10
*	将两个操作数相乘	A*B 将得到 200
/	分子除以分母	B/A 将得到 2
%	取模运算符，整除后的余数	B%A 将得到 0

运算符	描　述	实　例
++	自增运算符，整数值增加 1	A++将得到 11
--	自减运算符，整数值减少 1	A--将得到 9

2．关系运算符

C/C++支持的关系运算符用于比较两个值的大小或是否相等。关系运算符都是双目运算符，其结合性均为左结合。关系运算符的优先级低于算术运算符，高于赋值运算符。在六个关系运算符中，<、<=、>、>=的优先级相同，高于==和!=，==和!=的优先级相同。

假设 A=10，B=20，关系运算符实例如表 7-8 所示。

表 7-8　关系运算符

运算符	描　述	实　例
==	检查两个操作数的值是否相等，如果相等则条件为真	A==B 不为真
!=	检查两个操作数的值是否相等，如果不相等则条件为真	A!=B 为真
>	检查左操作数的值是否大于右操作数的值，如果是则条件为真	A>B 不为真
<	检查左操作数的值是否小于右操作数的值，如果是则条件为真	A<B 为真
>=	检查左操作数的值是否大于或等于右操作数的值，如果是则条件为真	A>=B 不为真
<=	检查左操作数的值是否小于或等于右操作数的值，如果是则条件为真	A<=B 为真

3．逻辑运算符

C/C++提供了三种基本的逻辑运算符。

&&（逻辑与运算符）：当且仅当两个操作数都为真时，结果才为真。

||（逻辑或运算符）：当两个操作数中至少有一个为真时，结果就为真。

!（逻辑非运算符）：取反操作，如果操作数为真，则结果为假，反之亦然。

逻辑与运算符和逻辑或运算符都是双目运算符，即需要两个操作数；都具有左结合性，即从左到右进行运算。逻辑非运算符是单目运算符，只需要一个操作数，并且具有右结合性。

逻辑运算符的优先级从高到低为!、&&、||。

4．位运算符

位运算符在 C/C++中用于直接操作整数的二进制位。常见的位运算符包括按位与（&）、按位或（|）、按位异或（^）和按位取反（~）。&、|和^的真值表如表 7-9 所示。

表 7-9　位运算符的真值表

p 值	q 值	p&q	p|q	p^q
0	0	0	0	0
0	1	0	1	1
1	0	0	1	1
1	1	1	1	0

假设 A=00111100（二进制），B=00001101（二进制），C/C++支持的位运算符实例如表 7-10 所示。

表 7-10　位运算符

运算符	描　　述	实　　例
&	按位与运算符，按二进制位进行"与"运算。运算规则：0&0=0; 0&1=0; 1&0=0; 1&1=1	A & B 将得到 00001100
|	按位或运算符，按二进制位进行"或"运算。运算规则：0|0=0; 0|1=1; 1|0=1; 1&1=1	A | B 将得到 00111101
^	按位异或运算符，按二进制位进行"异或"运算。运算规则：0^0=0; 0^1=1; 1^0=1; 1^1=0	A ^ B 将得到 00110001
~	按位取反运算符，按二进制位进行"取反"运算。运算规则：~1=0; ~0=1	~A 将得到 11000011，一个有符号二进制数的补码形式
<<	二进制左移运算符。将一个数的各二进制位全部左移若干位（左边的二进制位丢弃，右边补 0）	A << 2 将得到 11110000
>>	二进制右移运算符。将一个数的各二进制位全部右移若干位（右边的二进制位丢弃，正数左边补 0，负数左边补 1）	A >> 2 将得到 00001111

5．赋值运算符

赋值运算符在 C/C++中用于给变量赋值。基本的赋值运算符是等号（=），将右边的值赋给左边的变量。除此之外，还有一些复合赋值运算符，如+=、−=、*=、/=等，分别表示先执行相应的运算，再将结果赋给左侧的变量，具体如表 7-11 所示。

表 7-11　赋值运算符

运算符	描　　述	实　　例
=	简单的赋值运算符，将右操作数的值赋给左操作数	C = A + B，将 A + B 的值赋给 C
+=	加且赋值运算符，将右操作数加上左操作数的结果赋给左操作数	C += A 等同于 C = C + A
−=	减且赋值运算符，将左操作数减去右操作数的结果赋给左操作数	C − A 等同于 C = C − A
*=	乘且赋值运算符，将右操作数乘以左操作数的结果赋给左操作数	C * A 等同于 C = C * A
/=	除且赋值运算符，将左操作数除以右操作数的结果赋给左操作数	C / A 等同于 C = C / A
%=	求模且赋值运算符，将两个操作数的模赋值给左操作数	C % A 等同于 C = C % A
<<=	左移且赋值运算符，将左操作数左移右操作数的结果赋给左操作数	C <<= 2 等同于 C = C << 2
>>=	右移且赋值运算符，将左操作数右移右操作数的结果赋给左操作数	C >>= 2 等同于 C = C >> 2
&=	按位与且赋值运算符，将左操作数按位与右操作数的结果赋给左操作数	C &= 2 等同于 C = C & 2
^=	按位异或且赋值运算符，将左操作数按位异或右操作数的结果赋给左操作数	C ^= 2 等同于 C = C ^ 2
|=	按位或且赋值运算符，将左操作数按位或右操作数的结果赋给左操作数	C |= 2 等同于 C = C | 2

6．杂项运算符

C/C++还支持一些杂项运算符，具体如表 7-12 所示。

表7-12 杂项运算符

运算符	描　　述	实　　例
sizeof()	返回变量占用的存储空间	sizeof(a)将返回4（字节），其中a是整数
&	返回变量的地址	&a;将返回变量的实际地址
*	指向一个变量	*a;将指向一个变量
?:	条件表达式	如果条为真，则值为X，否则值为Y

7. 运算符的优先级

运算符的优先级决定了表达式中各项的组合方式，从而影响了表达式的计算顺序。表7-13按优先级从高到低列出了C/C++中的运算符。例如，在表达式x=7+3*2中，由于乘法运算符的优先级高于加法运算符，因此x的值将被赋为13而非20。

表7-13 运算符优先级

类　　别	运算符	结合性
后缀	() [] -> . ++ --	从左到右
一元	+ - ! ~ ++ -- (type)* & sizeof()	从右到左
乘除	* / %	从左到右
加减	+ -	从左到右
移位	<< >>	从左到右
大小	< <= > >=	从左到右
相等	== !=	从左到右
位与	&	从左到右
位异或	^	从左到右
位或	|	从左到右
逻辑与	&&	从左到右
逻辑或	||	从左到右
条件	?:	从右到左
赋值	= += -= *= /= %= >>= <<= &= ^= |=	从右到左
逗号	,	从左到右

7.3　选择结构

【实训目的】

1. 掌握关系表达式的基本概念和用法，理解逻辑表达式的构成，熟悉逻辑运算符及其运算规则。

2．熟练掌握 if 语句的三种形式（单分支、双分支、多分支），理解 if 语句的使用细节与注意事项，学会使用 if 语句的嵌套和配对规则。

3．掌握条件运算符及其表达式的应用，学习简化代码并提高可读性。

4．了解 switch 语句的基本用法，能够用 switch 语句替代部分 if 语句以提高代码效率。

【实训内容】

1．学习并理解关系运算符的使用。

2．学习逻辑运算符及其运算规则，编写逻辑表达式并进行测试。

3．编写使用 if 语句的示例程序，掌握 if 语句的嵌套使用。

4．学习条件运算符，并编写简单的条件表达式。

5．学习 switch 语句的基本语法和使用规则，编写简单的示例程序。

6．了解 switch 语句的适用场景和限制，对比其与 if 语句的优缺点。

【实训要求】

1．编写并测试示例程序，确保正确运行。

2．遵守编程规范，注意代码的可读性和可维护性。

【任务 1】　关系表达式与逻辑表达式

在 C 语言中，关系表达式和逻辑表达式是编程中不可或缺的部分，可以根据变量之间的比较结果来执行特定的操作。

1．关系表达式

关系表达式的一般形式：

`表达式 关系运算符 表达式`

关系运算符可以是>、<、>=、<=、==或!=。例如，a+b > c-d、z > 3/2 和 'a'+1 < c 都是合法的关系表达式。关系表达式的值只有两种可能：真（true，用数字 1 表示）或假（false，用数字 0 表示），如：

5>0 为真，即值为 1。

(a=3)>(b=5)，由于 3>5 不成立，故为假，即值为 0。

2．逻辑表达式

逻辑表达式的一般形式：

`表达式 逻辑运算符 表达式`

表达式本身也可以是逻辑表达式，从而可以形成嵌套结构，例如：

`(a && b) && c`

根据逻辑运算符的左结合性，上式也可写为

`a && b && c`

逻辑表达式的值是表达式中各种逻辑运算的最终结果，通常使用 1 和 0 分别表示真和假。

【例7-1】 下面是一个简单的程序示例，演示了关系表达式和逻辑表达式的使用。

```
#include <bits/stdc++.h>
int main() {
    int a = 5, b = 3, c = 10;
    // 关系表达式示例
    printf("a > b: %d\n", a > b); // 输出 1（真）
    printf("a < c: %d\n", a < c); // 输出 1（真）
    // 逻辑表达式示例
    printf("a > b && b < c: %d\n", a > b && b < c); // 输出 1（真）
    printf("a > c || b < c: %d\n", a > c || b < c); // 输出 1（真）
    printf("!(a == c): %d\n", !(a == c)); // 输出 1（真）
    return 0;
}
```

在这个示例中，定义了三个整数变量：a、b 和 c，并使用 printf 函数输出关系表达式和逻辑表达式的值。程序将基于这些表达式，根据变量的当前值进行计算，并显示为 1 或 0。

【任务2】 if 语句及其分支结构

使用 if 语句可以构建分支结构，根据给定的条件进行判断，以决定执行哪个分支。

1. if 语句的三种形式

（1）基本形式（单分支）。

```
if (表达式) {
    语句；
}
```

其语义是如果表达式的值为真（非零），则执行其后的语句块，否则不执行。其过程如图 7-15 所示。

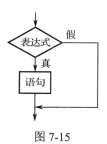

图 7-15

【例7-2】 比较两个数字的大小并输出较大值。

```
#include <bits/stdc++.h>
int main(){
    int a, b, max;
    printf("请输入两个数字：");
    scanf("%d%d", &a, &b);
    max = a;
    if (max < b) max = b;
    printf("max=%d", max);
    return 0;
}
```

在本例中，输入数字 a 和 b 后，把 a 的值先赋给变量 max，再用 if 语句判别 max 和 b 的大小，如 max 小于 b，则把 b 的值赋给 max。因此 max 中总是两个值中的最大数，最后输出 max 的值。

（2）if-else 形式（双分支）。

```
if (表达式) {
    语句 1;
} else {
    语句 2;
}
```

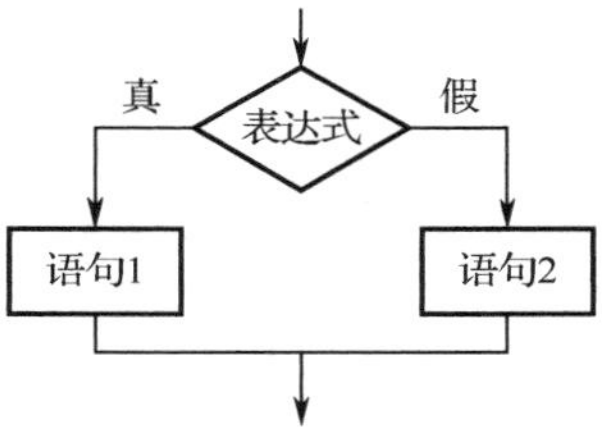

其语义是如果表达式的值为真，则执行语句 1，否则执行语句 2。其执行过程如图 7-16 所示。

图 7-16

【例 7-3】 确定两个整数中的较大值。

```
#include <bits/stdc++.h>
int main(){
    int a, b;
    printf("请输入两个整数: ");
    scanf("%d%d", &a, &b);
    if (a > b) printf("max=%d\n", a);
    else printf("max=%d\n", b);
    return 0;
}
```

在本例中，输入两个整数后，程序进行判断，输出其中的较大值。

（3）if-else-if 形式（多分支）。

前两种形式的 if 语句一般都用于两个分支的情况。当有多个分支可供选择时，可采用 if-else-if-else 语句，其一般形式如下：

```
if (表达式 1) {
    语句 1;
} else if (表达式 2) {
    语句 2;
} ... //可以有多个 else if
else {
    语句 n;①
}
```

其语义是依次判断表达式的值，当出现某个值为真时，则执行其对应的语句块。如果所有表达式的值均为假，则执行 else 后的语句 n。假设 n 为 5，if-else-if-else 语句的执行过程如图 7-17 所示。

【例 7-4】 识别字符类型。

```
#include <bits/stdc++.h>
int main(){
    char c;
    printf("请输入一个字符: ");
    c = getchar();
    if (c < 32)
        printf("这是一个控制字符\n");
```

---

① 按照规范，变量 n 应使用斜体表示，但为了与程序保持一致，本书统一使用正体。

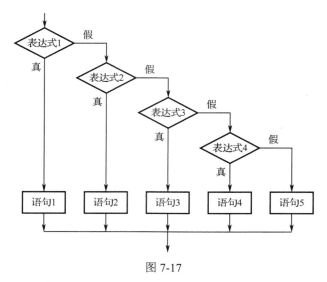

图 7-17

```
else if (c >= '0' && c <= '9')
    printf("这是一个数字\n");
else if (c >= 'A' && c <= 'Z')
    printf("这是一个大写字母\n");
else if (c >= 'a' && c <= 'z')
    printf("这是一个小写字母\n");
else
    printf("这是其他类型的字符\n");
return 0;
}
```

本例要求判别输入字符的类别。程序根据输入字符的 ASCII 码值来判别类型，并给出相应的输出。由 ASCII 码表可知，ASCII 值小于 32 的字符是控制字符。ASCII 值在 0 和 9 之间的字符是数字。ASCII 值在 A 和 Z 之间的字符是大写字母，而在 a 和 z 之间的字符是小写字母。其余 ASCII 值的字符则属于其他字符类别。为了处理这种多分支选择问题，可以使用 if-else-if-else 语句来编程，根据输入字符的 ASCII 码值所在的范围，给出不同的输出结果。

2．if 语句的使用细节与注意事项

在使用 if 语句时，需要注意以下几个问题。

（1）if 语句后面的表达式通常是逻辑表达式或关系表达式，也可以是其他类型的表达式，如赋值表达式等。

然而，将赋值表达式直接用于判断条件时（如 if(a=5)），应该特别小心，因为赋值表达式的结果（赋值后的值）将作为判断条件。在这个例子中，a 被赋值为 5，因为 5 是非零值，所以 if 语句后的代码块会被执行。这种用法可能会导致混淆，因为其与比较操作（如 if(a==5)）不同。

例如，对于以下程序段：

```
if(a=b) {
    printf("%d", a);
```

```
} else {
    printf("a=0");
}
```

这里的意图是比较 a 和 b 是否相等，但由于使用了赋值运算符=而不是比较运算符==，实际上是将 b 的值赋给了 a，然后判断 a（b 的值）是否为非零。

（2）在 if 语句中，条件判断表达式应该用括号括起来，尽管在大多数情况下这是可选的，但为了保证一致性和清晰性，建议总是使用括号。此外，在 if 语句的末尾（整个 if 语句结束后）不需要加分号。

（3）当 if 语句后面需要执行多个语句时，应该使用花括号将这些语句括起来形成一个复合语句。注意，复合语句末尾的花括号之后不应该再加分号。

例如：

```
if(a > b) {
    a++;
    b++;
} else {
    a = 0;
    b = 10;
}
```

在这个例子中，if 语句和 else 语句后面都跟着一个复合语句，用于执行多个操作。每个复合语句都以花括号开始和结束，并且末尾没有额外的分号。

3．if 语句的嵌套与配对规则

当 if 语句中的执行体又是 if 语句时，便形成了 if 语句的嵌套结构。这种结构的一般形式如下：

```
if(表达式 1) {
    if(表达式 2) {
    }
}
```

或者：

```
if(表达式 1) {
    if(表达式 2) {
    } else {
        if(表达式 3)
    }
}
```

在嵌套内的 if 语句可能再次嵌套 if-else 结构，这将会导致多个 if 和多个 else 重叠，从而需要特别注意 if 和 else 的配对问题。

例如，在以下代码中：

```
if(表达式 1) {
```

```
if(表达式2) {
    语句1;
} else {
    语句2;
}
}
```

else 究竟是与表达式 1 对应的 if 配对，还是与表达式 2 对应的 if 配对？这可能会引起混淆。C/C++规定，else 总是与其前面最近的、尚未配对的 if 配对。因此，对于上面的例子，应该按照下面的方式理解：

```
if(表达式1) {
    if(表达式2) {
        语句1;
    } else {
        语句2;   // 与表达式 2 的 if 配对
    }
}
```

【例7-5】 比较两个整数的大小。

```
#include <bits/stdc++.h>
int main() {
    int a, b;
    printf("请输入数字 A,B 的值:");
    scanf("%d%d", &a, &b);
    if(a != b) {
        if(a > b) {
            printf("A>B\n");
        } else {
            printf("A<B\n"); // 与 a > b 的 if 配对
        }
    } else {
        printf("A=B\n"); // 与 a != b 的 if 配对
    }
    return 0;
}
```

在这个例子中，程序使用了 if 语句的嵌套结构来比较两个数的大小关系。虽然这种嵌套结构可以实现多分支选择（A>B、A<B 或 A=B），但在实践中，使用 if-else-if-else 语句会使程序结构更加清晰。因此，在编写代码时，应优先考虑使用 if-else-if-else 结构，以提高代码的可读性和可维护性。

4．条件运算符及其表达式的应用

在条件语句中，如果只执行单个赋值语句，可使用条件表达式来实现，不但使程序简洁了，也提高了运行效率。

条件运算符是一个三目运算符，因为需要三个操作数：来自一个条件表达式和两个值表达式。条件表达式的一般形式如下：

表达式 1 ? 表达式 2 : 表达式 3

其求值规则如下：如果表达式 1 的值为真（非零），则条件表达式的值就是表达式 2 的值；否则，条件表达式的值就是表达式 3 的值。

条件表达式通常用于赋值语句中，以简化代码。例如下面的条件语句：

```
if(a > b) max = a;
else max = b;
```

可以用条件表达式写为

```
max = (a > b) ? a : b;
```

这个语句的语义是如果 a > b 为真，则将 a 的值赋给 max；否则，将 b 的值赋给 max。

使用条件表达式时，应注意以下几点：

（1）条件运算符的优先级低于关系运算符和算术运算符，但高于赋值运算符。尽管在上面的例子中可以去掉括号，但在复杂的表达式中，使用括号可以提高代码的可读性。

（2）条件运算符中的?和:是一对不可分割的运算符，不能分开单独使用。

（3）条件运算符的结合方向是从右到左。这意味着在嵌套的条件表达式中，最右侧的?和:会首先被评估。

例如：

```
a > b ? a : c > d ? c : d
```

应理解为

```
a > b ? a : (c > d ? c : d)
```

这也是条件表达式嵌套的情形，即其中的表达式 3 又是一个条件表达式。

【例 7-6】　使用条件运算符找出两个数中的较大数。

```
#include <bits/stdc++.h>
int main() {
    int a, b, max;
    printf("\n 请输入两个数字: ");
    scanf("%d%d", &a, &b);
    printf("max=%d", (a > b) ? a : b);
    return 0;
}
```

5. 条件语句程序举例

使用条件语句（if-else）确定三个整数的最大值和最小值。输入三个整数，输出最大数和最小数，代码如下：

```
#include <bits/stdc++.h>
int main() {
```

```
int a, b, c, max, min;
printf("请输入三个数字:");
scanf("%d%d%d", &a, &b, &c);
if (a > b) {
    max = a;
    min = b;
} else {
    max = b;
    min = a;
}
if (c > max) {
    max = c;
}
if (c < min) {
    min = c;
}
printf("max=%d\nmin=%d\n", max, min);
return 0;
}
```

本程序中，首先通过比较输入的 a 和 b 的大小来确定 max 和 min 的初始值。接着，程序将这两个初始值与 c 进行比较，根据比较结果更新 max 和 min 的值。最后，程序输出 max 和 min 的值，分别是输入的三个数中的最大数和最小数。

注意，在将 c 与 max 和 min 进行比较时，使用了两个 if 语句，而不是 else if 语句。这是因为 c 可能与 max 或 min 都不相等，也就是说，我们需要检查 c 是否比 max 大（更新 max），以及 c 是否比 min 小（更新 min），这两个条件可以同时为真或同时为假。

【任务 3】 switch 语句及其正确使用

C/C++中的 switch 语句提供了一种方便的多分支选择结构。其基本形式如下：

```
switch(表达式){
    case 常量表达式 1：语句 1; break;
    case 常量表达式 2：语句 2; break;
    ...
    case 常量表达式 n：语句 n; break;
    default: 语句 n+1;
}
```

switch 语句首先计算表达式的值，并将其与各个 case 后的常量表达式的值进行比较。当表达式的值与某个 case 后的常量表达式的值相等时，程序会执行该 case 后的语句，直到遇到 break 语句（如果有的话）为止。如果没有 break 语句，程序会继续执行下一个 case 后的语句，直到遇到 break 语句或 switch 语句块结束。如果表达式的值与所有 case 后的常量表达式均不相等，则执行 default 后的语句（如果存在的话）。

【例 7-7】 以下是一个要求用户输入一个数字并输出对应英文星期几的程序。注意，每个 case 后都添加了 break 语句来确保只输出一个结果。

```
#include <bits/stdc++.h>
int main(){
    int i;
    printf("请输入一个整数（代表星期几）：");
    scanf("%d", &i);
    switch (i){
        case 1: printf("Monday\n"); break;
        case 2: printf("Tuesday\n"); break;
        case 3: printf("Wednesday\n"); break;
        case 4: printf("Thursday\n"); break;
        case 5: printf("Friday\n"); break;
        case 6: printf("Saturday\n"); break;
        case 7: printf("Sunday\n"); break;
        default: printf("错误输入\n");
    }
    return 0;
}
```

使用 switch 语句时还需要注意以下几点：

（1）常量表达式的唯一性：case 后的各常量表达式的值必须互不相同，否则程序将不能正常工作。

（2）语句块：case 后可以有多条语句，通常建议使用花括号将多条语句括起来以形成一个语句块，以避免潜在的问题。

（3）执行顺序：case 和 default 子句的顺序不会影响程序执行结果。

（4）省略 default 子句：如果不需要处理所有未明确列出的情况，可以省略 default 子句。

7.4　循环结构

【实训目的】

1．掌握循环结构的基本概念及其在编程中的应用。

2．熟悉不同循环语句（goto、while、do-while、for）的语法和使用方法。

3．理解 break 和 continue 语句在循环结构中的作用和用法。

4．通过比较不同循环语句的特点，能够选择适当的循环结构来解决问题。

【实训内容】

1．使用 goto 语句实现循环结构。

2．使用 while 语句实现循环结构，包括循环的初始化、条件和迭代过程。

3．使用 do-while 语句实现循环结构，并比较其与 while 语句的区别。

4．使用 for 语句实现循环结构，并探讨 for 语句在初始化、条件和迭代方面的灵活性。

5．分析并比较上述几种循环语句的优缺点和适用场景。

6．学习 break 和 continue 语句。

【实训要求】

1. 编写程序，并运行程序，验证循环结构和 break、continue 语句的正确性。

2. 提交实训报告，包括实训目的、实训内容、实训步骤、实训结果和实训总结等部分。

【任务1】 循环结构及其实现方式

1. goto 语句

goto 语句是一种无条件转移语句，其使用格式如下：

```
goto 语句标号;
```

其中，标号是一个有效的标识符，该标识符后面加上一个冒号（:）一起出现在函数内的某处。执行 goto 语句后，程序将跳转到该标号处并执行其后的语句。需要注意的是，标号必须与 goto 语句同处于一个函数中，但不必在同一个循环层中。通常，goto 语句与 if 语句连用，当满足某个条件时，程序跳转到标号处运行。

然而，goto 语句通常不被推荐使用，因为其可能使程序结构变得不清晰，且不易读。但在某些特定情况，如多层嵌套退出时，使用 goto 语句则可能是合理的选择。

【例 7-8】 使用 goto 语句和 if 语句构成循环，计算 1+2+3+...+100 的值。

```c
#include <bits/stdc++.h>
int main(){
    int i, sum = 0;
    i = 1;
    loop: if(i <= 100){
        sum = sum + i;
        i++;
        goto loop;
    }
    printf("%d\n", sum);
    return 0;
}
```

2. while 语句

while 语句的一般形式如下：

```
while(表达式) 语句
```

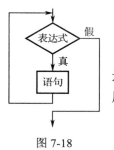

图 7-18

其中，表达式是循环条件，语句为循环体。while 语句的语义是计算表达式的值，当值为真（非零）时，执行循环体语句。其执行过程如图 7-18 所示。

【例 7-9】 使用 while 语句求 1+2+3+...+100 的值。

```c
#include <bits/stdc++.h>
int main(){
```

```
    int i, sum = 0;
    i = 1;
    while(i <= 100){
        sum = sum + i;
        i++;
    }
    printf("%d\n", sum);
    return 0;
}
```

【例 7-10】 统计用键盘输入的一行字符的个数。

```
#include <bits/stdc++.h>
 int main() {
    int n = 0; // 将计数器初始化为 0
    char c; // 定义一个字符变量 c 来存储每次读取的字符
        printf("请输入一行字符: "); // 输出提示信息
        while ((c = getchar()) != '\n') {
        n++; // 每读取一个字符，计数器加 1
    }
    printf("Number of characters: %d\n", n); // 输出字符个数，并换行
    return 0;
}
```

本程序中的循环条件为 getchar() != '\n'，其意义是，只要按的不是 Enter 键就继续循环。循环体 n++ 完成对输入字符个数的统计，从而程序实现了对输入的一行字符的个数的统计。

注意：while 语句中的条件表达式通常是一个关系表达式或逻辑表达式。只要该表达式的求值结果为真（非零），循环就会继续执行。这是 while 循环的基本工作原理。

【例 7-11】 输出从 0 开始的前 n 个偶数。

```
#include <bits/stdc++.h>
int main(){
    int a = 0, n;
    printf("\n 输入 n:");
    scanf("%d", &n);
    while(n--){
        printf("%d", a++ * 2);
    }
    return 0;
}
```

本例程序将执行 n 次循环，每执行一次，n 值减 1。循环体输出表达式 a++ * 2 的值。

3．do-while 语句

do-while 循环的一般形式如下：

```
do {
    循环体中的语句;
} while(表达式);
```

这个循环与 while 循环的主要区别在于：首先执行循环体中的语句，然后判断表达式的值。如果表达式的值为真（非零），则继续执行循环；如果为假（零），则终止循环。因此，do-while 循环至少会执行一次循环体中的语句。

【例 7-12】 使用 do-while 语句计算 1+2+3+...+100 的值。

```
#include <bits/stdc++.h>
int main() {
    int i, sum = 0;
    i = 1;
    do {
        sum = sum + i;
        i++;
    } while (i <= 100);
    printf("%d\n", sum);
    return 0;
}
```

注意，当循环体中有多个语句时，应当使用花括号括起来，以确保这些语句作为一个整体被循环控制。

4．for 语句

for 语句是非常灵活的一种循环结构，尽管其可以完成与 while 语句相似的功能，但在某些情况下能提供更清晰的结构。for 语句的一般形式如下：

for (表达式 1；表达式 2；表达式 3) 语句

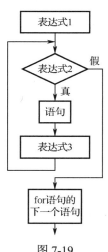

图 7-19

其执行过程如下：

（1）求解表达式 1。

（2）求解表达式 2，若其值为真（非零），则执行 for 语句中指定的内嵌语句，然后转到步骤（3）；若其值为假（零），则结束循环，并执行 for 语句下面的一个语句。

（3）执行表达式 3。

（4）转回步骤（2）继续执行，直到表达式 2 的值为假。

其具体执行过程如图 7-19 所示。

for 语句最简单的应用形式如下：

for (循环变量赋初值；循环条件；循环变量增量) 语句

这里，循环变量赋初值是一个赋值语句，用于初始化循环变量；循环条件是一个关系表达式，用于判断何时退出循环；循环变量增量定义了每次循环后循环变量如何变化。这三个部分之间用分号（;）分隔。

例如：

```
for (i = 1; i <= 100; i++) {
    sum = sum + i;
}
```

这里，先给 i 赋初值 1，然后判断 i 是否小于或等于 100，若是则执行循环体中的语句，之后 i 的值增加 1。循环将一直进行，直到 i>100 时结束。

这相当于以下 while 循环的形式：

```
i = 1;
while (i <= 100) {
    sum = sum + i;
    i++;
}
```

对于 for 循环中语句的一般形式，就是如下的 while 循环形式：

```
表达式1;
while (表达式2) {
    语句
    表达式3;
}
```

有以下几点需注意：

（1）如果省略了表达式 1（循环变量赋初值），则表示不对循环变量赋初值。

（2）如果省略了表达式 2（循环条件），则循环将成为一个死循环（除非循环体内有跳出循环的语句）。例如：

```
for(i = 1; ; i++) {
    sum = sum + i; // 这将是一个无限循环，除非有其他方式中断
}
```

（3）如果省略了表达式 3（循环变量增量），则需要在循环体内手动修改循环变量。例如：

```
for (i = 1;i <= 100;){
    sum = sum + i;
    i++;
}
```

（4）省略了表达式 1 和表达式 3 时，for 循环将类似于一个 while 循环。例如：

```
for (;i <= 100;){
    sum = sum + i;
    i++;
}
```

相当于：

```
while (i <= 100){
    sum = sum + i;
    i++;
}
```

（5）三个表达式都可以省略，但这将创建一个无限循环，类似于 while(1)。

（6）表达式 1 不仅可以是设置循环变量的初值的赋值表达式，还可以是其他任何有效的表达式。例如：

```
for (sum = 0;i <= 100;i++) sum = sum + i;
```

（7）表达式 1 和表达式 3 可以是简单表达式，也可以是逗号表达式，允许同时执行多个操作。

（8）表达式 2 通常是关系表达式或逻辑表达式，但也可以是任何非零值，即视为真的表达式。例如：

```
for(i = 0; (c = getchar()) != '\n'; i += c );
```

（9）for 循环中的表达式 1、表达式 2 和表达式 3 都是选择项，即可以省略，但分号（;）不能省略。

5．几种循环的比较

（1）循环类型与适用场景：四种常见的循环结构都可以用来处理同一个问题，并且在许多情况下可以互相代替。

（2）循环结构与结束条件：while 和 do-while 循环都需要在循环体内包含使循环趋于结束的语句，以确保循环能够正常终止。相比之下，for 语句由于其结构的明确性，通常被认为功能更为强大和灵活。

（3）循环变量初始化：当使用 while 和 do-while 循环时，循环变量的初始化操作通常需要在循环语句之前完成。这是因为 while 和 do-while 循环没有专门的初始化部分。而 for 语句允许在"表达式 1"中直接进行循环变量的初始化，这使得代码更简洁和易于阅读。

【任务 2】　break 和 continue 语句

1．break 语句

当 break 语句在 do-while、for、while 等循环语句中被使用时，其主要功能在于提前终止当前循环的迭代过程，使得程序流程转向循环体之后的语句继续执行。通常，break 语句会与 if 语句结合使用，以便在满足特定条件时跳出循环。其执行过程如图 7-20 所示。

【例 7-13】　键盘输入字符计数器。

```
#include <bits/stdc++.h>
#include <conio.h>
int main() {
    int i = 0;
    char c;
    while (1) {
        c = '\0'; // 将 c 初始化为空字符
        while (c != 13 && c != 27) {    // 变量赋初值
```

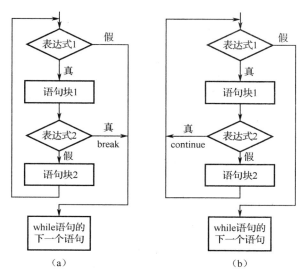

图 7-20

```
        c = getch(); // 从键盘接收字符，但不显示在屏幕上
        printf("%c\n", c); // 打印接收到的字符
    }
    if (c == 27) break; // 判断若按 Esc 键则退出循环
    i++;
    printf("序号是 %d\n", i); // 打印序号
}
printf("The end\n");
return 0;
}
```

注意：

（1）break 语句在 if-else 语句中并不产生终止循环的效果。

（2）在多层嵌套的循环结构中，一个 break 语句只能终止最内层循环的当前迭代，并使程序控制流返回上一层循环（如果存在的话）。

2. continue 语句

continue 语句的作用是在循环体内跳过当前迭代剩余的代码，并立即开始下一次循环迭代。continue 语句通常用于 for、while、do-while 等循环结构中，并常与 if 语句结合使用，以便在满足特定条件时跳过当前循环迭代的部分或全部剩余代码，从而加速循环过程。

以下是使用 break 语句和 continue 语句的示例代码段：

```
（1）while(表达式 1){
        ...
        if(表达式 2)break;
        ...
    }
（2）while(表达式 1){
        ...
        if(表达式 2)continue;
```

```
        ...
    }
```

【例 7-14】 使用 continue 语句在 main 函数中跳过特定字符的输入。

```
int main() {
    char c;
    while(c != '\r') { // 检查是否按了 Enter 键
        c = getch();
        if(c == 0x1B) { // 检查是否按了 Esc 键(ASCII 码为 0x1B)
            continue; // 若按了 Esc 键, 则不输出并直接进行下一次循环
        }
        printf("%c\n", c); // 输出字符(除了 Esc 键)
    }
    return 0; // main 函数应返回一个整数值
}
```

7.5 数组

【实训目的】

1. 了解数组的基本知识, 熟悉一维数组的定义、引用、初始化及使用。

2. 掌握二维数组的定义、引用、初始化及使用。

3. 熟练掌握字符数组的输入与输出及字符串处理函数和应用。

4. 理解循环程序的执行过程, 能够分析循环程序并给出其运行结果。

【实训内容】

1. 学会引用一维数组的元素, 理解一维数组的初始化方式。

2. 学会引用二维数组的元素, 理解二维数组的初始化方式。

3. 学会字符数组的初始化, 理解字符串和字符串结束标志的作用, 掌握字符数组的输入与输出方法。

4. 了解并学习常用的字符串处理函数。

【实训要求】

1. 独立完成实训内容, 理解并掌握相关知识点。

2. 在实验过程中, 能够自行调试程序, 解决遇到的问题。

3. 尝试拓展实训内容, 如增加数组操作的复杂度、探索字符串处理函数的更多用法等。

【任务 1】 一维数组的定义和引用

1. 一维数组的定义

(1) 定义。在 C/C++中, 数组是一种用于存储相同类型数据的集合。使用数组前, 需要先进行定义。一维数组的定义方式如下:

类型说明符　数组名[常量表达式];

其中，类型说明符可以是任一种基本数据类型或构造数据类型；数组名是用户定义的标识符，用于表示数组；方括号中的常量表达式，表示数组中的数据元素个数，也称为数组的长度。

例如：

```
int a[10]; // 定义一个整型数组 a，包含 10 个元素
float b[10], c[20]; // 定义浮点型数组 b 和 c，分别包含 10 个和 20 个元素
char ch[20]; // 定义一个字符型数组 ch，包含 20 个元素
```

（2）数组类型说明的注意事项。

a. 数组的类型实际上是指数组元素的取值类型。对于同一个数组，其所有元素的数据类型都是相同的。

b. 数组名的书写规则应符合标识符的书写规定。

c. 数组名不能与其他变量名相同。例如，下面的代码会导致编译错误：

```
int a;
float a[10]; // 错误：'a' 已经被用作整型变量
```

d. 方括号中的常量表达式表示数组元素的个数，但数组的下标从 0 开始计算。因此，一个包含 5 个元素的数组，其有效下标为 0 到 4。

e. 方括号中不能是变量，但可以是符号常数或常量表达式。例如：

```
#define FD 5
    int a[3+2], b[7+FD];
```

但以下表示是错误的：

```
int n = 5;
int a[n];
```

f. 允许在同一个类型说明中，同时定义多个数组和多个变量，例如：

```
int a, b, c, d, k1[10], k2[20];
```

2. 一维数组元素的引用

数组元素是构成数组的基本单元，本质上也是一种变量，通过数组名与下标的组合进行标识。下标代表了元素在数组中的位置索引。

数组元素的一般表示形式如下：

数组名[下标]

其中，下标必须为整型常量或整型表达式。如果下标为小数，C/C++编译器将自动向下取整。

例如：

```
a[5]
a[i+j]
```

```
a[i++]
```

上述都是合法的数组元素引用方式。

数组元素通常也被称为下标变量。在使用下标变量之前，必须先定义相应的数组。在 C/C++中，只能逐个地访问和操作下标变量，而不能一次性引用整个数组。

例如，要输出一个包含 10 个元素的数组，必须使用循环语句逐个输出每个下标变量：

```
for(i = 0; i < 10; i++)
    printf("%d", a[i]);
```

而直接输出数组名（如 printf("%d", a);）是不正确的，因为数组名在大多数情况下代表数组首元素的地址，而非数组本身。

【例 7-15】 数组的初始化和排序输出。

```
#include <bits/stdc++.h>
using namespace std;
int main() {
    int i, a[10]; // 声明了一个包含 10 个整数的数组
    for(i = 0; i <= 9; i++) {
        a[i] = i;
    }
    for(i = 9; i >= 0; i--) {
        printf("%d ", a[i]);
    }
     return 0;
}
```

输出

```
9 8 7 6 5 4 3 2 1 0
```

图 7-21

以上程序初始化了一个大小为 10 的整数数组 a，并将数组的每个元素设置为其对应的索引值。例如，a[0]被设置为 0，a[1]被设置为 1，依此类推，直到 a[9]被设置为 9。并循环反向排序输出这个数组的所有元素，结果如图 7-21 所示。

【例 7-16】 动态数组初始化与排序输出。

```
#include <bits/stdc++.h>
using namespace std;
int main() {
    int i, a[10];
    for (i = 0; i < 10; i++) {
        a[i] = i;
    }
    for (i = 9; i >= 0; i--) {
        printf("%d", a[i]);
    }
    return 0;
}
```

以上程序定义了一个包含 10 个整数的数组，并将数组的每个位置填充 **输出**

为它的索引值（0 到 9）。然后，程序从数组的最后一个元素开始，倒序输

出数组中的所有元素，即从 9 输出到 0，结果如图 7-22 所示。

9876543210

思考：【例 7-15】和【例 7-16】有什么区别？

图 7-22

【例 7-17】 数组奇数值初始化与倒序输出。

```cpp
#include <bits/stdc++.h>
using namespace std;
int main() {
    int i, a[10];
    for (i = 0; i < 10; i++;) {
        a[i] = 2 * i + 1;
    }
    for (i = 0; i < 9; i++;) {
        printf("%d ", a[i]);
    }
    return 0;
}
```

上述程序描述了一个循环语句用于给数组 a 的每个元素赋奇数值，随后使用另一个循环
语句输出这些奇数。在这个例子中，第一个 for 语句的增量表达式（通常是 i++）被省略了，
但在循环体内部使用了 i++ 来同时更新循环变量和数组下标。这种写法在 C/C++ 中是允许的，
因为循环变量的更新可以在循环体的任何地方进行。编译并执行这段代码后，结果将是一个
包含一系列奇数的列表。

3. 一维数组的初始化

在 C/C++ 中，除可以使用赋值语句对数组元素进行逐个赋值外，还可以采用初始化赋值
和动态赋值的方法。初始化赋值特指在数组定义时直接给数组元素赋初值，这一过程在编译
阶段完成，有助于减少运行时间，提高程序效率。

初始化赋值的一般形式如下：

类型说明符 数组名[常量表达式] = {值，值，...，值}；

其中，在花括号中的各数据值即各元素的初值，数据值之间用逗号分隔。

例如：

```cpp
int a[10] = {0, 1, 2, 3, 4, 5, 6, 7, 8, 9};
```

这等价于：

```cpp
int a[10];
a[0] = 0; a[1] = 1; ...; a[9] = 9;
```

C/C++ 对数组的初始化赋值有以下规定：

（1）可以只给部分元素赋初值。当{}中值的个数少于元素个数时，仅对前面的部分元素
进行赋值，剩余元素将自动初始化为该类型的默认值（对于整型数组，默认值为 0）。

例如：

```
int a[10] = {0, 1, 2, 3, 4};
```

这表示 a[0]至 a[4]这五个元素被明确赋值，而 a[5]至 a[9]这五个元素将自动被赋值为 0。

（2）只能给元素逐个赋值，不能给数组整体赋值。如果需要给多个元素赋相同的值，必须逐个列出。

例如，给十个元素全部赋值为 1，必须写为

```
int a[10] = {1, 1, 1, 1, 1, 1, 1, 1, 1, 1};
```

而不能简单地写为

```
int a[10] = 1;
```

（3）如给全部元素赋值，则在数组说明中，可以不明确给出数组元素的个数。编译器会根据初始化列表中元素的数量自动确定数组的大小。

例如：

```
int a[5] = {1, 2, 3, 4, 5};
```

可以简写为

```
int a[] = {1, 2, 3, 4, 5};
```

此时，编译器会自动推断数组 a 的长度为 5。

4．一维数组程序举例

在程序执行过程中，可以对数组进行动态赋值。这一操作通常通过循环语句配合输入函数（如 scanf）逐个对数组元素进行赋值。

【例 7-18】　查找并输出数组中的最大值。

```cpp
#include <bits/stdc++.h>
using namespace std;
int main() {
    int i, max, a[10];
    printf("请输入十个数: \n");
    for(i = 0; i < 10; i++) {
        scanf("%d", &a[i]);
    }
    max = a[0]; // 将 max 初始化为数组的第一个元素
    for(i = 1; i < 10; i++) {
        if(a[i] > max) {
            max = a[i];
        }
    }
    printf("maximum=%d\n", max);
    return 0;
}
```

在以上程序中，第一个 for 循环用于逐个将十个数输入数组 a 中。随后，将 max 初始化

为 a[0]的值。在第二个 for 循环中,将 a[1]到 a[9]的元素逐个与 max 中的值进行比较。若发现有比 max 更大的值,则将 max 更新为该较大值及其对应的下标。循环结束后,输出 max 的值。

【例 7-19】　将数组元素降序输出。

```cpp
#include <bits/stdc++.h>
using namespace std;
int main() {
    int i, j, p, q, a[10];
    printf("请输入十个数: \n");
    for (i = 0; i < 10; i++) {
        scanf("%d", &a[i]);
    }
    for (i = 0; i < 10; i++) {
        p = i; q = a[i];
        for (j = i + 1; j < 10; j++) {
            if (q < a[j]) {
                p = j; q = a[j];
            }
        }
        if (i != p) {
            int s = a[i];
            a[i] = a[p];
            a[p] = s;
        }
    }
    // 输出排序后的数组
    printf("降序排列数组: \n");
    for (i = 0; i < 10; i++) {
        printf("%d ", a[i]);
    }
    printf("\n");
    return 0;
}
```

上述程序使用了两个顺序执行的 for 循环。第一个 for 循环用于输入数组的十个初始元素。第二个 for 循环则用于执行排序操作,采用了选择排序的方法。

在每次外部循环(由变量 i 控制)时,将当前元素 a[i]的下标 i 赋给变量 p,并将其值赋给变量 q。然后,进入内部循环,从 a[i+1]开始,直到数组的最后一个元素,与 a[i]进行比较。如果发现某个元素大于 a[i](在降序排列的上下文中),则将 p 更新为该元素的下标,并将 q 更新为该元素的值。

完成一次内部循环后,p 将指向当前未排序部分最大元素的下标,而 q 将存储该最大元素的值。如果 i 不等于 p,说明找到了一个需要交换的元素,此时将 a[i]和 a[p]的值进行交换。这样,a[i]就变成了已排序部分的最大元素。

完成交换后,外部循环将进行下一次迭代,对剩余的元素进行同样的操作。通过这种方式,整个数组最终将被降序排列。

【任务2】 二维数组的定义和引用

1．二维数组的定义

在实际应用中，存在许多二维或多维的数据结构。为了处理这些数据，C/C++支持构造多维数组。多维数组的元素具有多个下标，用于标识其在数组中的位置，因此也被称为多下标变量。本小节将详细介绍二维数组，其他多维数组可类比二维数组进行理解。

定义二维数组的一般形式如下：

类型说明符 数组名[常量表达式1][常量表达式2]；

其中，常量表达式1表示第一维（通常理解为行）的长度，常量表达式2表示第二维（通常理解为列）的长度。例如：

```
int a[3][4];
```

上述定义声明了一个名为 a 的二维数组，具有三行四列，其数组元素类型为整型。该数组共包含 $3 \times 4 = 12$ 个下标变量，具体如下：

```
a[0][0], a[0][1], a[0][2], a[0][3]
a[1][0], a[1][1], a[1][2], a[1][3]
a[2][0], a[2][1], a[2][2], a[2][3]
```

尽管二维数组在概念上是二维的，即其下标在两个方向上变化，并且下标变量在数组中的位置处于一个平面上，但实际的计算机存储器却是按一维线性方式连续编制的。为了在一维存储器中存储二维数组，通常有两种方式：一种是按行优先存储，即存储完一行后再存储下一行；另一种是按列优先存储，即存储完一列后再存储下一列。

在 C/C++中，二维数组是按照行优先的方式存储的。具体而言，二维数组 a 在内存中会先存放 a[0]行的所有元素，然后存放 a[1]行的所有元素，最后存放 a[2]行的所有元素。每行中的元素也按照从左到右的顺序依次存放。由于数组 a 的元素类型为 int，且假设在特定环境中int 类型占 2 字节的内存空间，因此每个元素将占用 2 字节的内存空间。

2．二维数组元素的引用

二维数组的元素也被称为双下标变量，其表示形式如下：

数组名[下标1][下标2]

其中，下标1和下标2应为整型常量或整型表达式。

例如：

```
a[3][4]
```

这表示数组 a 中位于第三行、第四列的元素。

需要注意的是，声明数组时，方括号中给出的是某一维的长度，即可取下标的最大值；而数组元素中的下标则用于标识该元素在数组中的具体位置。在声明时，方括号内的值只能是常量；而在引用数组元素时，下标可以是常量、变量或表达式。

【例 7-20】 假设一个学习小组包含五名学生，每名学生有三门课程的考试成绩，如表 7-14 所示。现需要计算全组各门课程的平均成绩及全组各门课程的总平均成绩。

表 7-14　学生考试成绩

学　　　科	张	王	李	赵	周
math	80	61	59	85	76
clanguage	75	65	63	87	77
dbase	92	71	70	90	85

可以使用一个二维数组 a[5][3]来存储这五名学生三门课程的成绩。另外，使用一个一维数组 v[3]来存储各门课程的平均成绩，并使用变量 average 来存储全组各门课程的总平均成绩。在程序中，采用双重循环来读取并处理成绩数据。内部循环负责累加某门课程的成绩，外部循环则用于遍历所有课程。每完成一次内部循环，将累加的成绩除以 5（学生人数）得到该门课程的平均成绩，并将其存储在 v 数组中。外部循环结束后，将 v 数组中的三个平均成绩相加，再除以 3（课程数量），得到全组各门课程的总平均成绩。然后按照题目要求输出各项成绩。程序如下：

```
#include <bits/stdc++.h>
using namespace std;
int main() {
    int i, j, s = 0, average, v[3] = {0}; // 初始化 s 和 v 数组
    int a[5][3]; // 定义一个 5 行 3 列的二维数组
    for (i = 0; i < 3; i++) { // 遍历列
        for (j = 0; j < 5; j++) { // 遍历行
            scanf("%d", &a[j][i]); // 将元素输入二维数组
            s = s + a[j][i]; // 累加每列的和
        }
        v[i] = s / 5; // 计算每列的平均值（注意：这里假设所有列都有 5 个元素）
        s = 0; // 重置 s，以便计算下一列的和
    }
    // 打印每列的平均值
    average = (v[0] + v[1] + v[2]) / 3;
    printf("math: %d\nc language: %d\ndbase: %d\n", v[0], v[1], v[2]);
    printf("total: %d\n", average);
    return 0;
}
```

程序的代码被编译和执行时，会根据输入得出相应输出，如图 7-23 所示。

3. 二维数组的初始化

二维数组的初始化指的是在声明类型时，直接给数组的各个元素赋初始值。二维数组的初始化可以按照行分段赋值，也可以按照行的顺序连续赋值。

例如，对于数组 a[5][3]的初始化，按行分段赋值可以写作：

```
int a[5][3] = {{80, 75, 92}, {61, 65, 71}, {59, 63, 70}, {85, 87, 90}, {76,
```

输入

80	61	59	85	76
75	65	63	87	77
92	71	70	90	85

输出

```
math:72
c language:73
dbase:81
total:75
```

图 7-23

77, 85}};

按行连续赋值可以写作：

```
int a[5][3] = {80, 75, 92, 61, 65, 71, 59, 63, 70, 85, 87, 90, 76, 77, 85};
```

这两种初始化方式的结果是相同的。

【例 7-21】 计算二维数组每列和所有列的平均值。

```
#include <bits/stdc++.h>
using namespace std;
int main() {
    int i, j, s = 0, average, v[3];
    int a[5][3] = {{80, 75, 92}, {61, 65, 71}, {59, 63, 70}, {85, 87, 90}, {76,
77, 85}};
    for (i = 0; i < 3; i++) {
        for (j = 0; j < 5; j++) {
            s = s + a[j][i];
        }
        v[i] = s / 5; // 计算每列的平均值
        s = 0;
    }
    average = (v[0] + v[1] + v[2]) / 3; // 计算所有列的平均值
    printf("math: %d\nc language: %d\ndbase: %d\n", v[0], v[1], v[2]);
    printf("total: %d\n", average);
    return 0;
}
```

思考：【例 7-20】和【例 7-21】的程序有什么不同，在实际操作中哪个更实用？

一般而言，初始化二维数组时，按行分段赋值可能更加直观和易于理解，特别是在需要区分不同行数据的情况下。但在某些场景下，连续赋值可能更加紧凑和方便。

以下是对二维数组初始化赋值的进一步说明。

（1）二维数组可以只对部分元素进行初始化，未初始化的元素将自动被赋为 0。

例如：

```
int a[3][3] = {{1}, {2}, {3}};
```

这将为每行的第一列元素赋值，其他元素默认为 0。赋值后的元素值如下：

```
1  0  0
2  0  0
3  0  0
```

又如：

```
int a[3][3]={{0,1},{0,0,2},{3}};
```

赋值后的元素值如下：

```
0  1  0
0  0  2
3  0  0
```

（2）当对二维数组的全部元素进行初始化时，第一维的长度可以省略，但第二维的长度必须给出。

例如：

```
int a[][3] = {1, 2, 3, 4, 5, 6, 7, 8, 9};
```

（3）二维数组可以被视为是由多个一维数组构成的。每个一维数组（也被称为行）都是数组的一个元素，这些一维数组具有相同的类型。C/C++允许通过指定行索引来访问这些一维数组。

例如，对于二维数组 a[3][4]，它可以被视为是由三个一维数组组成的，其数组名分别为 a[0]、a[1]和 a[2]。

这些数组名本身不是下标变量，而是指向整个一维数组的指针。因此，它们不能直接作为下标使用，而是用于引用整个一维数组。

例如，a[0]引用的是一维数组，包含元素 a[0][0]、a[0][1]、a[0][2]和 a[0][3]。

4．二维数组程序举例

练习题：输入一个 n 行 m 列的矩阵，从左上角开始将其按回字形的顺序顺时针打印出来。参考代码段如下：

```
#include <bits/stdc++.h>
using namespace std;
int main() {
    int n, m;
    cin >> n >> m; // 读取 n 行 m 列
    int arr[50][50]; // 假设数组足够大
    for (int i = 0; i < n; i++) {
        for (int j = 0; j < m; j++) {
            cin >> arr[i][j];
        }
    }
    bool st[50][50] = {false}; // 初始化状态矩阵
    int dx[4] = {0, 1, 0, -1}; // 定义四个方向的偏移量（右、下、左、上）
    int dy[4] = {1, 0, -1, 0};
    int d = 0, x = 0, y = 0; // 初始化起始点和方向（向右）
    // 螺旋遍历并输出
    for (int i = 0; i < n * m; i++) {
        cout << arr[x][y] << (i < n * m - 1 ? " " : "\n"); // 输出当前元素，并
在元素之间添加空格（除了最后一个）
        st[x][y] = true; //将当前位置标记为已访问
        // 计算下一个位置
        int a = x + dx[d];
        int b = y + dy[d];
        // 如果下一个位置越界或已被访问，则改变方向
        while (a < 0 || a >= n || b < 0 || b >= m || st[a][b]) {
            d = (d + 1) % 4; // 改变方向
```

```
            a = x + dx[d];
            b = y + dy[d];
        }
        // 更新当前位置
        x = a;
        y = b;
    }
    cout << endl;
    return 0;
}
```

【任务3】 字符数组

字符数组是专门用于存储字符的数组类型。

1. 字符数组的定义

字符数组的定义形式与前面介绍的数值数组类似，例如：

```
char c[10];
```

上述代码定义了一个名为 c 的字符数组。由于字符型（char）和整型（int）在某些系统或特定上下文中具有相同的表示范围，所以有时可以将字符数组定义为整型数组，但此举将导致每个数组元素占用更多的内存空间（通常是 2 字节）。

字符数组也可以是二维或多维数组，例如：

```
char c[5][10];
```

上述代码定义了一个名为 c 的二维字符数组，其能够存储五行十列的字符数据。

2. 字符数组的初始化

在定义字符数组时可以进行初始化赋值，例如：

```
char c[10] = {'c', '\0', 'p', 'r', 'o', 'g', 'r', 'a', 'm', '\0'};
```

初始化之后，数组 c 的各个元素将被赋以下值：

c[0]的值为'c'，c[1]的值为'\0'（空字符），c[2]的值为'p'，c[3]的值为'r'，c[4]的值为'o'，c[5]的值为'g'，c[6]的值为'r'，c[7]的值为'a'，c[8]的值为'm'，c[9]被显式地赋值为'\0'，用于标记字符串的结束。

当对字符数组的所有元素进行初始化赋值时，可以省略数组长度的声明，例如：

```
char c[] = {'c', '\0', 'p', 'r', 'o', 'g', 'r', 'a', 'm', '\0'};
```

在这种情况下，数组 c 的长度会自动根据初始化元素的数量来计算，即数组长度为 10（包含所有初始化的元素，包括末尾的空字符）。

【例 7-22】 二维字符数组的初始化与遍历。

```
#include <bits/stdc++.h>
int main() {
    int i, j;
```

```
char a[2][5] = {
    {'B', 'A', 'S', 'I', 'C'},
    {'d', 'B', 'A', 'S', 'E'}
};
for (i = 0; i < 2; i++) { // 数组下标从 0 开始，且数组只有两个元素
    for (j = 0; j < 5; j++) {
        printf("%c", a[i][j]);
    }
    printf("\n");
}
    return 0;
}
```

输出

```
BASIC
dBASE
```

图 7-24

由于本例在初始化二维字符数组时为所有元素都赋了初值，所以可以省略一维下标的长度说明（这里已经显式指定了长度为 5）。当上述代码被编译并执行时，将产生相应的结果，如图 7-24 所示。

3．字符串和字符串结束标志

在 C/C++中，通常使用字符数组来存储字符串。字符串常量总是以空字符（\0）作为结束标志。因此，当将一个字符串存入字符数组时，也必须将结束标志存入数组，并以此作为该字符串是否结束的标志。由于存在结束标志，就不再需要依赖字符数组的长度来判断字符串的长度了。

C/C++允许使用字符串常量对字符数组进行初始化赋值。

例如，原本使用字符逐个赋值的代码：

char c[]={'c', '\0', 'p', 'r', 'o', 'g', 'r', 'a', 'm'};

可以简化为使用字符串常量进行赋值：

char c[] = "Cprogram";

注意，在字符串常量末尾，C/C++编译器会自动添加一个 \0 作为结束标志。因此，上面的数组 c 在内存中的实际存放情况如表 7-15 所示。

表 7-15　数组 c 在内存中的实际存放情况

C		p	r	o	g	r	a	m	\0

因为采用了\0 作为结束标志，所以在使用字符串常量对数组进行初始化时，通常无须指定数组的长度，编译器会根据字符串常量的长度自动计算并分配足够的空间。

4．字符数组的输入与输出

在采用字符串处理后，字符数组的输入与输出将变得更为简便。

除可以通过字符串为字符数组赋初值外，还可以利用 printf 函数和 scanf 函数一次性实现整个字符数组中字符串的输入与输出，而无须使用循环结构来逐个处理每个字符。

【例 7-23】　字符串的声明与输出。

```
#include <bits/stdc++.h>
using namespace std;
int main() {
    char c[] = "BASIC\ndBASE";
    printf("%s\n", c);
    return 0;
}
```

在 printf 函数中，使用的格式字符串为"%s"，表示输出的是一个字符串。在输出时，只需给出数组名，不可写为 printf("%s", c[]);，因为 c[]是无效的数组表示方式。

【例7-24】 字符数组与字符串的处理。

```
#include <bits/stdc++.h>
int main() {
    char st[15];
    printf("输入字符串:\n");
    scanf("%14s", st);
    printf("%s\n", st);
    return 0;
}
```

由于在本例中定义的数组 st 的长度为 15，因此输入的字符串长度必须小于或等于 14（保留一个位置给字符串结束标志）。对于字符数组，如果未进行显式初始化，其内容将是未定义的，但数组的长度必须在声明时指定。

例如，当输入的字符串中包含空格时，如：

输入字符串:

This is a book

输出将仅为

This

为了避免空格导致的问题，可以设计多个字符数组来分段存储含有空格的字符串。以下是一个修改后的示例：

【例7-25】 四个字符串的输入与输出。

```
#include <bits/stdc++.h>
using namespace std;
    int main(){
    char st1[6],st2[6],st3[6],st4[6];
    printf("输入字符串: \n");
    scanf("%s%s%s%s" ,st1,st2,st3,st4);
    printf("%s %s %s %sin" ,st1,st2,st3,st4);
    return 0;
}
```

该程序设置了四个数组，用于存储一行字符中由空格分隔的四个部分。然后分别输出这四个数组中的字符串。

在前面的讨论中，我们提到 scanf 函数的各输入项通常需要以地址的方式出现，如&a, &b 等。然而，当涉及数组时，数组名是直接作为参数传递的，而非其地址。这背后的原因是什么呢？

在 C/C++中，数组名实际上是一个指向数组首元素的指针常量。这意味着数组名本身就已经代表了该数组的首地址。由于整个数组在内存中是一块连续的内存单元，因此，通过数组名，可以直接访问这块内存区域的首个元素。

以字符数组为例，如 char c[10]，其在内存中可以被视为一个连续的字符序列，在内存中的实际存放情况如表 7-16 所示。

表 7-16　数组在内存中的实际存放情况

c[0]	c[1]	c[2]	c[3]	c[4]	c[5]	c[6]	c[7]	c[8]	c[9]

假设数组 c 的首地址为 2000，那么 c[0]的地址就是 2000。因此，数组名 c 在此上下文中直接代表了首地址。在调用 scanf 函数时，只需传递数组名 c，而无须在前面加上地址运算符 &。如果错误地写作 scanf("%s",&c);，会导致编译错误，因为&c 试图获取一个数组的地址（实际上是指向指针的指针），而 scanf 函数期望的是一个指向字符的指针。

类似地，在执行 printf("%s", c);时，函数会根据数组名 c 找到首地址，并逐个输出数组中存储的字符，直到遇到字符串结束标志为止。

5. 字符串处理函数

C/C++提供了丰富的字符串处理函数，这些函数大致可分为字符串的输入、输出、合并、修改、比较、转换、复制和搜索等几类。使用这些函数，可以极大地减轻编程的负担。

下面介绍几个常用的字符串处理函数。

（1）字符串输出函数 puts。

格式：puts(const char *str)

功能：将指定的字符串（以 str 指针的形式传入）输出到显示器，并在字符串末尾自动添加一个换行符，即在屏幕上显示该字符串并换行。

示例代码：

```
#include <bits/stdc++.h>
using namespace std;
int main() {
    char c[] = "BASIC\ndBASE";
    puts(c);
    return 0;
}
```

从上述示例中可以看到，puts 函数可以处理字符串中的转义字符。在这个例子中，\n 会导致输出结果分成两行。然而，需要注意的是，puts 函数在输出字符串后会自动添加一个换行符，这可能与某些情况下需要的输出格式不符。在这种情况下，通常可以使用 printf 函数进行更精确的控制。当需要按一定格式输出时，printf 函数更为常用。

（2）字符串输入函数 gets（只能在 C 语言中使用）。

格式：gets(字符数组名)

功能：从标准输入设备（通常是键盘）上读取一个字符串，直到遇到换行符（\n）为止，并将读取的字符串（不包括换行符）存储在提供的字符数组中。需要注意的是，由于 gets 函数不检查目标数组的大小，所以存在缓冲区溢出的风险，通常不推荐使用。

示例代码：

```
#include <stdio.h>
int main() {
    char st[15];
    printf("输入一个字符串: ");
    gets(st); // 读取字符串，注意这里不使用 gets 的返回值
    puts(st);
    return 0;
}
```

可以看出当输入的字符串中含有空格时，输出仍为全部字符串。说明 gets 函数并不以空格为字符串输入结束标志，而只以回车为输入结束标志。这是与 scanf 函数不同的。

C++提供了以下三种方法来实现类似的字符串输入和输出功能，通常推荐使用第 3 种方法。

第 1 种（一般不推荐使用）：

```
#include <bits/stdc++.h>
#include <iostream>
#include <cstdio>  // 需包含头文件<cstdio>，以便使用 fgets 函数
using namespace std;
int main() {
    char st[15];
    fgets(st, 15, stdin);
    puts(st);
    return 0; // 返回值应为 0，表示程序正常结束
}
```

第 2 种：

```
#include <bits/stdc++.h>
using namespace std;
int main() {
    char st[15];
    cin.getline(st, 15); // 使用 C++的 istream 类的 getline 成员函数
    puts(st); // 使用 C 风格的 puts 函数输出
    return 0;
}
```

第 3 种：

```
#include <bits/stdc++.h>
#include <string> // 需要包含 string 头文件
```

```
using namespace std;
int main() {
    string st; // 使用 C++的 string 类
    getline(cin, st); // 使用 C++的 istream 类的 getline 成员函数
    cout << st; // 使用 C++的 ostream 类的插入运算符输出
    return 0;
}
```

（3）字符串连接函数 strcat。

格式：strcat(目标字符数组, 源字符数组)

功能：将源字符数组中的字符串连接到目标字符数组中已有字符串的末尾，并自动处理字符串的连接和结束标志。该函数返回目标字符数组的首地址。

（4）字符串复制函数 strcpy。

格式：strcpy(目标字符数组, 源字符数组)

功能：将源字符数组中的字符串（包括结束标志）复制到目标字符数组中。源字符数组也可以是一个字符串常量。在这种情况下，该函数的作用是将一个字符串赋值给一个字符数组。

（5）字符串比较函数 strcmp。

格式：strcmp(字符数组 1, 字符数组 2)

功能：按照 ASCII 码的顺序比较两个字符数组中的字符串，并返回比较结果。

如果字符数组 1 等于字符数组 2，返回值为 0；

如果字符数组 1 大于字符数组 2，返回值大于 0；

如果字符数组 1 小于字符数组 2，返回值小于 0。

该函数同样可用于比较两个字符串常量，或比较字符数组和字符串常量。

（6）测字符串长度函数 strlen。

格式：strlen(字符数组)

功能：测量字符数组中的字符串长度（不包括字符串结束标志），并将该长度作为函数返回值。

第8章 综合复习题库

一、单项选择题

1. 完整的计算机系统的组成是（　　　）。

A. 运算器、控制器、存储器、输入设备和输出设备

B. 主机和外围设备

C. 硬件系统和软件系统

D. 主机、显示器、键盘、鼠标、打印机

2. 以下软件中，不是操作系统的是（　　　）。

A. Windows 10　　　　　　　　　B. UNIX

C. Linux　　　　　　　　　　　　D. Microsoft Office

3. 用 1 字节最多能编出（　　　）不同的码。

A. 8 种　　　　　　B. 16 种　　　　　　C. 128 种　　　　　　D. 256 种

4. 任何程序要被 CPU 执行，都必须先加载到（　　　）。

A. 磁盘　　　　　　B. 硬盘　　　　　　C. 内存　　　　　　D. 外存

5. 下列设备中，属于输出设备的是（　　　）。

A. 显示器　　　　　　B. 键盘　　　　　　C. 鼠标　　　　　　D. 写字板

6. 计算机信息计量单位中的 K 代表（　　　）。

A. 10^2　　　　　　B. 2^{10}　　　　　　C. 10^3　　　　　　D. 2^8

7. RAM 代表的是（　　　）。

A. 只读存储器　　　B. 高速缓存器　　　C. 随机存储器　　　D. 软盘存储器

8. 在描述信息传输时，bit/s 表示的是（　　　）。

A. 每秒传输的字节数　　　　　　B. 每秒传输的指令数

C. 每秒传输的字数　　　　　　　D. 每秒传输的位数

9. 微型计算机的内存容量主要指（　　　）。

A. RAM 的容量　　　　　　　　　B. ROM 的容量

C. CMOS 的容量　　　　　　　　D. Cache 的容量

10. 十进制数 27 对应的二进制数为（　　　）。

A. 1011　　　　　　B. 1100　　　　　　C. 10111　　　　　　D. 11011

11. Windows 的目录结构采用的是（　　　）。

A. 树形结构　　　　B. 线形结构　　　　C. 层次结构　　　　D. 网状结构

12. 将回收站中的文件还原时，被还原的文件将回到（　　　）。

A. 桌面上　　　　　B."我的文档"中　　　C. 内存中　　　　　D.被删除前的位置

13. 在 Windows 窗口的菜单中，若某命令后面有向右的黑三角，则表示（　　　）。

A. 有下级子菜单　　　　　　　　B. 单击可直接执行

C．双击可直接执行　　　　　　　　　　D．右击可直接执行

14．计算机的三类总线不包括（　　　）。

A．控制总线　　　　B．地址总线　　　　C．传输总线　　　　D．数据总线

15．汉字的拼音输入码属于汉字的（　　　）。

A．外码　　　　　　B．内码　　　　　　C．ASCII 码　　　　D．标准码

16．Windows 的剪贴板是用于临时存放信息的（　　　）。

A．一个窗口　　　　B．一个文件夹　　　C．一块内存空间　　D．一块磁盘空间

17．对处于还原状态的 Windows 应用程序窗口，不能实现的操作是（　　　）。

A．最小化　　　　　B．最大化　　　　　C．移动　　　　　　D．旋转

18．在计算机上插 U 盘的接口标准通常是（　　　）。

A．UPS　　　　　　B．USP　　　　　　C．UBS　　　　　　D．USB

19．新建文档时，Word 默认的字体和字号分别是（　　　）。

A．黑体、三号　　　　　　　　　　　　　B．楷体、四号

C．宋体、五号　　　　　　　　　　　　　D．仿宋、六号

20．第一次保存 Word 文档时，系统打开的对话框是（　　　）。

A．"保存"　　　　　B．"另存为"　　　　C．"新建"　　　　　D．"关闭"

21．在 Excel 工作表中，位于第三行第四列的单元格名称是（　　　）。

A．3∶4　　　　　　B．4∶3　　　　　　C．D3　　　　　　　D．C4

22．用 Word 编辑文档时，所见即所得的视图是（　　　）。

A．普通视图　　　　B．页面视图　　　　C．大纲视图　　　　D．Web 视图

23．新建的 Excel 工作簿默认工作表的张数是（　　　）。

A．2　　　　　　　　B．3　　　　　　　C．4　　　　　　　　D．5

24．在 Excel 工作表中某列数据出现########，这是由于（　　　）。

A．单元格宽度不够　　　　　　　　　　　B．计算数据出错

C．计算机公式出错　　　　　　　　　　　D．数据格式出错

25．若要在 Excel 的同一个单元格中输入两个段落的数据，则在第一段落输完后应按
（　　　）键。

A．Enter　　　　　　B．Ctrl+Enter　　　C．Alt+Enter　　　　D．Shift+Enter

26．算法的基本结构不包括（　　　）。

A．逻辑结构　　　　B．选择结构　　　　C．循环结构　　　　D．顺序结构

27．一般认为，世界上第一台电子计算机诞生于（　　　）。

A．1946 年　　　　　B．1952 年　　　　　C．1959 年　　　　　D．1962 年

28．可被计算机直接执行的程序语言是（　　　）。

A．机器语言　　　　B．汇编语言　　　　C．高级语言　　　　D．网络语言

29．在 Internet 中，组成 IP 地址的二进制数是（　　　）位。

A．8　　　　　　　　B．16　　　　　　　C．32　　　　　　　D．64

30．在浏览器地址栏中输入"http．//www.hxedu.com.cn/"，则 http 代表的是（　　　）。

A．协议　　　　　　B．主机　　　　　　C．地址　　　　　　D．资源

31．在 Internet 上用于收发电子邮件的协议是（　　　）。

A．TCP/IP　　　　　B．IPX/SPX　　　　C．POP3/SMTP　　　D．NetBEUI

32．在 Internet 上广泛使用的 WWW 是一种（　　）。

A．浏览器/服务器模式　　　　　　　B．网络主机

C．网络服务器　　　　　　　　　　D．网络模式

33．扩展名为 mov 的文件通常是一个（　　）。

A．音频文件　　　　B．视频文件　　　　C．图片文件　　　　D．文本文件

34．从本质上讲，计算机病毒是一种（　　）。

A．细菌　　　　　　B．文本　　　　　　C．程序　　　　　　D．微生物

35．世界上首次提出存储程序计算机体系结构的是（　　）。

A．莫奇莱　　　　　B．艾伦·图灵　　　C．乔治·布尔　　　D．冯·诺依曼

36．世界上第一台电子计算机采用的主要逻辑部件是（　　）。

A．电子管　　　　　B．晶体管　　　　　C．继电器　　　　　D．光电管

37．在计算机系统中，主机是指（　　）。

A．配有操作系统的计算机　　　　　　B．中央处理器和主存储器

C．硬件系统　　　　　　　　　　　　D．硬件系统和软件系统

38．微处理器处理的数据的基本单位为字，一个字的长度通常（　　）。

A．是 16 个二进制位　　　　　　　　B．是 32 个二进制位

C．是 64 个二进制位　　　　　　　　D．与微处理器芯片型号有关

39．微型计算机中，运算器的主要功能是进行（　　）。

A．逻辑运算　　　　　　　　　　　　B．算术运算

C．算术运算和逻辑运算　　　　　　　D．复杂方程的求解

40．下列存储器中，存取速度最快的是（　　）。

A．U 盘存储器　　　B．硬磁盘存储器　　C．光盘存储器　　　D．内存储器

41．下列打印机中，打印效果最佳的一种是（　　）。

A．点阵打印机　　　B．激光打印机　　　C．热敏打印机　　　D．喷墨打印机

42．下列因素中，对微型计算机工作影响最小的是（　　）。

A．温度　　　　　　B．湿度　　　　　　C．磁场　　　　　　D．噪声

43．CPU 不能直接访问的存储器是（　　）。

A．ROM　　　　　　B．RAM　　　　　　C．Cache　　　　　　D．CD-ROM

44．微型计算机中，控制器的基本功能是（　　）。

A．存储各种控制信息　　　　　　　　B．传输各种控制信号

C．产生各种控制信息　　　　　　　　D．控制系统各部件正确地执行程序

45．下列叙述中，属于 RAM 的特点的是（　　）。

A．可随机读/写数据，断电后数据不会丢失

B．可随机读/写数据，断电后数据将全部丢失

C．只能顺序读/写数据，断电后数据将部分丢失

D．只能顺序读/写数据，断电后数据将全部丢失

46．在微型计算机中，运算器和控制器合称为（　　）。

A．逻辑部件　　　　　　　　　　　　B．算术部件

C. 微处理器　　　　　　　　　　　　　　D. 算术和逻辑部件

47. 在微型计算机中，ROM 是（　　　　）。

A. 顺序读/写存储器　　　　　　　　　　B. 随机读/写存储器

C. 只读存储器　　　　　　　　　　　　　D. 高速缓冲存储器

48. 计算机网络最突出的优势是（　　　　）。

A. 信息流通　　　　　B. 数据传送　　　　　C. 资源共享　　　　　D. 降低费用

49. E-mail 是指（　　　　）。

A. 利用计算机网络及时地向特定对象传送文字、声音或图像的一种通信方式

B. 电报、电话、电传等通信方式

C. 无线和有线的总称

D. 报文的传送

50. 计算机内部信息的表示及存储采用二进制形式，其最主要的原因是（　　　　）。

A. 计算方式简单　　　　　　　　　　　　B. 表示形式单一

C. 避免与十进制相混淆　　　　　　　　　D. 与逻辑电路硬件相适应

51. 下列设备中，属于输入设备的是（　　　　）。

A. 声音合成器　　　　B. 激光打印机　　　　C. 光笔　　　　　　　D. 显示器

52. 下列存储器中，断电后信息将会丢失的是（　　　　）。

A. ROM　　　　　　　B. RAM　　　　　　　C. CD-ROM　　　　　D. 磁盘存储器

53. 32 位微型计算机中的 32 是指该微型计算机（　　　　）。

A. 能同时处理 32 位二进制数　　　　　　B. 能同时处理 32 位十进制数

C. 具有 32 根地址总线　　　　　　　　　D. 运算精度可达小数点后 32 位

54. 微型计算机中普遍使用的字符编码是（　　　　）。

A. BCD 码　　　　　　B. 拼音码　　　　　　C. 补码　　　　　　　D. ASCII 码

55. 下列描述中，正确的是（　　　　）。

A. 1 KB = 1 024×1 024 B　　　　　　　　B. 1 MB = 1 024×1 024 B

C. 1 KB = 1 024 MB　　　　　　　　　　D. 1 MB = 1 024 B

56. 下列英文中，可以作为计算机中数据的单位的是（　　　　）。

A. bite　　　　　　　B. Byte　　　　　　　C. bout　　　　　　　D. band

57. 发现微型计算机染有病毒后，较为彻底的清除方法是（　　　　）。

A. 用查毒软件处理　　　　　　　　　　　B. 用杀毒软件处理

C. 删除磁盘文件　　　　　　　　　　　　D. 格式化磁盘

58. 微型计算机采用总线结构连接 CPU、内存储器和外围设备，总线包括（　　　　）。

A. 数据总线、传输总线和通信总线　　　　B. 地址总线、逻辑总线和信号总线

C. 控制总线、地址总线和运算总线　　　　D. 数据总线、地址总线和控制总线

59. 操作系统的功能是（　　　　）。

A. 处理机管理、存储器管理、设备管理、文件管理

B. 运算器管理、控制器管理、打印机管理、磁盘管理

C. 硬盘管理、软盘管理、存储器管理、文件管理

D. 程序管理、文件管理、编译管理、设备管理

60．在微型计算机中，LCD 的含义是（　　　）。

A．微型计算机型号　　B．键盘型号　　　　C．显示标准　　　　D．显示器型号

61．目前，微型计算机中广泛采用的电子元器件是（　　　）。

A．电子管　　　　　　　　　　　　　　B．晶体管

C．小规模集成电路　　　　　　　　　　D．大规模和超大规模集成电路

62．早期的计算机体积大、耗电多、速度慢，其主要制约于（　　　）。

A．原材料　　　　　　　　　　　　　　B．工艺水平

C．设计水平　　　　　　　　　　　　　D．元器件——电子管，其体积大、耗电多

63．计算机可分为数字计算机、模拟计算机和数/模混合计算机，这种分类依据的是（　　　）。

A．功能和用途　　　B．处理数据的方式　　C．性能和规律　　　D．使用范围

64．个人计算机简称 PC，这种计算机属于（　　　）。

A．微型计算机　　　B．小型计算机　　　C．超级计算机　　　D．巨型计算机

65．计算机的主要特点是（　　　）。

A．运算速度快、存储容量大、性能价格比低

B．运算速度快、性能价格比低、程序控制

C．运算速度快、自动控制、可靠性高

D．性能价格比低、功能全、体积小

66．以下不属于电子计算机特点的是（　　　）。

A．通用性强　　　　B．体积庞大　　　　C．计算精度高　　　D．运算速度快

67．现代计算机之所以能够自动、连续地进行数据处理，主要是因为（　　　）。

A．采用了开关电路　　　　　　　　　　B．采用了半导体器件

C．采用了二进制　　　　　　　　　　　D．具有存储程序的功能

68．解决著名的汉诺塔问题的方法是（　　　）。

A．递归法　　　　　B．迭代法　　　　　C．穷举法　　　　　D．查找法

69．"使用计算机进行数值运算，可达到几百万分之一的精确度。"该描述说明计算机具有（　　　）。

A．自动控制能力　　B．高速运算能力　　C．很高的计算精度　D．记忆能力

70．"计算机能进行逻辑判断并根据判断的结果来选择相应的处理。"该描述说明计算机具有（　　　）。

A．自动控制能力　　B．逻辑判断能力　　C．记忆能力　　　　D．高速运算能力

71．计算机的通用性使其可以求解不同的算术和逻辑问题，这主要取决于（　　　）。

A．可编程性（指通过编写程序来求解算术和逻辑问题）

B．指令系统

C．高速运算

D．存储功能

72．当前计算机的应用领域极为广泛，但其应用最早的领域是（　　　）。

A．数据处理　　　　B．科学计算　　　　C．人工智能　　　　D．过程控制

73．办公自动化是计算机的一大应用领域，按计算机应用分类，其属于（　　　）。

A．科学计算　　　　B．辅助设计　　　　C．实时控制　　　　D．数据处理

74．计算机能进行自动控制，如生产过程化、过程仿真等，这属于（　　　）。

A．数据处理　　　　B．自动控制　　　　C．科学计算　　　　D．人工智能

75．计算机辅助设计的英文缩写是（　　　）。

A．CAD　　　　　　B．CAI　　　　　　C．CAM　　　　　　D．CAL

76．利用计算机模仿人的高级思维活动，如智能机器人、专家系统等，被称为（　　　）。

A．科学计算　　　　B．数据处理　　　　C．人工智能　　　　D．自动控制

77．计算机联网的目标是实现（　　　）。

A．数据处理　　　　　　　　　　　　　B．文献检索

C．资源共享和信息传输　　　　　　　　D．信息传输

78．在计算机内部，数据加工、处理、存储和传送的形式是（　　　）。

A．十六进制码　　　B．八进制码　　　　C．十进制码　　　　D．二进制码

79．下列四组数中，依次为二进制、八进制和十六进制的是（　　　）。

A．11，78，19　　　B．12，77，10　　　C．11，77，1E　　　D．12，80，10

80．下列数中，值最小的是（　　　）。

A．1789D　　　　　B．1FFH　　　　　　C．10100001B　　　　D．227O

81．7 位二进制编码的 ASCII 码可表示的字符个数为（　　　）。

A．127　　　　　　 B．255　　　　　　　C．128　　　　　　　D．256

82．一个字符的 ASCII 码，占用的二进制数的位数为（　　　）。

A．8　　　　　　　 B．7　　　　　　　　C．6　　　　　　　　D．4

83．在 ASCII 码表中，数字、小写英文字母和大写英文字母的编码次序（从小到大）是
（　　　）。

A．数字、小写英文字母、大写英文字母　　B．小写英文字母、大写英文字母、数字
C．大写英文字母、小写英文字母、数字　　D．数字、大写英文字母、小写英文字母

84．在下列字符中，其 ASCII 码值最大的一个是（　　　）。

A．8　　　　　　　 B．H　　　　　　　　C．a　　　　　　　　D．h

85．一个汉字的国标码占用的存储字节数是（　　　）。

A．1　　　　　　　 B．2　　　　　　　　C．4　　　　　　　　D．8

86．存储一个汉字的内码所需的字节数是（　　　）。

A．1　　　　　　　 B．2　　　　　　　　C．4　　　　　　　　D．8

87．以下说法中，不正确的是（　　　）。

A．英文字符的 ASCII 码唯一　　　　　　B．汉字编码唯一
C．汉字的内码（又称汉字机内码）唯一　　D．汉字的输入码唯一

88．在计算机中，信息的最小单位是①；存储器存储容量的基本单位是②。其中①②代
表的是（　　　）

A．①位，②字节　 B．①字节，②位　　C．①字节，②字长　D．①字长，②字节

89．1GB 等于（　　　）。

A．1 000×1 000 B　　　　　　　　　　 B．1 000×1 000×1 000 B

C．3×1 024 B　　　　　　　　　　　　 D．1 024×1 024×1 024 B

90. 如果一个内存单元为 1 B，则 16 KB 存储器共有内存单元的个数为（　　）。

A. 16 000　　　　　　　B. 16 384　　　　　　　C. 131 072　　　　　　　D. 10 000

91. 通常所说的"裸机"是指计算机仅有（　　）。

A. 软件　　　　　　　B. 硬件系统　　　　　　C. 指令系统　　　　　　D. CPU

92. 组成计算机指令的两部分是（　　）。

A. 数据和字符　　　　　　　　　　　　B. 运算符和运算结果

C. 运算符和运算数　　　　　　　　　　D. 操作码和地址码

93. 一台计算机全部指令的集合，通常称为（　　）。

A. 指令系统　　　　　　B. 指令集合　　　　　　C. 指令群　　　　　　D. 以上都不正确

94. 计算机的软件系统可分为两大类：（　　）。

A. 程序和数据　　　　　　　　　　　　B. 操作系统和语言处理系统

C. 程序、数据和文档　　　　　　　　　D. 系统软件和应用软件

95. 下列软件中，属于系统软件的是（　　）。

A. 用 C 语言编写的求解一元二次方程的程序

B. 工资管理软件

C. 用汇编语言编写的一个练习程序

D. Windows

96. 下列软件中属于应用软件的是（　　）。

A. 数据库管理系统　　　B. DOS　　　　　　C. Windows 10　　　　　D. PowerPoint 2016

97. 上课用的计算机辅助教学的软件 CAI 是（　　）。

A. 操作系统　　　　　　B. 系统软件　　　　　C. 应用软件　　　　　D. 文字处理软件

98. 下列各组软件中，全部属于应用软件的是（　　）。

A. 程序语言处理程序、操作系统、数据库管理系统

B. 文字处理程序、编辑程序、UNIX

C. Word 2016、Photoshop、Windows 10

D. 财务处理软件、金融软件、WPS、Office

99. 两个软件都是系统软件的是（　　）。

A. Windows 和 MIS　　　　　　　　　　B. Word 和 UNIX

C. Windows 和 UNIX　　　　　　　　　D. UNIX 和 Excel

100. 对算法描述正确的是（　　）。

A. 算法是解决问题的有序步骤

B. 一个问题对应的算法都只有一种

C. 算法必须在计算机上用某种语言实现

D. 常见的算法描述方法只有自然语言法或流程图法

101. 输出设备的任务是将信息传送到计算机之外的（　　）。

A. 光盘　　　　　　　　B. 文档　　　　　　　C. 介质　　　　　　　D. 电缆

102. 下列设备中，既能向主机输入数据又能接收主机输出数据的是（　　）。

A. CD-ROM　　　　　　B. 光笔　　　　　　　C. 磁盘　　　　　　　D. 触摸屏

103. 在微型计算机中，微处理器芯片上集成的是（　　）。

A．控制器和存储器　　　　　　　　　B．控制器和运算器

C．CPU 和控制器　　　　　　　　　　D．运算器和 I/O 接口

104．Cache 的中文是（　　　）。

A．缓冲器

B．高速缓冲存储器（该存储器位于 CPU 和内存之间）

C．只读存储器

D．可编程只读存储器

105．用户所用的内存储器容量通常是指（　　　）。

A．ROM 的容量　　　　　　　　　　　B．RAM 的容量

C．ROM 的容量+RAM 的容量　　　　　D．硬盘的容量

106．关于内存与硬盘的区别，错误的说法是（　　　）。

A．内存与硬盘都是存储设备

B．内存的容量小，硬盘的容量相对大

C．内存的存取速度快，硬盘的速度相对慢

D．断电后，内存和硬盘中的信息都能保留

107．算法与程序的关系正确的是（　　　）。

A．算法是对程序的描述　　　　　　　B．算法与程序之间无关系

C．程序决定算法，是算法设计的核心　D．算法决定程序，是程序设计的核心

108．下列有关外存储器的描述中，不正确的是（　　　）。

A．外存储器不能被 CPU 直接访问

B．外存储器既是输入设备，又是输出设备

C．外存储器中所存储的信息，断电后会随之丢失

D．扇区是磁盘存储信息的一个分区

109．固定在计算机主机箱体上、连接计算机各种部件、起桥梁作用的是（　　　）。

A．CPU　　　　　　B．主板　　　　　　C．外存　　　　　　D．内存

110．微型计算机与外围设备之间的信息传输方式有（　　　）。

A．仅串行方式　　　　　　　　　　　B．连接方式

C．串行方式和并行方式　　　　　　　D．仅并行方式

111．在计算机系统中，实现主机与外围设备之间的信息交换的关键部件是（　　　）。

A．总线插槽　　　　　B．电缆　　　　　C．电源　　　　　D．接口

112．一种用来输入图片资料的独立与计算机连接的设备，称为（　　　）。

A．绘图仪　　　　　　B．扫描仪　　　　　C．打印机　　　　　D．投影仪

113．用 CGA、EGA 和 VGA 三种性能标准来描述的设备是（　　　）。

A．打印机　　　　　　B．显卡　　　　　C．磁盘驱动器　　　　　D．总线

114．下列设备组中，完全属于外围设备的一组是（　　　）。

A．光盘驱动器、CPU、键盘、显示器

B．内存储器、光盘驱动器、扫描仪、显示器

C．激光打印机、键盘、光盘驱动器、鼠标

D．打印机、CPU、内存储器、硬盘

115．在微型计算机的配置中常看到"P 4\2.4 G"字样，其中数字"2.4 G"表示（ ）。

A．处理器的运算速度

B．处理器的时钟频率（也称主频）是 2.4 GHz

C．处理器是 Pentium 4 第 2.4 个版本

D．处理器与内存间的数据交换速率

116．计算机的字长是指（ ）。

A．内存存储单元的位数   B．CPU 一次可以处理的二进制数的位数

C．地址总线的位数   D．外设接口数据线的位数

117．计算机的技术指标有多种，决定计算机性能的主要指标是（ ）。

A．语言、外设和速度   B．主频、字长和内存容量

C．外设、内存容量和体积   D．软件、速度和重量

118．在 Word 中，用来粘贴文本的快捷键是（ ）。

A．Ctrl+V   B．Alt+V   C．Alt+C   D．Ctrl+C

119．在 Word 中，如果要将段落第一行进行缩进处理，应执行的命令是（ ）。

A．首行缩进   B．悬挂缩进   C．左缩进   D．右缩进

120．在 Word 中，域信息由域的代码符号和字符两种形式显示，执行（ ）命令可以进行相互转换。

A．更新域   B．切换域代码   C．编辑域   D．插入域

121．在 Word 文档中，为文本对象插入超链接后，其显示形式是带有文本的（ ）。

A．蓝色下画线   B．紫色下画线   C．黑色下画线   D．褐色下画线

122．Excel 应用程序广泛应用于（ ）。

A．统计分析、财务管理分析、股票分析和经济、行政管理等各个方面

B．工业设计、机械制造、建筑工程等各个方面

C．美术设计、装潢、图片制作等各个方面

D．多媒体制作

123．在 Excel 中，工作表最基本的组成部分是（ ）。

A．单元格   B．文字   C．数字   D．工作表标签

124．单击 PowerPoint 窗口右上角的"-"按钮，界面窗口以（ ）形式显示。

A．最小化   B．最大化   C．还原   D．关闭

125．在 PowerPoint 中，选中图片后，复制图片时应先按住的键是（ ）。

A．Shift   B．Ctrl   C．Shift+Ctrl   D．Alt

126．若要更改幻灯片中的编号，需要进入（ ）对话框设置。

A．"字体"   B．"页眉和页脚"

C．"页面设置"   D．"项目符号和编号"

127．以下关于算法的叙述正确的是（ ）。

A．算法是专门解决一个具体问题的步骤、方法

B．一个算法可以无止境地运算下去

C．求解同一个问题的算法只有一个

D．解决同一个问题，采用不同算法的效率不同

128．在 Word 中，当鼠标指针变成"铅笔"形状时，在表格内部沿水平或垂直方向拖动鼠标，可为表格（　　　）。

A．擦除行或列　　　　B．选择行或列　　　　C．添加行或列　　　　D．移动行或列

129．在 Word 中，将鼠标指针置于表格上方，待鼠标指针变成一个向下的黑箭头时，单击可选取（　　　）。

A．整行　　　　　　　B．整列　　　　　　　C．整个表格　　　　　D．其他

130．在 Word 中，按（　　　）快捷键，插入的域会变为域代码效果。

A．Alt+A　　　　　　B．Alt+F9　　　　　　C．Ctrl+A　　　　　　D．Ctrl+F9

131．在 Excel 工作表中，表示列 B 上行 5 到行 10 之间单元格区域的方法为（　　　）。

A．B5:B10　　　　　　B．B5:10　　　　　　C．B5$B10　　　　　　D．B$5-B$10

132．计算机求高次方程的根通常采用的方法是（　　　）。

A．穷举法　　　　　　B．迭代法　　　　　　C．查找法　　　　　　D．递归法

133．对打开的一个已有的 Excel 工作簿进行编辑后，选择（　　　）命令，既可保留修改前的文档，又可得到修改后的文档。

A．"文件"→"保存"　　　　　　　　　B．"文件"→"全部保存"

C．"文件"→"另存为"　　　　　　　　D．"文件"→"关闭"

134．在 Excel 工作簿中，有关移动和复制工作表的说法正确的是（　　　）。

A．工作表只能在所在工作簿内移动，不能复制

B．工作表只能在所在工作簿内复制，不能移动

C．工作表可以移动到其他工作簿内，不能复制到其他工作簿内

D．工作表可以移动到其他工作簿内，也可以复制到其他工作簿内

135．为影片添加效果后，关于影片的内容是否会发生变化的说法正确的是（　　　）。

A．会　　　　　　　　B．不会　　　　　　　C．可能会　　　　　　D．不知道会不会

136．PowerPoint 演示文稿以（　　　）为基本组成单位。

A．幻灯片　　　　　　B．工作表　　　　　　C．文档　　　　　　　D．图片

137．在幻灯片放映中显示绘图笔的快捷键是（　　　）。

A．Ctrl+P　　　　　　B．Ctrl+A　　　　　　C．Ctrl+S　　　　　　D．Ctrl+Q

138．在 Word 中，标尺分水平标尺和垂直标尺两种，分别位于文本编辑区的（　　　）。

A．上和左　　　　　　B．上和下　　　　　　C．左和右　　　　　　D．左和下

139．在 Office 相应程序中，如果出现误操作，进行撤销应使用的快捷键是（　　　）。

A．Alt+A　　　　　　B．Ctrl+F4　　　　　　C．Ctrl+A　　　　　　D．Ctrl+Z

140．在启动 Excel 应用程序后，会自动产生一个空白工作簿，其名称是（　　　）。

A．工作簿 1　　　　　B．Sheet1　　　　　　C．Doc1　　　　　　　D．文档 1

141．在 Excel 中进行文本的输入时，循环切换输入法的快捷键是（　　　）。

A．Alt+ Shift　　　　B．Ctrl+Space　　　　C．Shift+Space　　　　D．Ctrl+Shift

142．在 PowerPoint 中，关于绘图笔的笔迹，下列说法中正确的是（　　　）。

A．会永远保留在演示文稿中

B．不能擦除

C．不能保留在文档中

D．既可以保留在文档中，也可以不保留在文档中

143．在 PowerPoint 中，"新建"命令的快捷键是（　　）。

A．Ctrl+O　　　　　　B．Ctrl+C　　　　　　C．Ctrl+M　　　　　　D．Ctrl+N

144．在 PowerPoint 中，新插入的幻灯片会出现在（　　）。

A．所有幻灯片的最上方　　　　　　　　　B．所有幻灯片的最下方

C．所选幻灯片的上方　　　　　　　　　　D．所选幻灯片的下方

145．在 PowerPoint 中，若要删除光标右侧的字符，需要按的键是（　　）。

A．Delete　　　　　　B．Backspace　　　　C．Tab　　　　　　　D．Ctrl

146．在 Word 中，利用（　　）工具可以绘制一些简单的图形，如直线、圆、星形，以及由这些图形组合而成的较为复杂的图形。

A．剪贴画　　　　　　B．组织结构图　　　　C．自选图形　　　　　D．图表

147．在 Excel 中绘制直线或箭头时，按住（　　）键的同时移动鼠标，可从线条起始点开始，以 45°角为移动单位在各个方向上绘制直线。

A．Ctrl　　　　　　　B．Shift　　　　　　　C．Alt　　　　　　　D．Esc

148．将 Excel 工作簿设置为共享工作簿后，要放在（　　），才能供其他用户使用。

A．局域网上　　　　　B．Web 服务器上　　　C．本地计算机中　　　D．他人计算机中

149．在 Excel 中，可以插入（　　）。

A．自选图形　　　　　B．艺术字　　　　　　C．图片　　　　　　　D．以上三种

150．在 Excel 中，如果不想因为选择字体、字形、边框、图案和颜色占用太多的时间，可应用 Excel 提供的（　　）命令。

A．"条件格式"　　　　B．"自动套用格式"　　C．"样式"　　　　　　D．"模板"

151．Word 是一种（　　）。

A．数据库软件　　　　B．网页制作软件　　　C．文字处理软件　　　D．财务软件

152．在 Excel 中，包含了整个图表及图表中的全部元素的区域是（　　）。

A．图表区　　　　　　B．绘图区　　　　　　C．坐标轴　　　　　　D．数据区

153．在 Excel 中，按（　　）快捷键，可以快速关闭当前的工作簿窗口。

A．Ctrl+F1　　　　　　B．Ctrl+F2　　　　　　C．Ctrl+F3　　　　　　D．Ctrl+F4

154．在 Excel 工作表中，快捷键 Ctrl+A 的含义是（　　）。

A．选中当前工作表中的所有单元格　　　　B．弹出"帮助"菜单

C．不会出现任何操作　　　　　　　　　　D．选中当前单元格

155．下列语言编写的程序执行速度最快的是（　　）。

A．机器语言　　　　　　　　　　　　　　B．面向对象的程序设计语言

C．汇编语言　　　　　　　　　　　　　　D．高级语言

156．下列方法中，不能插入超链接的是（　　）

A．在 Office 2010 中，单击"插入"选项卡中的"超链接"按钮

B．在 Office 2003 中，单击"常用"工具栏中的"插入超链接"按钮

C．按 Ctrl+K 快捷键

D．按 Shift+K 快捷键

157．任何一个算法都必须有的基本结构是（　　）。

A．顺序结构　　　　　B．选择结构　　　　C．循环结构　　　　D．三个都要有

158．在 Word 编辑状态下，格式刷可以复制（　　）。

A．段落和文字的格式　　　　　　　　B．段落和文字的格式和内容

C．文字的格式和内容　　　　　　　　D．段落的格式和内容

159．在 Excel 中，将单元格变为活动单元格的操作是（　　）。

A．单击该单元格

B．在当前单元格内输入该目标单元格地址

C．将鼠标指针指向该单元格

D．不用操作，因为每个单元格都是活动的

160．在 Excel 中复制公式时，使用相对地址（引用）的好处是（　　）。

A．单元格地址随新位置有规律地变化　　　B．单元格地址不随新位置而变化

C．单元格范围不随新位置而变化　　　　　D．单元格范围随新位置无规律地变化

161．在 Excel 中，将某个单元格内容输入为"星期一"，以拖动该单元格进行填充的方法填充六个连续的单元格，其内容为（　　）。

A．连续六个"星期一"

B．星期二　星期三　星期四　星期五　星期六　星期日

C．连续六个空白

D．以上都不对

162．下列操作中，不能退出 PowerPoint 的是（　　）。

A．选择"文件"→"关闭"命令

B．选择"文件"→"退出"命令

C．按 Alt+F4 快捷键

D．双击 PowerPoint 窗口的"控制菜单"图标

163．幻灯片中占位符的作用是（　　）。

A．表示文本长度　　　　　　　　　　B．限制插入对象的数量

C．表示图形大小　　　　　　　　　　D．为文本、图形预留位置

164．利用键盘输入"！"的方法是（　　）。

A．按一下"！"符号所在键位

B．直接按一下数字键"1"

C．按住 Shift 键不放的同时按主键盘上的数字键"1"

D．按一下 Shift 键，再按一下数字键"1"

165．在 Word 编辑状态下，要选择某个段落，可在该段落上的任意地方对鼠标左键进行（　　）。

A．单击　　　　　　　B．双击　　　　　　C．三击　　　　　　D．拖动

166．选中某个文件夹后，（　　）可删除该文件夹。

A．按 Backspace 键

B．右击，在弹出的快捷菜单中选择"删除"命令

C．单击命令组中的"剪切"按钮

D．将该文件属性改为"隐藏"

167. 在 Excel 中，单元格区域 A2:C3 所表示的范围是（　　）。

A．A2，C3　　　　　　　　　　　　　B．A2，B2，C3

C．A2，B2，C2　　　　　　　　　　　D．A2，B2，C2，A3，B3，C3

168. 如果应用程序窗口无法正常关闭，可以按下列选项中的（　　）快捷键，在打开的窗口中单击"启动任务管理器"选项，在打开的"Windows 任务管理器"对话框"应用程序"选项卡中选中该应用程序，单击"结束任务"按钮。

A．Ctrl+Alt+Delete　　　　　　　　　B．Ctrl+Enter+Delete

C．Shift+Alt+Delete　　　　　　　　　D．Ctrl+Alt+Capslock

169. 在计算机操作中，粘贴的快捷键是（　　）。

A．Ctrl+C　　　　　B．Ctrl+V　　　　　C．Ctrl+Z　　　　　D．Ctrl+X

170. 在幻灯片的放映过程中要中断放映，按（　　）快捷键可以完成。

A．Alt+F4　　　　　B．Ctrl+X　　　　　C．Esc　　　　　　D．End

171. 在 Word 中，选中了整个表格之后，若要删除整个表格中的内容，以下操作正确的是（　　）。

A．单击"表格工具"选项卡"设计"子选项卡"绘图边框"命令组中的"擦除"按钮

B．按 Delete 键

C．按空格键

D．按 Esc 键

172. 在 Word 中对文档分栏后，若要使栏尾平衡，可在最后一栏的栏尾插入（　　）。

A．换行符　　　　　B．分栏符　　　　　C．连续分节符　　　D．分页符

173. 下列删除 Excel 中单元格的方法，正确的是（　　）。

A．选中要删除的单元格，按 Delete 键

B．选中要删除的单元格，单击"剪切"按钮

C．选中要删除的单元格，按 Shift+Delete 键

D．选中要删除的单元格，右击，在弹出的快捷菜单中选择"删除"命令

174. 在 Excel 中，工作簿一般是由（　　）组成的。

A．单元格　　　　　B．文字　　　　　　C．工作表　　　　　D．单元格区域

175. 把文本从一个地方复制到另一个地方的操作有：①单击"复制"按钮；②选中文本；③将光标置于目标位置；④单击"粘贴"按钮。正确的操作步骤是（　　）。

A．①②③④　　　　B．①③②④　　　　C．②①③④　　　　D．②③①④

176. 在 Word 中，若需要在文档页面底端插入注释，应该插入（　　）。

A．脚注　　　　　　B．尾注　　　　　　C．批注　　　　　　D．题注

177. 如果 Excel 中的某个单元格显示为#DIV/0!，这表示（　　）。

A．除数为零　　　　B．格式错误　　　　C．行高不够　　　　D．列宽不够

178. 在 Sheet1 的 C1 单元格中输入公式"=Sheet2!A1+B1"，表示将 Sheet2 中 A1 单元格的数据与（　　）。

A．Sheet1 中 B1 单元格的数据相加，结果放在 Sheet1 的 C1 单元格中

B．Sheet1 中 B1 单元格的数据相加，结果放在 Sheet2 的 C1 单元格中

C．Sheet2 中 B1 单元格的数据相加，结果放在 Sheet1 的 C1 单元格中

D．Sheet2 中 B1 单元格的数据相加，结果放在 Sheet2 的 C1 单元格中

179．在 Excel 中的某个单元格中输入公式 "=IF('学生'>'学生会',TRUE,FALSE)"，其计算结果为（　　）。

A．TRUE　　　　　　B．FALSE　　　　　　C．学生　　　　　　D．学生会

180．在 Excel 中，要将光标直接定位到 A1 单元格，可以按（　　）快捷键。

A．Ctrl+Home　　　　B．Home　　　　　　C．Shift+Home　　　D．PageUp

181．在 Office 各组件中，按 Ctrl+B 快捷键后，文字发生的变化是（　　）。

A．变为上标　　　　　B．加下画线　　　　　C．变为斜体　　　　　D．加粗

182．在 Office 各组件中，可以打开 "自动更正" 对话框的操作方法是（　　）。

A．选择 "文件" → "选项" 命令，在打开的 "Word 选项" 对话框中单击 "校对" → "自动更正选项" 按钮

B．选择 "文件" → "选项" 命令，在打开的 "Word 选项" 对话框中单击 "自定义功能区" 按钮

C．右击，在弹出的快捷菜单中选择 "自动更正" 命令

D．单击 "插入" 选项卡中的 "自动更正" 按钮

183．（　　）可以实现用 "gzgc" 四个英文字母的输入来代替 "贵州工程应用技术学院" 汉字的输入。

A．智能全拼　　　　　　　　　　　　B．"拼写与语法" 功能

C．"自动更正" 功能　　　　　　　　　D．程序

184．在 Word 中，设置标题与正文之间距离的常用方法为（　　）。

A．在标题与正文之间插入换行符　　　　B．设置段间距

C．设置行距　　　　　　　　　　　　　D．设置字符间距

185．在 Excel 的某个单元格中输入数据后显示为 1.678E+05，这个数据是（　　）。

A．167 805　　　　　B．1.678 5　　　　　C．6.678　　　　　D．167 800

186．在 Excel 中有一个数据非常多的成绩表，从第二页到最后均不能看到每页最上面的行表头，应采用的解决办法是（　　）。

A．设置打印区域　　　　　　　　　　B．设置打印标题行

C．设置打印标题列　　　　　　　　　D．无法实现

187．在 Windows 中，将打开窗口拖动到屏幕顶端，窗口会（　　）。

A．关闭　　　　　　　B．消失　　　　　　C．最大化　　　　　D．最小化

188．在 Windows 中，显示桌面的快捷键是（　　）。

A．Win+D　　　　　　B．Win+P　　　　　C．Win+Tab　　　　D．Alt+Tab

189．在 Windows 中，打开外接显示设置窗口的快捷键是（　　）。

A．Win+D　　　　　　B．Win+P　　　　　C．Win+Tab　　　　D．Alt+Tab

190．在 Windows 中，显示 3D 桌面效果的快捷键是（　　）。

A．Win+D　　　　　　B．Win+P　　　　　C．Win+Tab　　　　D．Alt+Tab

191．安装 Windows 7 及以上版本时，系统磁盘分区的格式必须为（　　）。

A．FAT　　　　　　　B．FAT16　　　　　C．FAT32　　　　　D．NTFS

192．可以根据（　　）识别文件类型。

A．文件的大小　　　　　　　　　　　　B．文件的用途

C．文件的扩展名　　　　　　　　　　　D．文件的存放位置

193．在 Word 中，如果用户想保存一个正在编辑的文档，但希望以不同文件名存储，可用的命令是（　　）。

A．"保存"　　　　　B．"另存为"　　　　C．"比较"　　　　D．"限制编辑"

194．在 Word 中，下面有关表格功能的说法不正确的是（　　）。

A．可以通过表格工具将表格转换成文本　　B．表格的单元格中可以插入表格

C．表格中可以插入图片　　　　　　　　　D．不能设置表格的边框线

195．在 Word 中，输入的文字或标点下面出现红色波浪线，表示有（　　）。

A．拼写和语法错误　　　　　　　　　　B．句法错误

C．系统错误　　　　　　　　　　　　　D．其他错误

196．不属于算法的特性的是（　　）。

A．有穷性　　　　　B．确定性　　　　　C．可行性　　　　D．二义性

197．在 Word 中，给每位家长发送一份期末成绩通知单，用（　　）功能最简便。

A．复制　　　　　　B．信封　　　　　　C．标签　　　　　D．邮件合并

198．在 Word 中，可以通过（　　）选项卡对不同版本的文档进行比较和合并。

A．"布局"　　　　　B．"引用"　　　　　C．"审阅"　　　　D．"视图"

199．在 Word 中，可以通过（　　）选项卡为所选内容添加批注。

A．"插入"　　　　　B．"布局"　　　　　C．"引用"　　　　D．"审阅"

200．在 Word 2016 中，默认保存后的文档的扩展名是（　　）。

A．doc　　　　　　B．docx　　　　　　C．html　　　　　D．txt

201．在 Excel 2016 中，默认保存后的工作簿的扩展名是（　　）。

A．xlsx　　　　　　B．xls　　　　　　　C．htm　　　　　D．xml

202．在 Excel 2016 中，可以通过（　　）选项卡对所选单元格进行数据筛选。

A．"开始"　　　　　B．"插入"　　　　　C．"数据"　　　　D．"审阅"

203．以下不属于 Excel 2016 对数字的分类的是（　　）。

A．常规　　　　　　B．货币　　　　　　C．文本　　　　　D．条形码

204．在 Excel 中，打印工作簿时，下面的表述错误的是（　　）。

A．一次可以打印整个工作簿

B．一次可以打印一个工作簿中的一个或多个工作表

C．在一个工作表中可以只打印某页

D．不能只打印一个工作表中的一个区域

205．在 Excel 2016 中，要输入身份证号、邮政编码等应选择的格式是（　　）。

A．常规　　　　　　B．数值　　　　　　C．文本　　　　　D．特殊

206．在 Excel 2016 中，要想设置行高、列宽，应单击（　　）选项卡中的"格式"按钮。

A．"开始"　　　　　B．"插入"　　　　　C．"页面布局"　　　D．"视图"

207．在 Excel 2016 中，在（　　）选项卡中可进行工作簿视图方式的切换。

A．"开始"　　　　　B．"页面布局"　　　C．"审阅"　　　　D．"视图"

208．在 Excel 2016 中，套用表格格式后，会出现的选项卡是（　　）。

A．"图片工具"　　　　B．"表格工具"　　　　C．"绘图工具"　　　　D．"其他工具"

209．PowerPoint 2016 演示文稿的文件扩展名是（　　　）。

A．ppt　　　　　　　　B．pptx　　　　　　　　C．xlsx　　　　　　　　D．docx

210．要对幻灯片母版进行设计和修改时，应在（　　　）选项卡中操作。

A．"设计"　　　　　　B．"审阅"　　　　　　　C．"插入"　　　　　　D．"视图"

211．从当前幻灯片开始放映幻灯片的快捷键是（　　　）。

A．Shift+F5　　　　　B．Shift+F4　　　　　　C．Shift+F3　　　　　D．Shift+F2

212．从第一张幻灯片开始放映幻灯片的快捷键是（　　　）。

A．F2　　　　　　　　B．F3　　　　　　　　　C．F4　　　　　　　　D．F5

213．要设置幻灯片中对象的动画效果及动画的出现方式时，应在（　　　）选项卡中操作。

A．"切换"　　　　　　B．"动画"　　　　　　　C．"设计"　　　　　　D．"审阅"

214．要设置幻灯片的切换效果及切换方式时，应在（　　　）选项卡中操作。

A．"开始"　　　　　　B．"设计"　　　　　　　C．"切换"　　　　　　D．"动画"

215．要对演示文稿进行保存、打开、新建、打印等操作时，应在（　　　）中操作。

A．"文件"菜单　　　　　　　　　　　　　B．"开始"选项卡

C．"设计"选项卡　　　　　　　　　　　　D．"审阅"选项卡

216．要在幻灯片中插入表格、图片、艺术字、视频、音频等元素时，应在（　　　）中操作。

A．"文件"菜单　　　　　　　　　　　　　B．"开始"选项卡

C．"插入"选项卡　　　　　　　　　　　　D．"设计"选项卡

217．要让在 PowerPoint 2016 中制作的演示文稿在 PowerPoint 2003 中放映，必须将演示文稿的保存类型选择为（　　　）。

A．XPS 文档（*.xps）　　　　　　　　　　B．Windows Media 视频（*.wmv）

C．PowerPoint 演示文稿（*.pptx）　　　　D．PowerPoint 97-2003 演示文稿（*.ppt）

218．若要打开"开始"菜单，可以使用（　　　）快捷键。

A．Alt+Shift　　　　　B．Ctrl+Esc　　　　　　C．Ctrl+Alt　　　　　D．Tab+Shift

219．在 Windows 中，按 Alt+F4 快捷键后将会执行（　　　）操作。

A．关闭当前窗口　　　　　　　　　　　　B．将当前窗口切换到后台

C．打开帮助系统　　　　　　　　　　　　D．将窗口最大化

220．要关闭 Windows，应该（　　　）。

A．单击"开始"按钮，在弹出的菜单中选择"电源"→"关机"命令

B．单击"关闭"按钮

C．直接将计算机电源开关关掉

D．直接关闭显示器

221．建立快捷方式的对象包括（　　　）。

A．文件夹　　　　　　B．文件　　　　　　　　C．应用程序　　　　　D．都可以

222．文件系统的多级目录结构是一种（　　　）。

A．总线结构　　　　　B．环状结构　　　　　　C．树形结构　　　　　D．网状结构

223．若要直接删除文件，在把文件拖到回收站时，可按住（　　　）键。

A．Shift　　　　　　　B．Alt　　　　　　　C．Delete　　　　　　D．Ctrl

224．允许在一台主机上同时连接多台终端，并且可以通过各自的终端同时交互地使用主机的操作系统是（　　　　）

A．网络操作系统　　　　　　　　　　B．分布式操作系统

C．分时操作系统　　　　　　　　　　D．实时操作系统

225．在 Windows 中，计算机的日期和时间若不正确，下列操作不能达到校正目的的是（　　　）。

A．在控制面板中单击"日期和时间"选项，打开"日期和时间"对话框，根据提示进行校正

B．双击任务栏最右边的"时钟"区域，打开"日期和时间"对话框，根据提示进行校正

C．重新启动 Windows，让计算机系统自动设置时间

D．使计算机运行在 MS-DOS 模式下，利用 DATE 和 TIME 命令设置时间

226．下列有关剪贴板的叙述中，错误的是（　　　）。

A．利用剪贴板剪切的内容只可以是文字而不能是图形

B．剪贴板中的内容可以粘贴到多个不同的文档中

C．剪贴板内始终只保存最后一次剪切或复制的内容

D．退出 Windows 后，剪贴板中的内容将消失

227．双击一个窗口的标题栏，可以使得窗口（　　　）。

A．最大化　　　　　　B．关闭　　　　　　C．最小化　　　　　　D．还原或最大化

228．可以使用学校机房中计算机上的程序，但无法卸载这些程序，最可能的原因是（　　　）。

A．计算机系统已经损坏

B．这些程序已经损坏

C．登录了错误版本的操作系统

D．只有机房管理员才拥有卸载程序的管理权限

229．在桌面上要移动任意窗口，可以拖动该窗口的（　　　）。

A．标题栏　　　　　　B．边框　　　　　　C．滚动条　　　　　　D．控制菜单

230．下面不属于操作系统功能的是（　　　）。

A．CPU 管理　　　　B．文件管理　　　　C．设备管理　　　　D．编写程序

231．微型计算机配置高速缓冲存储器是为了解决（　　　）。

A．主机与外设之间的速度不匹配问题

B．CPU 与辅助存储器之间的速度不匹配问题

C．内存储器与辅助存储器之间的速度不匹配问题

D．CPU 与内存储器之间的速度不匹配问题

232．删除 Windows 桌面上的某个应用程序的快捷方式，意味着（　　　）。

A．应用程序与图标一同被隐藏　　　　B．应用程序仍保留

C．只删除应用程序，图标被隐藏　　　　D．该应用程序一同被删除

233．HTML 的中文是（　　　）。

A．WWW 编程语言　　　　　　　　　B．文本浏览器

C．Internet 编程语言　　　　　　　　　　D．超文本标记语言

234．使用浏览器访问 Internet 上的 Web 站点时，看到的第一个画面叫（　　　）。

A．Web 页　　　　　　B．主页　　　　　　C．文件　　　　　　D．界面

235．为解决某个特定问题而设计的指令序列称为（　　　）。

A．语言　　　　　　　B．程序　　　　　　C．文档　　　　　　D．指令集

236．在资源管理器中，选中多个非连续文件的操作为（　　　）。

A．按住 Shift 键单击每个要选中的文件的图标

B．按住 Ctrl 键单击每个要选中的文件的图标

C．选中第一个文件，然后按住 Shift 键单击最后一个要选中的文件的图标

D．选中第一个文件，然后按住 Ctrl 键单击最后一个要选中的文件的图标

237．微型计算机中使用的鼠标一般连接在（　　　）。

A．打印机接口上　　　　　　　　　　　　B．显示器接口上

C．并行接口上　　　　　　　　　　　　　D．串行接口或 USB 接口上

238．在 Windows 环境下，单击当前应用程序窗口中的"关闭"按钮，其功能是（　　　）。

A．终止应用程序运行　　　　　　　　　　B．退出 Windows 后关机

C．退出 Windows 后重新启动计算机　　　　D．将应用程序转为后台

239．Windows 将整个计算机显示屏幕看作（　　　）。

A．工作台　　　　　　B．背景　　　　　　C．桌面　　　　　　D．窗口

240．当一个应用程序窗口被最小化后，该应用程序将（　　　）。

A．被终止运行　　　　　　　　　　　　　B．被删除

C．被暂停运行　　　　　　　　　　　　　D．被转入后台运行

241．在一个窗口中按 Alt+Space 快捷键可以（　　　）。

A．打开快捷菜单　　　　　　　　　　　　B．关闭窗口

C．打开控制菜单　　　　　　　　　　　　D．最大化或还原窗口

242．在 Windows 应用程序中，某些菜单中的命令右侧带有的"…"表示（　　　）。

A．是一个快捷键命令　　　　　　　　　　B．可以打开对话框以便进一步设置

C．是一个开关式命令　　　　　　　　　　D．带有下一级菜单

243．在 IPv4 中，下列 IP 地址非法的是（　　　）。

A．192.256.0.1　　　B．192.168.7.28　　　C．10.10.108.2　　　D．202.120.189.146

244．快速格式化（　　　）磁盘的坏扇区，直接从磁盘上删除文件。

A．扫描　　　　　　　B．不扫描　　　　　　C．有时扫描　　　　　D．由用户决定

245．进行（　　　）可以重新安排文件在磁盘中的存储位置，将文件的存储位置整理到一起，同时合并可用空间，实现提高运行速度的目的。

A．格式化　　　　　　B．磁盘清理　　　　　C．磁盘碎片整理　　　D．磁盘查错

246．下列设备中，属于输入设备的是（　　　）。

A．声音合成器　　　　B．激光打印机　　　　C．扫描仪　　　　　　D．显示器

247．下列设备中，既能向主机输入数据又能接收主机输出的数据的是（　　　）。

A．显示器　　　　　　B．扫描仪　　　　　　C．磁盘存储器　　　　D．音响设备

248．在 Windows 中，获得联机帮助的快捷键是（　　　）。

A．F1   B．Alt   C．Esc   D．Home

249．利用控制面板的"程序和功能"（　　　）。

A．可以删除 Windows 组件   B．可以删除 Windows 硬件驱动程序

C．可以删除 Word 文档模板   D．可以删除程序的快捷方式

250．计算机的存储器应包括（　　　）。

A．软盘、硬盘   B．磁盘、磁带、光盘

C．内存储器、外存储器   D．RAM、ROM

251．Internet 网站域名地址中的 gov 表示（　　　）。

A．政府部门   B．网络服务器   C．一般用户   D．商业部门

252．计算机中的杀毒软件应该在（　　　）升级。

A．每周相同的日期和时间

B．防病毒开发商提供可用的更新版本时

C．IT 部门发布重大病毒威胁信息时

D．当前防病毒软件发现病毒感染文件并发出警告之后

253．下列叙述中，正确的是（　　　）。

A．CPU 能直接读取硬盘上的数据   B．CPU 能直接存取内存储器中的数据

C．CPU 由存储器、运算器和控制器组成   D．CPU 主要用来存储程序和数据

254．1946 年首台电子计算机（ENIAC）问世后，冯·诺依曼（von Neumann）在研制离散变量自动电子计算机（EDVAC）时，提出两个重要的改进，就是（　　　）。

A．引入 CPU 和内存储器的概念   B．采用机器语言和十六进制

C．采用二进制和存储程序控制的概念   D．采用 ASCII 编码系统

255．汇编语言是一种（　　　）。

A．依赖于计算机的低级程序设计语言   B．计算机能直接执行的程序设计语言

C．独立于计算机的高级程序设计语言   D．面向问题的程序设计语言

256．假设某台式计算机的内存储器容量为 128 MB，硬盘容量为 10 GB。硬盘的容量是内存储器容量的（　　　）。

A．40 倍   B．60 倍   C．80 倍   D．100 倍

257．计算机的硬件系统主要包括中央处理器（CPU）、存储器、输出设备和（　　　）。

A．键盘   B．鼠标   C．输入设备   D．显示器

258．在一个非零无符号二进制整数之后添加一个 0，则此数的值为原数的（　　　）。

A．4 倍   B．2 倍   C．1/2   D．1/4

259．下列关于 ASCII 码的叙述中，正确的是（　　　）。

A．一个字符的标准 ASCII 码占 1 字节，其最高二进制位总为 1

B．所有大写英文字母的 ASCII 码值都小于小写英文字母 a 的 ASCII 码值

C．所有大写英文字母的 ASCII 码值都大于小写英文字母 a 的 ASCII 码值

D．标准 ASCII 码表有 256 个不同的字符编码

260．计算机病毒是指能够侵入计算机系统并在计算机系统中潜伏、传播，破坏系统正常工作的一种具有繁殖能力的（　　　）。

A．流行性感冒病毒   B．特殊小程序   C．特殊微生物   D．特殊部件

261. 字长为 5 位的无符号二进制数能表示的十进制数值范围是（　　　）。

A．1～32　　　　　　B．0～31　　　　　　C．1～31　　　　　　D．0～32

262. 在计算机中，每个存储单元都有一个连续的编号，此编号称为（　　　）。

A．地址　　　　　　B．位置号　　　　　　C．门牌号　　　　　　D．房号

263. ①文字处理软件、②Linux、③UNIX、④学籍管理系统、⑤Windows 7 和⑥Office 2010 这六个软件中，属于系统软件的有（　　　）。

A．①②③　　　　　　B．②③⑤　　　　　　C．①②③⑤　　　　　　D．全部都不是

264. 一台微型计算机要与局域网连接，必须具有的硬件是（　　　）。

A．集线器　　　　　　B．网关　　　　　　C．网卡　　　　　　D．路由器

265. 在下列字符中，其 ASCII 码值最小的一个是（　　　）。

A．空格字符　　　　　　B．0　　　　　　C．A　　　　　　D．a

266. 十进制数 100 转换成二进制数是（　　　）。

A．0110101　　　　　　B．01101000　　　　　　C．01100100　　　　　　D．01100110

267. 有一个域名为××.edu.cn，根据域名代码的规定，此域名表示（　　　）。

A．政府机关　　　　　　B．商业组织　　　　　　C．军事部门　　　　　　D．教育机构

268. 在下列设备中，不能作为输出设备的是（　　　）。

A．打印机　　　　　　B．显示器　　　　　　C．鼠标　　　　　　D．绘图仪

269. 过程控制系统属于（　　　）。

A．多道程序系统　　　　B．批处理系统　　　　C．分时系统　　　　D．实时系统

270. 二进制数 1100100 等于十进制数（　　　）。

A．96　　　　　　B．100　　　　　　C．104　　　　　　D．112

271. 十进制数 89 转换成二进制数是（　　　）。

A．1010101　　　　　　B．1011001　　　　　　C．1011011　　　　　　D．1010011

272. 下列叙述中，正确的是（　　　）。

A．计算机能直接识别并执行用高级程序语言编写的程序

B．用机器语言编写的程序可读性最差

C．机器语言就是汇编语言

D．高级语言的编译系统是应用程序

273. 度量 CPU 时钟频率的单位是（　　　）。

A．MIPS　　　　　　B．MB　　　　　　C．MHz　　　　　　D．Mbit/s

274. 计算机的硬件系统主要包括中央处理器、输入设备、输出设备和（　　　）。

A．键盘　　　　　　B．鼠标　　　　　　C．存储器　　　　　　D．扫描仪

275. 把存储在硬盘上的程序传送到指定的内存区域中，这种操作称为（　　　）。

A．输出　　　　　　B．写盘　　　　　　C．输入　　　　　　D．读盘

276. 计算机的系统总线是计算机各部件间传递信息的公共通道，分为（　　　）。

A．数据总线和控制总线　　　　　　　　　B．地址总线和数据总线

C．数据总线、控制总线和地址总线　　　　D．地址总线和控制总线

277. 下列两个二进制数进行算术加运算，100001+111=（　　　）。

A．101110　　　　　　B．101000　　　　　　C．101010　　　　　　D．100101

278．王码五笔字型输入法属于（   ）。

A．音码输入法 　　　　　　　　　　B．形码输入法

C．音形结合的输入法 　　　　　　　D．联想输入法

279．计算机网络最突出的优点是（   ）。

A．精度高 　　　　B．共享资源 　　　　C．运算速度快 　　　　D．容量大

280．计算机操作系统通常具有的五大功能是（   ）。

A．CPU 管理、显示器管理、键盘管理、打印机管理和鼠标管理

B．硬盘管理、光盘驱动器管理、CPU 管理、显示器管理和键盘管理

C．CPU 管理、存储管理、文件管理、设备管理和作业管理

D．启动、打印、显示、文件存取和关机

281．组成 CPU 的主要部件是控制器和（   ）。

A．存储器 　　　　B．运算器 　　　　C．寄存器 　　　　D．编辑器

282．将域名转换成 IP 地址的是（   ）。

A．FTP 服务器 　　　B．默认网关 　　　C．Web 服务器 　　　D．DNS 服务器

283．计算机病毒除通过读/写或复制移动存储器上带病毒的文件传染外，还可通过（   ）传染。

A．网络 　　　　　　　　　　　　　B．电源电缆

C．键盘 　　　　　　　　　　　　　D．输入有逻辑错误的程序

284．字长为 7 位的无符号二进制整数能表示的十进制整数的数值范围是（   ）。

A．0～128 　　　　B．0～255 　　　　C．0～127 　　　　D．1～127

285．①WPS Office 2016、②Windows 10、③财务管理软件、④UNIX、⑤学籍管理系统、⑥MS-DOS、⑦Linux 这七个软件中，属于应用软件的有（   ）。

A．①②③ 　　　　B．①③⑤ 　　　　C．①③⑤⑦ 　　　　D．②④⑥⑦

286．微型计算机的硬件系统中，最核心的部件是（   ）。

A．内存储器 　　　B．输入、输出设备 　　　C．CPU 　　　D．硬盘

287．在下列 Internet 应用中，专用于实现文件上传和下载的是（   ）。

A．FTP 服务 　　　B．博客和微博 　　　C．WWW 服务 　　　D．电子邮件服务

288．下列叙述中，错误的是（   ）。

A．硬盘在主机箱内，是主机的组成部分 　　B．硬盘是外存储器之一

C．硬盘的技术指标之一是 r/min 　　　　　D．硬盘与 CPU 之间不能直接交换数据

289．计算机软件分系统软件和应用软件两大类，系统软件的核心是（   ）。

A．数据库管理系统 　　B．操作系统 　　　C．程序语言系统 　　　D．财务管理系统

290．下列各项中，正确的电子邮箱地址是（   ）。

A．L202@sina.com 　　　　　　　　B．TT202#yahoo.com

C．A112.256.23.8 　　　　　　　　　D．K201yahoo.com.cn

291．组成计算机硬件系统的基本部分是（   ）。

A．CPU、键盘和显示器 　　　　　　B．主机和输入、输出设备

C．CPU 和输入、输出设备 　　　　　D．CPU、硬盘、键盘和显示器

292．用户在本地计算机上控制另一台计算机的技术是（   ）。

A．VPN　　　　　　　B．FTP　　　　　　　C．即时通信　　　　D．远程桌面

293．下列叙述中，正确的是（　　　）。

A．计算机病毒只在可执行文件中传染

B．计算机病毒主要通过读/写移动存储器或通过网络进行传播

C．只要删除所有感染了病毒的文件就可以彻底清除病毒

D．计算机杀毒软件可以查出和清除任意已知的和未知的计算机病毒

294．下列关于磁道的说法中，正确的是（　　　）。

A．盘面上的磁道是一组同心圆

B．由于每个磁道的周长不同，所以每个磁道的存储容量也不同

C．盘面上的磁道是一条阿基米德螺线

D．磁道的编号是最内圈为 0，由内向外逐渐增大，最外圈的编号最大

295．CPU 的主要技术性能指标有（　　　）。

A．字长、运算速度和时钟主频　　　　　　B．可靠性和精度

C．耗电量和效率　　　　　　　　　　　　D．冷却效率

296．UPS 的中文是（　　　）。

A．稳压电源　　　　B．不间断电源　　　　C．高能电源　　　　D．调压电源

297．下列各指标是数据通信系统的主要技术指标之一的是（　　　）。

A．误码率　　　　　B．重码率　　　　　　C．分辨率　　　　　D．频率

298．TCP/IP 是 Internet 中计算机之间进行通信所必须共同遵循的一种（　　　）。

A．通信规定　　　　B．信息资源　　　　　C．硬件　　　　　　D．应用软件

299．已知英文字母 m 的 ASCII 码值为 6DH，那么 ASCII 码值为 70H 的英文字母是（　　　）。

A．O　　　　　　　B．Q　　　　　　　　C．p　　　　　　　　D．j

300．下列叙述中，正确的是（　　　）。

A．C++是高级程序设计语言的一种

B．用 C++程序设计语言编写的程序可以直接在机器上运行

C．当代最先进的计算机可以直接识别、执行任何语言编写的程序

D．机器语言和汇编语言是同一种语言的不同名称

301．通常打印质量最好的打印机是（　　　）。

A．针式打印机　　　B．点阵打印机　　　　C．喷墨打印机　　　D．激光打印机

302．下列叙述中，错误的是（　　　）。

A．计算机硬件主要包括主机、键盘、显示器、鼠标和打印机五大部件

B．计算机软件分系统软件和应用软件两大类

C．CPU 主要由运算器和控制器组成

D．内存储器中存储当前正在执行的程序和处理的数据

303．当电源关闭后，下列关于存储器的说法中，正确的是（　　　）。

A．存储在 RAM 中的数据不会丢失　　　　B．存储在 ROM 中的数据不会丢失

C．存储在软盘中的数据会全部丢失　　　　D．存储在硬盘中的数据会丢失

304．第二代电子计算机所采用的电子元件是（　　　）。

A．继电器　　　　　B．晶体管　　　　　　C．电子管　　　　　D．集成电路

305．在微型计算机的硬件设备中，有一种设备在程序设计中既可当作输出设备，又可当作输入设备，这种设备是（　　）。

A．绘图仪　　　　　　　B．扫描仪　　　　　C．手写笔　　　　　D．磁盘驱动器

306．ROM 中的信息是（　　）。

A．由生产厂家预先写入的　　　　　　　B．在安装系统时写入的

C．由用户根据不同需求随时写入的　　　D．由程序临时存入的

307．计算机操作系统的主要功能是（　　）。

A．对计算机的所有资源进行控制和管理，为用户使用计算机提供方便

B．对源程序进行翻译

C．对用户数据文件进行管理

D．对汇编语言程序进行翻译

308．用来控制、指挥和协调计算机各部件工作的是（　　）。

A．运算器　　　　　　　B．鼠标　　　　　　C．控制器　　　　　D．存储器

309．《信息交换用汉字编码字符集　基本集》（GB 2312—1980）把汉字分成两个等级。其中一级常用汉字的排序依据是（　　）。

A．汉语拼音字母顺序　　　　　　　　　B．偏旁部首

C．笔画多少　　　　　　　　　　　　　D．以上都不对

310．微型计算机的主机指的是（　　）。

A．CPU、内存和硬盘　　　　　　　　　B．CPU、内存、显示器和键盘

C．CPU 和内存储器　　　　　　　　　　D．CPU、内存、硬盘、显示器和键盘

311．CAM 的中文是（　　）。

A．计算机辅助设计　　　　　　　　　　B．计算机辅助制造

C．计算机辅助教学　　　　　　　　　　D．计算机辅助管理

312．一个字符的标准 ASCII 码码长是（　　）。

A．8 位　　　　　　　　B．7 位　　　　　　C．16 位　　　　　D．6 位

313．汉字输入码可分为有重码和无重码两类，下列属于无重码类的是（　　）。

A．全拼码　　　　　　　B．自然码　　　　　C．区位码　　　　　D．简拼码

314．下列叙述中，正确的是（　　）。

A．用高级程序语言编写的程序称为源程序

B．用计算机能直接识别并执行用汇编语言编写的程序

C．用机器语言编写的程序必须经过编译和连接后才能执行

D．用机器语言编写的程序具有良好的可移植性

315．若用户只想使用图片的一小部分，应使用（　　）操作在图形处理程序中编辑图片。

A．裁剪图片　　　　　　B．调整图片尺寸　　C．旋转图片　　　　D．叠放图片

316．现代计算机采用了（　　）原理。

A．进位计数制　　　　　　　　　　　　B．体系结构

C．数字化方式表示数据　　　　　　　　D．程序控制

317．计算机软件是指（　　）。

A．所有程序和支持文档的总和　　　　　B．系统软件和文档资料

C．应用程序和数据库　　　　　　　　　D．各种程序

318．能使计算机硬件高效运行的系统软件是（　　）。

A．数据库系统　　　B．可视化操作平台　　C．操作系统　　　　D．语言处理系统

319．在 Word 中编辑文本时，快速将光标移动到当前行的行首或行尾，使用的快捷键是（　　）。

A．Home 或 End　　　　　　　　　　　B．Shift+Home 或 Shift+End

C．↑ 或 ↓　　　　　　　　　　　　　　D．Shift+↑ 或 Shift+↓

320．在 Word 中要打印文本的第 5～15 页、第 20～30 页和第 45 页，应该在"打印"对话框的"页码范围"文本框内输入（　　）。

A．5～15,20～30,45　　B．5-15,20-30,45　　C．5～15:20～30:45　　D．5-15:20-30:45

321．要将 Word 文档另存为"记事本"程序能处理的文本文件，应选择的文件类型是（　　）。

A．纯文本　　　　　B．Word 文档　　　　C．WPS 文本　　　　D．RTF 文本

322．在 Excel 中，在单元格中输入字符串如 0857833244 时，应输入（　　）。

A．0857833244　　B．"0857833244"　　C．'0857833244　　D．0857833244#

323．在向 Excel 的单元格中输入公式时，输入的第一个符号应是（　　）。

A．@　　　　　　　B．=　　　　　　　　C．%　　　　　　　　D．$

324．在 Excel 中，图表是动态的，改变了图表（　　）后，Excel 会自动更新图表。

A．X 轴数据　　　　B．Y 轴数据　　　　C．标题　　　　　　　D．所依赖的数据

325．采用（　　）安全防范机制，不但能防止外部网络恶意入侵，而且可以限制内部主机对外通信。

A．调制解调器　　　B．防毒软件　　　　C．网卡　　　　　　　D．防火墙

326．计算机程序是指（　　）。

A．指挥计算机进行基本操作的命令

B．能够完成一定处理功能的一组指令的集合

C．一台计算机能够识别的所有指令的集合

D．能直接被计算机接受并执行的指令

327．以下全部属于图像格式的一组是（　　）。

A．rm、bmp、avi、jpg　　　　　　　　B．bmp、tif、png、jpg

C．tif、png、jpg、wma　　　　　　　　D．mp3、bmp、jpg、doc

328．以下命令中，表示已经被选用的是（　　）。

A．前面有"√"记号的命令　　　　　　　B．带省略号（…）的命令

C．用灰色字符显示的命令　　　　　　　D．带向右三角形箭头的命令

329．在 Windows 中，各个应用程序之间交换信息的公共数据通道是（　　）。

A．库　　　　　　　B．我的文档　　　　C．剪贴板　　　　　　D．回收站

330．下列 Windows 文件名中，（　　）是非法的。

A．This is my file　　　　　　　　　　B．关于改进服务.的报告

C．*帮助信息*　　　　　　　　　　　　D．student,doc

331．下列选项中正确的是（　　）。

A．存储一个汉字和存储一个英文字符占用的存储容量相同

B．微型计算机只能进行数值运算

C．计算机中数据的存储和处理都使用二进制

D．计算机中数据的输出和输入都使用二进制

332．现代通用计算机的雏形是（　　　）。

A．宾夕法尼亚大学于 1946 年 2 月研制成功的 ENIAC

B．冯·诺依曼和他的同事们研制的 EDVAC

C．查尔斯·巴贝奇于 1834 年设计的分析机

D．中国唐代的算盘

333．在下列关于图灵机的说法中，错误的是（　　　）。

A．现代计算机的功能不可能超越图灵机

B．图灵机不可以计算的问题现代计算机也不能计算

C．只有图灵机能解决的计算问题，实际计算机才能解决

D．图灵机是真空管机器

334．在电子商务中，消费者与消费者之间的交易称为（　　　）。

A．B2C　　　　　　　B．C2B　　　　　　　C．B2B　　　　　　　D．C2C

335．在计算机运行时，把程序和数据一同存放在内存中，这是 1946 年由科学家（　　　）领导的小组正式提出并论证的。

A．爱因斯坦　　　　B．艾伦·图灵　　　　C．乔治·布尔　　　　D．冯·诺依曼

336．图灵机由一条无限长的纸带和一个（　　　）组成。

A．写头　　　　　　B．读头　　　　　　　C．计算器　　　　　　D．读写头

337．在 Internet 上，用于对外提供服务的计算机系统称为（　　　）。

A．服务器　　　　　B．高性能计算机　　　C．工作站　　　　　　D．嵌入式计算机

338．计算思维是运用计算机科学的（　　　）进行问题求解、系统设计，以及人类行为理解等涵盖计算机科学之广度的一系列思维活动。

A．程序设计原理　　B．基本概念　　　　　C．思维方式　　　　　D．计算方式

339．下列关于可计算性的说法中，错误的是（　　　）。

A．图灵机可以计算的就是可计算的

B．所有问题都是可计算的

C．图灵机与现代计算机在功能上是等价的

D．一个问题是可计算的是指可以使用计算机在有限步骤内解决

340．在下列关于计算思维的说法中，正确的是（　　　）。

A．计算机的发明导致了计算思维的诞生　　B．计算思维的本质是计算

C．计算思维是人类求解问题的一条途径　　D．计算思维是计算机的思维方式

341．在下列操作系统中，不属于智能手机操作系统的是（　　　）。

A．Android　　　　　B．iOS　　　　　　　C．MS-DOS　　　　　D．Windows Phone

342．目前，被人们称为 3C 的技术是（　　　）。

A．通信技术、计算机技术和控制技术

B．微电子技术、通信技术和计算机技术

C．微电子技术、光电子技术和计算机技术

D．信息基础技术、信息系统技术和信息应用技术

343．下列关于信息技术的说法中，错误的是（　　）。

A．微电子技术是信息技术的基础

B．计算机技术是现代信息技术的核心

C．微电子技术是继光电子技术之后近十几年来迅猛发展的综合性高新技术

D．信息传输技术主要是指计算机技术和网络技术

344．在一个单位的人事数据库中，字段"简历"的数据类型应当是（　　）。

A．文本型　　　　　　B．备注型　　　　　C．数字型　　　　　D．日期/时间型

345．进程已经获得了除 CPU 之外的所有资源，并做好了运行准备时的状态是（　　）。

A．就绪状态　　　　　B．执行状态　　　　　C．挂起状态　　　　　D．唤醒状态

346．关于多道程序系统的说法，正确的是（　　）。

A．多个程序宏观上是并行执行，微观上是串行执行

B．多个程序微观上是并行执行，宏观上是串行执行

C．多个程序宏观上和微观上都是串行执行

D．多个程序宏观上和微观上都是并行执行

347．在一个数据表中，工资是货币类型的字段，若要使每条工资记录涨 20%，则 Update 语句应使用的式子是（　　）。

A．工资=工资×1.20　　　　　　　　　B．工资=工资*20%

C．工资=120%工资　　　　　　　　　D．工资=工资*1.20

348．下列关于设备管理的说法中，错误的是（　　）。

A．USB 设备支持即插即用

B．USB 设备支持热插拔

C．接在 USB 接口上的打印机可以不安装驱动程序

D．在 Windows 中，对设备进行集中统一管理的是设备管理器

349．在 Windows 中，将当前窗口复制到剪贴板的快捷键是（　　）。

A．PrintScreen　　　　　　　　　　　B．Alt+PrintScreen

C．Ctrl+PrintScreen　　　　　　　　　D．Shift+PrintScreen

350．以下关于 Windows 快捷方式的说法中正确的是（　　）。

A．一个快捷方式可指向多个对象　　　　B．一个对象可有多个快捷方式

C．只有文件可以建立快捷方式　　　　　D．只有文件夹可以建立快捷方式

351．在关系型数据库中，二维表中的一行被称为一条（个）（　　）。

A．字段　　　　　　　B．记录　　　　　　C．数据　　　　　　D．数据视图

352．若要查找第二个字符是 A 的所有文件，则应输入（　　）。

A．?A*.txt　　　　　B．*A?.txt　　　　　C．*A*.txt　　　　　D．?A*.*

353．下面不是邮件合并操作必须执行的步骤的是（　　）。

A．创建或打开主文档　　　　　　　　　B．打开数据源

C．打印结果　　　　　　　　　　　　　D．插入合并域

354．在 Word 中，有关表格的操作，说法不正确的是（　　）。

A．文本能转换成表格　　　　　　　　　B．表格能转换成文本

C．文本与表格不能相互转换　　　　　　D．文本与表格可以相互转换

355．Word 中关于样式的说法正确的是（　　　）。

A．样式是所有格式的集合　　　　　　　B．样式不可以修改

C．样式不可以复制　　　　　　　　　　D．样式可以重复使用

356．Access 是（　　　）数据库管理系统。

A．网状　　　　　　　B．层状　　　　　　C．关系型　　　　　　D．树状

357．已设置了幻灯片的动画，但没有看到动画效果，是因为（　　　）。

A．没有切换到幻灯片放映模式　　　　　B．没有切换到幻灯片浏览视图

C．没有切换到普通视图　　　　　　　　D．没有进入幻灯片母版视图

358．在幻灯片母版中插入的对象，只能在（　　　）中进行修改。

A．普通视图　　　　　　　　　　　　　B．幻灯片浏览视图

C．放映模式　　　　　　　　　　　　　D．幻灯片母版视图

359．在 PowerPoint 中打印幻灯片时，一张 A4 纸最多可打印的幻灯片张数是（　　　）。

A．6　　　　　　　　B．4　　　　　　　C．12　　　　　　　D．9

360．子句"WHERE 性别 ＝"女" and 工资额 ＞2 000"指（　　　）。

A．性别为"女"或者工资额大于 2 000（元）的记录

B．性别为"女"并且工资额大于 2 000（元）的记录

C．性别为"女"并非工资额大于 2 000（元）的记录

D．性别为"女"或者工资额大于 2 000（元），且二者择一的记录

361．假定有一个商品销售情况的数据列表，包含商品名称、商品类型、销售季节和销售金额等字段，当要分析不同类型商品在不同季节的销售情况时，应使用（　　　）。

A．数据分类汇总　　　B．数据透视表　　　C．排序　　　　　　D．条件格式

362．若要设置单元格字体、边框线等内容，则应首先选中单元格，然后右击，在弹出的快捷菜单中选择（　　　）命令。

A．"粘贴"　　　　　　　　　　　　　　B．"复制"

C．"设置单元格格式"　　　　　　　　　D．"剪切"

363．八进制数 65 转换成十六进制数为（　　　）

A．33H　　　　　　　B．41H　　　　　　C．65H　　　　　　D．35H

364．非法的八进制数是（　　　）。

A．34.7O　　　　　　B．578.3O　　　　　C．111.11O　　　　　D．1O

365．决定浮点数精度的是（　　　）。

A．指数　　　　　　　B．阶码　　　　　　C．尾数　　　　　　D．符号位

366．在计算机中，整数正、负号的表示方式为（　　　）。

A．用一个字符"＋"或"－"表示

B．只用"－"表示负数，正数没有

C．最高位为"1"表示正，为"0"表示负

D．最高位为"0"表示正，为"1"表示负

367．在关于反码的说法中，正确的是（　　　）。

A．负数的反码与原码相同　　　　　　　　B．正数的反码与原码相同

C．负数的反码就是负数的原码全部取反　　D．正数的反码就是正数的原码全部取反

368．在 Unicode 编码中，每个字符（包括西文字符）占用的字节数是（　　　）。

A．1　　　　　　　B．2　　　　　　　C．4　　　　　　　D．8

369．一般来说，声音的质量越高，要求（　　　）。

A．量化级数越低、采样频率越低　　　　　B．量化级数越高、采样频率越高

C．量化级数越低、采样频率越高　　　　　D．量化级数越高、采样频率越低

370．在下面关于数据库的说法中，错误的是（　　　）。

A．数据库中的数据被不同的用户共享　　　B．数据库没有数据冗余

C．数据库有较高的数据独立性　　　　　　D．数据库有较高的安全性

371．在如下不同类型的文件中，经过压缩的声音文件是（　　　）。

A．WAV　　　　　　B．MP3　　　　　　C．BMP　　　　　　D．JPG

372．属于源代码开放的操作系统的是（　　　）。

A．MS-DOS　　　　B．Android　　　　C．iOS　　　　　　D．OS X

373．在下列关于文件的说法中，正确的是（　　　）。

A．不可以删除具有只读属性的文件

B．具有隐藏属性的文件一定是不可见的

C．同一个目录下不能有两个文件的文件名相同

D．文件的扩展名最多只能有三个字符

374．操作系统引入多道程序概念的目的是（　　　）。

A．提高实时响应速度　　　　　　　　　　B．充分利用 CPU，减少 CPU 等待时间

C．有利于代码共享　　　　　　　　　　　D．充分利用存储器

375．在下列软件中，不属于数据库管理系统的是（　　　）。

A．Access　　　　　B．Excel　　　　　C．MySQL　　　　　D．SQL Server

376．数据库中存储的是（　　　）。

A．数据　　　　　　B．数据结构　　　　C．数据模型　　　　D．信息

377．数据库系统相关人员是数据库系统的重要组成部分，相关人员分为三类：应用程序开发人员、最终用户和（　　　）。

A．程序员　　　　　B．高级程序员　　　C．软件开发商　　　D．数据库管理员

二、多项选择题

1．计算机采用二进制的好处是（　　　）。

A．二进制只有 0 和 1 两个状态，技术上容易实现

B．二进制运算规则简单

C．二进制数 0 和 1 与"真"和"假"相吻合，适合于计算机进行逻辑运算

D．以上结论都不正确

2．下列选项中可以正确退出 Office 应用程序的方法有（　　　）。

A．选择"文件"→"关闭"命令

B．右击窗口的标题栏，在弹出的快捷菜单中选择"关闭"命令

C．选择"文件"→"退出"命令

D．按 Alt+F4 快捷键

3．在 Word 中，可以正确删除文字的方法有（　　　）。

A．按 Backspace 键，可删除光标前面的错误文字

B．按 Enter 键，可删除光标后面的错误文字

C．按 Delete 键，可删除光标前面的错误文字

D．将错误文字选中，按 Delete 键，可将其删除

4．在 Word 中，关于在文档的背景中添加水印效果的说法中正确的有（　　　）。

A．既可添加文字水印，也可添加图片水印

B．内容可以任意编辑

C．文字水印的角度可以任意设置

D．文字水印的大小可以任意设置

5．在 Excel 中，包含公式和函数的单元格通常并不显示公式和函数本身，而是直接显示公式或函数的结果。若想显示输入的公式或函数，正确的操作方法有（　　　）。

A．在包含公式或函数的单元格处双击

B．选中包含公式或函数的单元格，按 F2 键

C．选中包含公式或函数的单元格，编辑栏上将显示出

D．选中包含公式或函数的单元格，按 F4 键

6．在 Excel 中，按住键盘中的某个键，可将连续的单元格区域选中；按住键盘中的某个键，可选中几个不相连的单元格区域。关于这两个键，下列选项中（注意顺序）不正确的有（　　　）。

A．Ctrl 和 Shift   B．Alt 和 Shift

C．Shift 和 Ctrl   D．Esc 和 Shift

7．在 Word 中，有关页眉和页脚的编辑，下列叙述正确的有（　　　）。

A．可以插入页码   B．不能插入图片

C．不能插入域   D．可以插入时间和日期

8．在 PowerPoint 中，下列对快捷键的使用描述正确的有（　　　）。

A．新建演示文稿的快捷键 Ctrl+N   B．打开演示文稿的快捷键 Ctrl+O

C．插入超链接的快捷键 Ctrl+K   D．放映幻灯片的快捷键 F6

9．在 Excel 的"打开"对话框中，如果要一次性打开多个工作簿，可按住（　　　）键，然后单击"打开"按钮。

A．Alt   B．Ctrl   C．Shift   D．Esc

10．在 Excel 中，输入日期时，按某个快捷键，可输入系统当前日期；输入时间时，按某个快捷键，可输入系统当前时间。关于这两个快捷键，下列选项中（注意顺序）正确的有（　　　）。

A．Ctrl+；   B．Shift+；   C．Ctrl+Shift+；   D．Ctrl+Shift

11．在 PowerPoint 中，下列关于文本框的叙述中，正确的有（　　　）。

A．插入文本框有"水平"和"垂直"两种选项

B．输入文字时，横排文字到达文本框右侧边缘后，将自动转换到下一行

C．幻灯片版式中的文本占位符与用户插入的文本框完全相同

D．文本框不能旋转

12．关于母版的背景图形，下列说法正确的有（　　　）。

A．在普通视图中可以改变母版上的设置

B．在普通视图中无法改变母版上的设置

C．要使剪贴画或图片出现在每张幻灯片中，可以将其放在幻灯片母版中

D．要改变母版上的图片设置，必须打开母版

13．未来的计算机发展方向是（　　　）。

A．光计算机　　　　B．生物计算机　　　　C．分子计算机　　　　D．量子计算机

14．下列有关调整幻灯片中的图片的叙述正确的有（　　　）。

A．按住 Shift 键可以选择多张图片

B．按住 Ctrl 键拖动图片，可以复制图片

C．插入的图片可以放大和缩小

D．插入的图片不能放大和旋转

15．计算机系统软件的两个重要特点是（　　　）。

A．通用性　　　　B．可卸载性　　　　C．可扩充性　　　　D．基础性

16．下列说法正确的是（　　　）。

A．光盘驱动器属于主机，光盘属于外设　　　B．键盘和显示器都是计算机的 I/O 设备

C．键盘和鼠标均为输入设备　　　D．打印机和绘图仪都是输出设备

17．可能引发下一次计算机技术革命的有（　　　）。

A．纳米技术　　　　B．光技术　　　　C．量子技术　　　　D．生物技术

18．下面属于高级语言的是（　　　）。

A．Delphi　　　　B．机器语言　　　　C．汇编语言　　　　D．C++

19．下面属于操作系统的有（　　　）。

A．MS-DOS　　　　B．UNIX　　　　C．Windows　　　　D．Word

20．关于程序设计语言，正确的说法是（　　　）。

A．机器语言和汇编语言都是面向机器的语言

B．计算机硬件系统能直接识别机器语言和汇编语言

C．机器语言的效率最高，执行速度最快

D．高级语言的效率最高，执行速度最快

21．关于计算机语言的描述，不正确的是（　　　）。

A．机器语言的语句全部由 0 和 1 组成，执行速度快

B．机器语言因为是面向机器的低级语言，所以执行速度慢

C．汇编语言已将机器语言符号化，所以其与机器无关

D．汇编语言比机器语言执行速度快

22．信息技术主要包括（　　　）。

A．感测与识别技术　　　　B．信息传递技术

C．信息处理与再生技术　　　　D．信息使用技术

23．下列叙述中，正确的是（　　　）。

A．U 盘既可作为输入设备，也可作为输出设备

B．操作系统用于管理计算机系统的软、硬件资源

C．键盘上功能键表示的功能是由计算机硬件确定的

D．启动计算机前应先接通外围设备电源，后接通主机电源

24．在 Windows 中，桌面是指（　　　）。

A．放计算机的桌子

B．打开计算机并登录 Windows 之后看到的主屏幕区域

C．窗口、图标和对话框所在的屏幕背景

D．活动窗口

25．以下属于 Windows 的特点的是（　　　）。

A．图形操作界面　　　　　　　　　　　B．功能全面的管理工具和应用程序

C．多任务处理能力　　　　　　　　　　D．与 Internet 的完美结合

26．文件是被赋予名称并存于磁盘上的信息单元，可以是（　　　）。

A．一组数据　　　　　B．一个程序　　　　C．一首歌　　　　D．一张纸

27．文件名的组成有（　　　）。

A．图标标志　　　　　B．主文件名　　　　C．扩展名　　　　D．符号

28．向单元格输入数据的方式有（　　　）。

A．直接输入　　　　　　　　　　　　　B．自动生成

C．利用填充柄输入　　　　　　　　　　D．从外部导入

29．树形目录结构的优势表现在（　　　）。

A．可以对文件重命名　　　　　　　　　B．有利于文件的分类

C．提高检索文件的速度　　　　　　　　D．能进行存取权限的限制

30．微型计算机的辅助存储器比主存储器（　　　）。

A．存储容量大　　　B．存储可靠性高　　　C．读/写速度快　　　D．价格便宜

31．打印机的主要技术指标有（　　　）。

A．分辨率　　　　　　　　　　　　　　B．扫描频率

C．打印速度　　　　　　　　　　　　　D．打印缓冲存储器容量

32．下列部件中，不能直接通过总线与 CPU 连接的是（　　　）。

A．键盘　　　　　　　B．内存储器　　　　C．硬盘　　　　　D．显示器

33．网络的组成部分有（　　　）。

A．计算机　　　　　　B．网卡　　　　　　C．通信线路　　　D．网络软件

34．以下是计算机主板上的部件的是（　　　）。

A．控制芯片组　　　　B．Cache　　　　　　C．总线扩展槽　　D．电源

35．显示器按显示原理通常分为（　　　）。

A．液晶显示器　　　B．CRT 显示器　　　　C．等离子显示器　　D．背投显示器

36．在 Excel 工作表中，日期型数据"2015 年 12 月 5 日"的正确输入形式是（　　　）。

A．2015:12:5　　　　B．2015:12:05　　　　C．2015-12-5　　　D．2015/12/5

37．以下关于多媒体技术的描述中，正确的是（　　　）。

A．多媒体技术将多种媒体以数字化的方式集成在一起

B．多媒体技术是指将多种媒体进行有机组合而成的一种新的媒体应用系统

C．多媒体技术就是能用来观看的数字电影技术

D．多媒体技术与计算机技术的融合开辟出一个多学科的崭新领域

38．以下属于 Excel 中的算术运算符的是（　　　）。

A．/　　　　　　　　　B．-　　　　　　　　　C．+　　　　　　　　　D．!=

39．下面属于 Excel "设置单元格格式" 对话框 "数字" 选项卡中的选项的是（　　　）。

A．字体　　　　　　　B．货币　　　　　　　C．日期　　　　　　　D．自定义

40．在 Excel 中，能给文字设置的特殊效果有（　　　）。

A．删除线　　　　　　B．双删除线　　　　　C．上标　　　　　　　D．下标

41．以下关于文件压缩的说法中，正确的是（　　　）。

A．文件压缩后文件尺寸一般会变小

B．不同类型的文件的压缩比率是不同的

C．文件压缩的逆过程称为解压缩

D．使用文件压缩工具可以将 JPG 图像文件压缩 70%左右

42．在 Windows 中可以完成窗口切换的方法是（　　　）。

A．按 Alt+Tab 快捷键　　　　　　　　　B．按 Win+Tab 快捷键

C．单击要切换窗口的任何可见部位　　　D．单击任务栏上要切换的应用程序图标

43．在 Word 2016 中，单击 "审阅" 选项卡 "语言" 命令组中的 "翻译" 按钮可以进行的操作有（　　　）。

A．翻译文档　　　　　　　　　　　　　B．翻译所选文字

C．翻译屏幕提示　　　　　　　　　　　D．翻译批注

44．在 Word 2016 中插入艺术字后，通过绘图工具可以进行的操作有（　　　）。

A．删除背景　　　　　　　　　　　　　B．设置艺术字样式

C．设置文本　　　　　　　　　　　　　D．排列

45．在 Word 2016 中，插入图片后，通过 "图片工具" 选项卡可以对图片进行的操作有（　　　）。

A．删除背景　　　　　B．设置艺术效果　　　C．设置图片样式　　　D．裁剪

46．在 Word 2016 中，可以插入的元素有（　　　）。

A．图片、剪贴画、艺术字　　　　　　　B．形状

C．屏幕截图　　　　　　　　　　　　　D．页眉和页脚

47．在 Word 2016 中，插入表格后可通过 "表格工具" 选项卡进行的操作有（　　　）。

A．设置表格样式　　　　　　　　　　　B．设置边框和底纹

C．删除和插入行/列　　　　　　　　　　D．设置表格内容的对齐方式

48．在 Word 2016 中，通过 "开始" 选项卡的 "字体" 命令组可以对文本进行的操作有（　　　）。

A．设置字体　　　　　B．设置字号　　　　　C．消除格式　　　　　D．设置样式

49．在 Word 2016 中，通过 "页面布局" 选项卡的 "页面设置" 命令组可以设置的内容有（　　　）。

A．打印的份数　　　　B．打印的页数　　　　C．纸张方向　　　　　D．页边距

50．在 Excel 2016 的打印设置中，可以设置（　　　）。

A．打印活动工作表　　B．打印整个工作簿　　C．打印单元格　　　　D．打印选中区域

51．Excel 的三要素是（　　）。

A．工作簿　　　　　　B．工作表　　　　　　C．单元格　　　　　　D．数字

52．在 Excel 2016 中，通过"页面布局"选项卡可对页面进行的设置有（　　）。

A．页边距　　　　　　　　　　　　　　B．纸张方向、大小

C．打印区域　　　　　　　　　　　　　D．打印标题

53．在进行幻灯片动画设置时，可以设置的动画类型有（　　）。

A．进入　　　　　　　B．强调　　　　　　C．退出　　　　　　D．动作路径

54．在 PowerPoint 2016 中，借助"切换"选项卡可以进行的操作有（　　）。

A．设置幻灯片的切换效果　　　　　　　B．设置幻灯片的换片方式

C．设置幻灯片切换效果的持续时间　　　D．设置幻灯片的版式

55．在 PowerPoint 2016 中，可以通过"开始"选项卡进行的操作有（　　）。

A．粘贴、剪切、复制　　　　　　　　　B．新建幻灯片

C．设置字体、段落　　　　　　　　　　D．查找、替换、选择

56．PowerPoint 2016 的功能区由（　　）组成。

A．菜单栏　　　　　　B．快速访问工具栏　　C．选项卡　　　　　　D．命令组

57．下列对数据库管理系统的陈述不正确的是（　　）。

A．是操作系统的一部分　　　　　　　　B．是在操作系统支持下的系统软件

C．是一种编译系统　　　　　　　　　　D．是一种操作系统

58．在 PowerPoint 2016 的"视图"选项卡中，可以进行的操作有（　　）。

A．选择演示文稿视图模式　　　　　　　B．更改母版视图的设计和版式

C．显示标尺、网格线和参考线　　　　　D．设置显示比例

59．PowerPoint 2016 的操作界面由（　　）组成。

A．功能区　　　　　　B．工作区　　　　　　C．状态区　　　　　　D．显示区

60．计算机在信息处理中的作用包括（　　）。

A．数据加工　　　　　　　　　　　　　B．多媒体技术处理

C．通信　　　　　　　　　　　　　　　D．智能化决策

61．上网时，计算机可能染上病毒的情况是（　　）。

A．接收电子邮件　　　　　　　　　　　B．发送邮件中

C．下载文件　　　　　　　　　　　　　D．浏览网页

62．实现多窗口程序切换，应按（　　）快捷键。

A．Alt　　　　　　　　B．Ctrl　　　　　　　C．Esc　　　　　　　D．Tab

63．在 Windows 中，当一个窗口最大化之后，下列各操作中可以进行的有（　　）。

A．关闭窗口　　　　　　　　　　　　　B．最小化窗口

C．双击窗口标题栏　　　　　　　　　　D．还原窗口

64．下面关于 Windows 文件命名规定的叙述中，错误的有（　　）。

A．文件名允许使用多个圆点分隔符，也允许使用空格

B．文件主名最多可有八个字符

C．文件名中不区分大小写字母

D．文件扩展名最多可有三个字符

65．下列关于 Windows 回收站的叙述中，错误的是（　　　）。

A．回收站中的信息可以被彻底删除，也可以被还原

B．当硬盘空间不够使用时，系统自动使用回收站所占据的空间

C．回收站中存放的是所有逻辑硬盘上被删除的信息

D．U 盘上被删除的文件也被放到回收站中

66．将某个 U 盘插入计算机后显示的盘符为 F，该 U 盘有写保护开关并且开关处在保护状态，以下可以进行的操作有（　　　）。

A．将 F 盘中的某个文件重命名，或者删除

B．将 F 盘中的所有内容复制到 D 盘

C．在 F 盘中创建文件夹 ABC

D．显示 F 盘中的所有文件

67．下列各个术语中，与显示器性能指标有关的是（　　　）。

A．点距　　　　　　　B．可靠性　　　　　　　C．分辨率　　　　　　D．精度

68．关于键盘上的按键，以下叙述中正确的有（　　　）。

A．按住 Shift 键，再按 A 键一定输入大写字母 A

B．功能键 F1、F2 等的功能对不同的软件可能不同

C．End 键的功能是将光标移动到屏幕最右端

D．键盘上的 Ctrl 键和 Shift 键总是与其他键配合使用

69．关于内存和内存条的描述中，下列说法正确的有（　　　）。

A．内存条是插在主板上的电路板，不同型号的内存条其引脚数量不同

B．内存是由若干内存条构成的

C．内存条包含在 CPU 中

D．不同型号的内存条其电路板的形状是不同的

70．下列存储器中，断电后其信息不会丢失的是（　　　）。

A．DRAM 和 SRAM　　　　　　　　　　B．磁盘存储器

C．Cache　　　　　　　　　　　　　　　D．ROM

71．以下各项中，对磁盘格式化时进行的操作有（　　　）。

A．划分磁道和扇区　　　　　　　　　　B．设定 Windows 版本号

C．建立引导区　　　　　　　　　　　　D．建立目录区

72．在 Windows 的"任务管理器"窗口中，可以进行的操作有（　　　）。

A．结束某个任务，或运行一个新的任务　　B．显示内存的使用状况

C．将某个任务切换为当前任务　　　　　　D．显示 CPU 的使用状况

73．安装完新硬件后，出现以下现象：鼠标和键盘停止工作；操作系统经常重新启动；调制解调器不再正常工作；屏幕上出现乱码；计算机经常死机；计算机无法播放影音文件。最有可能引起这些问题的是（　　　）。

A．驱动程序问题　　　　　　　　　　　B．硬件冲突

C．电缆故障或硬盘损坏　　　　　　　　D．电源供应问题

74．以下各项中，属于冯·诺依曼提出的通用电子计算机设计方案要点的有（　　　）。

A．存储程序控制　　　　　　　　　　　　B．高速计算及高精度计算

C．采用二进制　　　　　　　　　　　　　D．计算机硬件由五个基本部分组成

75．下列关于计算机硬件组成的说法，正确的是（　　　）。

A．计算机硬件系统由运算器、控制器、存储器、输入和输出设备五大部分组成

B．当关闭计算机电源后，内存中的程序和数据就消失

C．U 盘和硬盘上的数据均可由 CPU 直接存取

D．U 盘和硬盘驱动器既属于输入设备，又属于输出设备

76．在 Word 文档编辑状态，使用格式刷能实现的操作有（　　　）。

A．复制页面设置　　　　　　　　　　　　B．复制段落格式

C．复制文本格式　　　　　　　　　　　　D．复制项目符号

77．在 Word 表格编辑状态，能进行的操作是（　　　）。

A．合并单元格　　　B．合并行　　　　C．隐藏行　　　　　D．拆分单元格

78．在 Word 中，使用查找/替换功能能够实现（　　　）。

A．删除文本　　　　　　　　　　　　　　B．更正文本

C．更改指定文本的格式　　　　　　　　　D．更改图片格式

79．Excel 的每个单元格都有其固定的地址，下列对于单元格 A5 表示的含义叙述不正确的是（　　　）。

A．"A5"代表单元格的数据　　　　　　　B．"A"代表第 A 行，"5"代表第 5 列

C．"A"代表第 A 列，"5 "代表第 5 行　　　D．"A5"只是两个任意字符

80．能通过网络传送文件的是（　　　）。

A．FTP　　　　　　B．电子邮件　　　　C．QQ　　　　　　D．BBS

81．关于计算机病毒，正确的叙述是（　　　）。

A．计算机病毒具有破坏性、传染性、潜伏性、寄生性、隐蔽性

B．计算机病毒会破坏计算机的显示器

C．计算机病毒是一种程序

D．杀毒软件并不能杀除所有计算机病毒

82．下列关于信息的说法，正确的是（　　　）。

A．信息可以影响人们的行为和思维　　　　B．信息就是指计算机中保存的数据

C．信息需要通过载体才能传播　　　　　　D．信息有多种不同的表示方式

83．关于 PowerPoint 幻灯片母版的使用，正确的说法是（　　　）。

A．通过对母版的设置，可以控制幻灯片中不同部分的表现形式

B．通过对母版的设置，可以预定义幻灯片的前景、背景颜色和文字大小

C．修改母版不会给演示文稿中的任何一张幻灯片带来影响

D．标题母版为使用标题版式的幻灯片设置了默认格式

三、判断题

1．计算机软件系统分为系统软件和应用软件两大部分。　　　　　　　　　　（　　　）

2．USB 接口只能连接 U 盘。　　　　　　　　　　　　　　　　　　　　　（　　　）

3．Windows 中，文件夹的命名不能带扩展名。　　　　　　　　　　　　　（　　　）

4．将 Windows 应用程序窗口最小化后，该程序将立即被关闭。　　　　　　（　　　）

5．用 Word 2016 编辑文档时，插入的图片默认为嵌入型。　　　　　　　（　　）

6．WPS 是我国自主开发的办公自动化软件，开发者是求伯君。　　　　（　　）

7．Excel 工作表的顺序可以人为改变。　　　　　　　　　　　　　　（　　）

8．汇编程序就是用多种语言混合编写的程序。　　　　　　　　　　　（　　）

9．Windows 的任务栏只能放在桌面的下部。　　　　　　　　　　　　（　　）

10．Internet 中的 FTP 是用于文件传输的协议。　　　　　　　　　　（　　）

11．文件夹实际代表的是外存储器上的一个存储区域。　　　　　　　（　　）

12．计算机中安装防火墙软件后就可以防止计算机着火。　　　　　　（　　）

13．只要是网上提供的音乐，都可以随便下载使用。　　　　　　　　（　　）

14．一台完整的计算机硬件是由控制器、存储器、输入设备和输出设备组成的。

　　　　　　　　　　　　　　　　　　　　　　　　　　　　　　（　　）

15．机器语言是由一串用 0、1 代码构成指令的高级语言。　　　　　（　　）

16．微型计算机的微处理器主要包括 CPU 和控制器。　　　　　　　（　　）

17．计算机在一般的工作中不能向 ROM 写入信息。　　　　　　　　（　　）

18．计算机在一般的工作中不能向 RAM 写入信息。　　　　　　　　（　　）

19．计算机能直接执行的程序是高级语言程序。　　　　　　　　　　（　　）

20．计算机软件一般包括系统软件和编辑软件。　　　　　　　　　　（　　）

21．计算机断电后，计算机中 ROM 和 RAM 中的信息全部丢失。　　（　　）

22．计算机病毒是一个在计算机内部或系统之间进行自我繁殖和扩散的程序，自我繁殖是指复制。　　　　　　　　　　　　　　　　　　　　　　　　　　（　　）

23．计算机存储容量的单位通常是字节。　　　　　　　　　　　　　（　　）

24．CPU 的中文是微处理器。　　　　　　　　　　　　　　　　　　（　　）

25．内存储器可分为随机存取存储器和只读存储器。　　　　　　　　（　　）

26．计算机病毒主要是通过磁盘与网络传播的。　　　　　　　　　　（　　）

27．第一台电子计算机是冯·诺依曼发明的。　　　　　　　　　　　（　　）

28．存储器是用来存储数据和程序的。　　　　　　　　　　　　　　（　　）

29．一般情况下，主频越高，计算机运算速度越快。　　　　　　　　（　　）

30．只要有了杀毒软件，就不怕计算机被病毒感染。　　　　　　　　（　　）

31．外存储器比内存储器容量大，但工作速度慢。　　　　　　　　　（　　）

32．计算机具有逻辑判断能力，所以说具有人的全部智能特征。　　　（　　）

33．只能读取，但无法将新数据写入的存储器，是 RAM。　　　　　（　　）

34．故意制作、传播计算机病毒是违法行为。　　　　　　　　　　　（　　）

35．对 PC 而言，Inter Core 2 Duo、AMD PhenomX2 555 指的都是 CPU 类型。（　　）

36．计算机及其外围设备在加电启动时，一般应先给外设加电。　　　（　　）

37．计算机的性能主要取决于硬盘的性能。　　　　　　　　　　　　（　　）

38．RAPTOR 虽是一种非可视化的程序设计环境，但其为程序和算法设计基础课程的教学提供实验环境。　　　　　　　　　　　　　　　　　　　　　　　（　　）

39．计算机的硬件中，有一个部件称为 ALU，其一般是指运算器。　（　　）

40．像素个数是显示器的一个重要技术指标。　　　　　　　　　　　（　　）

41．在计算机中，用来执行算术与逻辑运算的部件是控制器。　　　　（　　　）

42．第一代计算机的主要应用领域为数据处理。　　　　　　　　　（　　　）

43．CGA、VGA 标志着存储器的不同规格和性能。　　　　　　　　（　　　）

44．微型计算机中运算器的主要功能是进行算术运算。　　　　　　（　　　）

45．存储器按所处位置的不同，可分为内存储器和硬盘存储器。　　（　　　）

46．系统软件中最基本的是操作系统。　　　　　　　　　　　　　（　　　）

47．计算机中的内存容量 2GB 就是 2×1024×1024×1024 字节。　　　（　　　）

48．计算机中用来表示内存储器容量大小的基本单位是字。　　　　（　　　）

49．已知英文字母 m 的 ASCII 码值是 109，那么字母 n 的 ASCII 码值是 108。（　　　）

50．"32 位微型计算机"中的 32 指的是微型计算机型号。　　　　　（　　　）

51．回收站可以暂时存放被删除的文件，因此属于内存的一块区域。（　　　）

52．当一个应用程序窗口被最小化后，该应用程序仍然在运行。　　（　　　）

53．在 Windows 中，要将整个屏幕画面全部复制到剪贴板中用 PrintScreen 键。（　　　）

54．在 Windows 中，可以查看系统性能状态和硬件设置的方法是在控制面板中单击"系统"图标。　　　　　　　　　　　　　　　　　　　　　　　　（　　　）

55．在资源管理器左窗口中，文件夹图标左侧有"+"表示该文件夹中有子文件夹。

（　　　）

56．在 Word 中，进行分栏操作时栏与栏之间不可以设置分隔线。　（　　　）

57．在 Word 编辑状态下，若光标位于表格外右侧的行尾处，按 Enter 键的结果为插入一行，表格行数改变。　　　　　　　　　　　　　　　　　　　　（　　　）

58．在 Word 中，打开文档是将指定的文档从内存中读入，并显示出来。（　　　）

59．在 Word 文本编辑过程中，用 Backspace 键和 Delete 键均可以删除文字。（　　　）

60．在 Excel 默认情况下，文本数据沿单元格左对齐，数值数据沿单元格右对齐。

（　　　）

61．Excel 工作表中的单元格文字可以水平和垂直排列，但不能进行旋转。（　　　）

62．在 Excel 工作簿中，要同时选择多个不相邻的工作表，可以在按住 Ctrl 键的同时依次单击各个工作表的标签。　　　　　　　　　　　　　　　　　（　　　）

63．PowerPoint 状态栏用于显示幻灯片的序号或选用的模板等信息。（　　　）

64．在 PowerPoint 中，按 F5 键，可从头至尾地播放全部幻灯片。（　　　）

65．在放映幻灯片时，若要中途退出播放状态，应按 Esc 键。　　（　　　）

66．某台计算机的 IP 地址是 202.255.256.112。　　　　　　　　　（　　　）

67．域名中，cn 代表中国，edu 代表科研机构。　　　　　　　　　（　　　）

68．防火墙的主要工作原理是对数据包及来源进行检查，阻断被拒绝的数据。（　　　）

69．杀毒软件可以对 U 盘、硬盘和光盘查毒和杀毒。　　　　　　　（　　　）

70．收发电子邮件前必须拥有电子邮箱。　　　　　　　　　　　　（　　　）

71．多媒体计算机的特点是具有较强的联网能力和数据库处理能力。（　　　）

72．交互式的视频游戏不属于多媒体的范畴。　　　　　　　　　　（　　　）

73．可以通过在按下主机电源按键后观察面板上的电源指示灯是否亮和机箱前面板上的硬盘指示灯状态，来判断主机电源是否接通和硬盘是否在工作。　　（　　　）

74．鼠标按其工作原理来分，有机械鼠标、光机鼠标、光电鼠标三种；接口有串口、PS/2、USB 接口三种。　　　　　　　　　　　　　　　　　　　　　　　　　（　　）

75．在用 Word 编辑文本时，若要删除文本区中某段文本的内容，可选中该段文本，再按 Delete 键。　　　　　　　　　　　　　　　　　　　　　　　　　　　　　　（　　）

76．在 Excel 中，两个或多个单元格合并后，被合并的所有单元格的内容都被保留。
　　　　　　　　　　　　　　　　　　　　　　　　　　　　　　　　　　　　（　　）

77．幻灯片放映时不显示备注页下添加的备注内容。　　　　　　　　　　（　　）

78．在 PowerPoint 中，如果改变幻灯片母版的格式，则演示文稿中所有应用该母版的幻灯片都将受影响。　　　　　　　　　　　　　　　　　　　　　　　　　　　（　　）

79．如果将演示文稿置于另一台不带 PowerPoint 系统的计算机上放映，那么应对该演示文稿进行打包。　　　　　　　　　　　　　　　　　　　　　　　　　　　　　（　　）

80．幻灯片放映时，按 Ctrl+F4 快捷键可以终止放映。　　　　　　　　（　　）

81．要开启 Windows 的 Aero 效果，必须使用 Aero 主题。　　　　　　（　　）

82．在 Windows 中，默认库被删除后可以通过恢复默认库进行恢复。　（　　）

83．安装安全防护软件有助于保护计算机不受病毒侵害。　　　　　　　（　　）

84．云计算是传统计算机和网络技术发展融合的产物，意味着计算能力也可作为一种商品通过互联网进行流通。　　　　　　　　　　　　　　　　　　　　　　　　　（　　）

85．在 Word 2016 中，通过屏幕截图功能，不但可以插入未最小化到任务栏的可视化窗口图片，还可以通过屏幕剪辑插入屏幕任何部分的图片。　　　　　　　　　　　（　　）

86．在 Word 2016 中可以插入表格，而且可以对表格进行绘制、擦除、插入和删除行/列等操作，但不能合并和拆分单元格。　　　　　　　　　　　　　　　　　　　　（　　）

87．在 Word 2016 中，只能对整个表格进行底纹设置，不能对单个单元格进行底纹设置。
　　　　　　　　　　　　　　　　　　　　　　　　　　　　　　　　　　　（　　）

88．在 Word 2016 中，只要为插入的表格选取了一种表格样式，就不能更改表格样式和进行表格的修改。　　　　　　　　　　　　　　　　　　　　　　　　　　　　　（　　）

89．在 Word 2016 中，可以给文本选取各种样式，但不能更改样式。　（　　）

90．在 Word 2016 中，要在"自定义功能区"和"自定义快速访问工具栏"界面添加其他工具，可以通过选择"文件"→"选项"→"Word 选项"命令进行添加设置。（　　）

91．在 Word 2016 中，不能创建"会议议程"文档类型。　　　　　　（　　）

92．在 Word 2016 中，可以插入页眉和页脚，但不能插入日期和时间。（　　）

93．在 Word 2016 中，能打开以 dos 为扩展名的文档，并可以进行格式转换和保存。
　　　　　　　　　　　　　　　　　　　　　　　　　　　　　　　　　　　（　　）

94．在 Word 2016 中，选择"文件"→"打印"命令可以进行文档的页面设置。
　　　　　　　　　　　　　　　　　　　　　　　　　　　　　　　　　　　（　　）

95．在 Word 2016 中，插入的艺术字只能设置外观样式，不能进行艺术字颜色、效果等其他设置。　　　　　　　　　　　　　　　　　　　　　　　　　　　　　　　（　　）

96．在 Word 2016 中，文档视图和显示比例除可以在"视图"选项卡中设置外，还可以在状态栏右下角进行快速设置。　　　　　　　　　　　　　　　　　　　　　　　（　　）

97．在 Word 2016 中，不但能插入脚注，而且可以制作文档目录，但不能插入封面。
（　　）

98．在 Word 2016 中，不但能插入内置公式，而且可以插入新公式并可通过"公式工具"选项卡进行公式编辑。（　　）

99．在 Excel 2016 中，可以更改工作表的名称和位置。（　　）

100．在 Excel 2016 中，只能清除单元格中的内容，不能清除单元格中的格式。（　　）

101．在 Excel 2016 中，使用筛选功能只显示符合设定条件的数据而删除其他数据。
（　　）

102．Excel 工作表的数量可根据工作需要适当增加或减少，并可以进行重命名、设置标签颜色等相应的操作。（　　）

103．Excel 2016 可以通过 Excel 选项自定义功能区和快速访问工具栏。（　　）

104．在 Excel 2016 中，可以更改文件类型，不能将工作簿保存到 Web 或共享发布。
（　　）

105．在 Excel 2016 中，只能设置表格的边框，不能设置单元格边框。（　　）

106．在 Excel 2016 中，套用表格格式后可在"表格工具"选项卡"设计"子选项卡的"表格样式"命令组中选中"汇总行"复选框，显示出汇总行，但不能在汇总行中进行数据类别的选择和显示。（　　）

107．在 Excel 2016 中不能进行超链接设置。（　　）

108．在 Excel 2016 中只能用"套用表格格式"功能设置表格样式，不能设置单个单元格样式。（　　）

109．在 Excel 2016 中，除可以创建空白工作簿外，还可以下载多种表格模板。（　　）

110．在 Excel 2016 中，只要应用了一种表格格式，就不能对表格格式作更改和清除。
（　　）

111．在 Excel 2016 中，借助"条件格式"下拉列表中的"项目选取规则"选项，可为学生成绩前 10 名的单元格设置格式。（　　）

112．在 Excel 2016 中，"保存自动恢复信息时间间隔"默认为 10 分钟。（　　）

113．在 Excel 2016 中，当插入图片、剪贴画、屏幕截图后，功能区会出现"图片工具"选项卡"格式"子选项卡，在其中可进行相应的设置。（　　）

114．在 Excel 2016 中，只能通过"插入"选项卡插入页眉和页脚，没有其他的操作方法。
（　　）

115．在 Excel 2016 中，只要运用了套用表格格式，就不能消除表格格式，把表格转为原始的普通表格。（　　）

116．在 Excel 2016 中只能插入或删除行、列，不能插入或删除单元格。（　　）

117．PowerPoint 2016 可以直接打开用 PowerPoint 2003 制作的演示文稿。（　　）

118．PowerPoint 2016 选项卡中的命令不能进行增加和删除。（　　）

119．PowerPoint 2016 的功能区包括快速访问工具栏、选项卡和命令组。（　　）

120．在 PowerPoint 2016 的"审阅"选项卡中可以进行拼写检查、语言翻译、中文简繁体转换等操作。（　　）

121．在 PowerPoint 2016 中，"动画刷"工具可以快速设置相同动画。（　　）

122．在 PowerPoint 2016 的"视图"选项卡中，演示文稿视图有普通、幻灯片浏览、备注页和阅读视图四种模式。 （ ）

123．在 PowerPoint 2016 的"设计"选项卡中，可以进行幻灯片大小、主题模板的选择和设计。 （ ）

124．在 PowerPoint 2016 中，可以对插入的视频进行编辑。 （ ）

125．在 PowerPoint 2016 中，可以将演示文稿保存为 Windows Media 视频格式。 （ ）

126．在开机和重新启动计算机时，操作系统识别安装于计算机中的所有设备，并检查它们是否正常工作。 （ ）

127．浮动工具栏可以被移动到屏幕上的任何位置。 （ ）

128．在 Windows 中，用户在卸载即插即用型硬件设备时，无须关闭计算机和切断电源，只要将该硬件设备从计算机相应的接口处直接拔出即可。 （ ）

129．使用打印机时，应该回收用完的墨盒，而不要对其进行简单的丢弃处理。（ ）

130．在 Windows 中，用户在安装一个新的硬件设备时，系统能够自动识别该设备，并为其安装设备驱动程序和进行相关的配置，无须人工干预。 （ ）

131．信息是人类的一切生存活动和自然存在所传达出来的信号和消息。 （ ）

132．信息技术是指一切能扩展人的信息功能的技术。 （ ）

133．感测与识别技术包括对信息的编码、压缩、加密等。 （ ）

134．人工智能的主要目的是用计算机代替人的大脑。 （ ）

135．网格计算（Grid Computing）是一种分布式计算。 （ ）

136．特洛伊木马程序是伪装成合法软件的非感染型病毒。 （ ）

137．计算机软件的体现形式是程序和文件，是受著作权法保护的。但在软件中体现的思想不受著作权法保护。 （ ）

138．两个以上的 CPU 整合在一起被称为多核处理器。 （ ）

139．简单地说，物联网是通过信息传感设备将物品与互联网相连接，以实现对物品进行智能化管理的网络。 （ ）

四、填空题

1．计算机的指令由_____和操作数组成。

2．十六进制数 3D8 用十进制数表示为_____。

3．微型计算机的主机由控制器、_____器和内存构成。

3．PowerPoint 普通视图中的三个工作区域是大纲区、幻灯片区和_____区。

5．LAN、MAN 和 WAN 分别代表的是局域网、城域网和_____网。

6．通常人们把计算机信息系统的非法入侵者称为_____。

7．操作系统可以看作用户与_____之间的接口。

8．计算机的 CPU 由运算器和_____组成。

9．微处理器的_____是指计算机的时钟频率，单位是 MHz，目前微型计算机已经达到了 GHz 数量级。

10．随机存储器（RAM）的功能是既可以对它写数据又可以从它_____数据。

11．_____存储器的功能是只能从它读取数据，其名也由此而来。

12．内存与硬盘比较，前者存取速度快，但容量较小；而后者速度相对慢，但容量_____，价格便宜。

13．MIPS 是表示计算机_____的单位，其中文是每秒百万条指令。

14．CPU 一次可以处理的二进制数的_____称为计算机的字长。计算机的字长一般为8 的整数倍，如 8 位、16 位、32 位、64 位。

15．"32 位微型计算机"中的"32"指的是计算机的_____。

16．计算机当前的应用领域无所不在，但其应用最早的领域却是_____。

17．第一台电子计算机诞生于_____年。

18．第二代电子计算机的主要元件是_____管。

19．第一代电子计算机的主要元件是_____管。

20．第三代以上的电子计算机的主要元件是_____。

21．计算机中的运算器的主要功能是完成算术运算和_____运算。

22．计算机系统由两大部分组成，分别是硬件系统和_____。

23．冯·诺依曼计算机的基本原理是_____存储。

24．计算机硬件的五大基本构件包括运算器、存储器、输入设备、输出设备和_____。

25．表示计算机的容量的基本单位是_____。

26．计算机中的所有信息都是以_____数的形式存储在机器内部的。

27．时至今日，计算机仍采用程序内存或称_____程序原理，原理的提出者是冯·诺依曼。

28．计算机显示器画面的清晰度是显示器的_____决定的。

29．7 位二进制编码的 ASCII 码可表示的字符个数为_____。

30．与二进制数 11111110 等值的十进制数是_____。

31．将鼠标指针移到窗口的_____位置上拖动，可以移动窗口。

32．在 Windows 的中文输入方式下，在几种中文输入方式之间_____应按 Ctrl+Shift 快捷键。

33．Windows 中可以设置、控制计算机硬件配置和修改显示属性的应用程序是_____面板。

34．在 Windows 中，将某应用程序中所选的文本或图形复制或_____到一个文件，所用的快捷键分别是 Ctrl+C 和 Ctrl+V。

35．在控制面板中，使用"卸载或更改程序"的作用是卸载/_____程序。

36．在 Windows 中，_____文件默认的扩展名是 rtf。

37．在 Windows 中，_____文件默认的扩展名是 txt。

38．Windows 允许用户同时打开_____个窗口，但任一时刻只有一个是活动窗口。

39．在 Windows 10 任务栏的右端有一个"键盘"图标，其功能是_____指示器。

40．在计算机的应用领域中，CAI 表示_____。

41．在计算机的应用领域中，CAD 表示_____。

42．在计算机的应用领域中，CAM 表示_____。

43．二进制换算法则：将十进制整数转化为_____时，除二取余。

44．对于字符的编码，普遍采用的是 ASCII 码，中文为美国_____标准代码，被国际标准化组织（ISO）采纳。

45．计算机能直接识别的语言是_____语言。

46．显示器的分辨率一般用横向和纵向的_____来表示（如 1920×1080）。这是评价一台显示器好坏的主要指标。

47．打印机主要有针式打印机、_____打印机和激光打印机。

48．按 Ctrl+Alt+Delete 快捷键可以用于_____任务。

49．计算机病毒具有复制性、破坏性、_____性、传染性等特点。

50．计算机网络是指利用通信线路和通信设备将分布在不同地理位置具有独立功能的计算机系统互相连接起来，在网络软件的支持下，实现彼此之间的数据通信和资源_____。

51．网络拓扑结构一般分为星型、_____型、环型、树型及混合型。

52．机器翻译、智能控制、专家系统、语言和图像理解等属于计算机的_____领域应用范畴。

53．目前，计算机必不可少的输入、输出设备是键盘和_____。

54．计算机在处理数据时，首先把数据调入_____。

55．一台计算机的字长是 4 字节，则计算机所能处理的数据是_____位。

56．在拆装计算机的器件前，应该释放掉手上的_____。

57．BIOS 是计算机中最基础的而又最重要的程序，其中文是基本_____系统。

58．硬件是构成计算机系统的物质基础，而_____是计算机系统的灵魂，二者相辅相成，缺一不可。

59．电源向主机系统提供的_____一般为+12V、+5V、+3.3V。

60．给 CPU 加上散热片和_____的主要目的是散去 CPU 在工作过程中产生的热量。

61．机箱前面板中，HDD LED 指的是_____，RESET 指的是复位开关。

62．安装 CPU 时涂抹硅胶的目的是使 CPU 更好地_____。

63．一般把计算机的输入、输出设备称为_____设备。

64．计算机的运算速度是衡量计算机性能的主要指标，它主要取决于指令的_____。

65．在 Word 编辑状态下，当光标位于表格外右侧的行尾处时，按_____键，则表格在光标处被添加一行。

66．在 Word 中，输入文本时，按 Enter 键后，产生一个_____符。

67．一个工作簿默认包含_____个工作表，但用户可根据需要进行增删。

68．在 Excel 中输入数值型数据时，默认_____对齐。

69．在 Excel 中输入文本型数据时，默认_____对齐。

70．在 Excel 中输入日期型数据时，默认_____对齐。

71．Windows 10 的最低配置对内存的要求是_____GB 及以上。

72．Windows 10 有四个默认库，分别是视频、图片、_____和音乐。

73．要安装 Windows 10，系统磁盘分区必须为_____格式。

74．Windows 10 的最低配置对硬盘的要求是_____GB 及以上可用空间。

75．在 Word 中，选中文本后，会显示出_____，从而可方便地设置字体、字号等。

76．在 Word 中，想对文档进行字数统计，可以通过"_____"选项卡来实现。

77．在 Word 中，想给图片或图像插入题注，可以通过"_____"选项卡来实现。

78．在 Word 中，单击"插入"选项卡"符号"命令组中的按钮，可以插入_____、符号及编号等。

79．在 Word 中，进行邮件合并时，除需要主文档外，还需要_____的支持。

80．在 Word 中，插入表格后，会出现"_____"选项卡，以便对表格进行"设计"和"布局"的操作设置。

81．在 Word 中，进行各种文本、图形、公式、批注等搜索可以通过"_____"窗格来实现。

82．在 Word 中，在"_____"选项卡的"样式"命令组中，可以将设置好的文本格式保存为新快速样式。

83．Excel 2016 保存工作簿的默认扩展名为_____。

84．在 Excel 2016 中，如果要将工作表冻结以方便查看，可通过单击"_____"选项卡"窗口"命令组中的"冻结窗格"按钮实现。

85．在 Excel 2016 中新增了"迷你图"功能，可选中数据后在某个单元格中插入迷你图，同时可在"_____"选项卡中进行相应的设置。

86．在 Excel 中，在 A1 单元格内输入 301，然后按住 Ctrl 键，将填充柄拖动至 A8 单元格，则 A8 单元格中的内容是_____。

87．在 Excel 中，要对选中的单元格数据进行字体、对齐方式等编辑，可通过"_____"选项卡。

88．要在 PowerPoint 中设置幻灯片动画，应在"_____"选项卡中进行操作。

89．要在 PowerPoint 中显示标尺、网络线、参考线，以及对幻灯片母版进行修改，应在"_____"选项卡中进行操作。

90．在 PowerPoint 中，要用到拼写检查、语言翻译、中文简繁体转换等功能时，应在"_____"选项卡中进行操作。

91．在 PowerPoint 中对幻灯片进行幻灯片大小设置时，应在"_____"选项卡中进行操作。

92．要在 PowerPoint 中设置幻灯片的切换效果及切换方式，应在"_____"选项卡中进行操作。

93．要在 PowerPoint 中插入表格、图片、艺术字、视频、音频，应在"_____"选项卡中进行操作。

94．在 PowerPoint 中，对演示文稿进行另存为、新建、打印等操作时，应在"_____"选项卡中进行操作。

95．在 PowerPoint 中，对幻灯片放映条件进行设置时，应在"_____"选项卡中进行操作。

96．人类的三大科学思维分别是理论思维、实验思维和_____。

97．图灵在计算机科学方面的主要贡献是提出图灵机模型和_____。

98．计算复杂性的度量标准有两个：_____复杂性和空间复杂性。

99．计算思维的本质是抽象和_____。

100．根据用途及其使用范围，计算机可以分为_____计算机和专用计算机。

101．未来计算机将朝着微型化、巨型化、_____和智能化方向发展。

102．对信号输入、计算和输出都在一定的时间范围内完成的操作系统称为_____。

103．一个正在执行的程序称为_____。

104．在 Windows 中，用户分为两类：标准用户和_____。

105．在 Word 中，要想针对长文档自动生成目录，必须先设置好各级标题_____。

106．若要对数据进行分类汇总，则必须先对汇总字段进行_____操作。

107．假定一个数的补码为 00000110，则这个数用十进制数表示是_____。

108．一个 24×24 点阵的汉字字形码占_____字节。

109．在 Windows 中，分配 CPU 时间的基本单位是_____。

110．数据模型是数据库中数据的存储方式，是数据库系统的基础。在几十年的数据库发展史中，出现了许多重要的数据库模型。目前，应用最广泛的是_____模型。

111．在 Access 中，日期型数据用_____符号括起来。

112．将数据组织成一组二维表，这种数据库的数据模型被称为_____模型。

113．_____是计算机网络中通信双方为了实现通信而设计的规则。

114．域名地址中的 net 表示_____。

115．为了安全起见，浏览器和服务器之间交换数据应使用的协议是_____。

五、操作题

1．制作公文

制作一份公文文件，样张如图 8-1 所示。

××× 市质量技术监督局
××× 市 公 安 局 文件

×××质技监【2024】×号

关于开展 20××年春季农资市场专项整治工作的通知

各农资生产经营单位：

市质量技术监督局和市公安局决定联合在全市范围内开展 20××年春季农资市场专项整治工作，现将有关事项通知如下：

一、农资生产、经营者要严格遵守各项管理制度

1．凡生产及经营农机具的必须取得相应的许可证方可经营；

2．做到守法经营、文明经营、诚信经营，自觉抵制和主动协助执法机关打击各种经销假冒伪劣产品、"坑农害农"的违法行为。

二、农资生产、经营者不得有下列经营行为：

1．超过核准经营范围和期限从事农资生产、经营活动的行为；

2．其他违反法律、法规的行为。

×××市质量技术监督局

×××市公安局

二〇××年×月××日

图 8-1

图 8-2

操作要求：

（1）正确输入文字。

（2）以正确格式排版。

（3）设计重点：发文机关名称；标题及公文尾部设计（含线条）；正文格式设置。

关键操作提示：

发文机关名称"×××市质量技术监督局×××市公安局"的设置，使用"双行合一"功能，如图 8-2 所示。

2．制作名片

刘丽娜是某鲜花店老板，因业务需要，现请你帮她设计制作能彰显个性、展现魅力的个人名片。样张如图 8-3 所示。

图 8-3

操作要求：

（1）名片内容及格式要设置正确、界面美观。

（2）对第一张个人名片进行复制操作，在一页纸内合理分布，形成多张个人名片，以便打印时节省纸张。

关键操作提示：

要制作出如样张所示的个人名片，主要按以下步骤完成：

（1）插入文本框（文本框内可插入文本框），输入名片内容并设置其格式。

（2）将文本框及其他形状组合，形成一张个人名片。

（3）对第一张个人名片进行复制操作，在一页纸内对齐，合理分布，形成多张个人名片。

3．制作公式、水印及三线表

应用 Word，完成公式、三线表的制作，并添加文字水印。样张如图 8-4 所示。

图 8-4

操作要求：

（1）严格按照样张制作，包括数学公式和文字水印。

（2）绘制三线表时，其中的实验成绩总评及平均成绩要求用公式或函数计算。

4. 制作流程图

完成工伤保险办事流程图的制作。样张如图 8-5 所示。

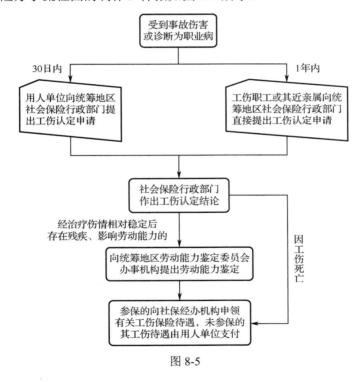

图 8-5

操作要求：

（1）绘制各个流程文本框。

（2）输入正确的文字。

（3）绘制流程线。

5. 制作求职登记表

制作求职人员基本情况登记表。样张如表 8-1 所示。

表 8-1　求职人员基本情况登记表

填表时间：　年　月　日

姓名		性别		出生日期		学历	
籍贯		家庭住址		身份证号码			
专业		毕业学校		联系方式			
性格（对自己的性格进行客观公正的评价，符合者请打"√"）							
谨慎	乐观	消极	自信	随和	诚实	内向	
神经质	耿直	善言	宽容	自以为是	性情易变	机灵	
简述你的性格类型和特点							
简述你的性格弱点							
请回答下述问题							
你不擅长的是什么							
请你概述一下自己的人生观							
学生时代你最喜欢哪门课程							
请你概述一下自己的职业观							
进入本企业你有什么希望与理想							
在什么岗位上能最大限度地发挥你的才能							
假如有更好的职业，你将怎么办							
你对本企业的印象如何							
本栏由企业方面填写			印象				

操作要求：

（1）绘制出与样张相同的表格。

（2）正确输入样张中的文字。

6. 制作试卷模板

制作一份试卷模板。样张如图 8-6 所示。

操作要求：

（1）纸张为横向 B4（257mm×364mm）（页边距酌情设置）；将文件保存为"××-试卷模板.dot"。

（2）制作试卷头部及密封线，制作页眉和页脚。

（3）制作统分表格（包括题目文字）。

××学院 2024 年春季

计算机应用能力测试试卷

(模拟测试试卷)

考试须知

一、考试操作流程图

将考生文件夹改名：打开"第X场考试"文件夹，根据自己座位所在列，将"单列卷"或"双列卷"改名为"单-班级-姓名"(或"双-班级-姓名")，作为自己的考生文件夹	→	填写答题卡信息：打开改名后的考生文件夹中的"答题卡.xlsx"，将考生信息填写完整	→	答题：打开"试卷.html"，开始答题	→	提交考试资料：将考生文件夹上传提交，结束考试

重要强调：考生若要结束考试，要举手示意请监考教师帮助提交，在提交成功并在教师机上检查确认后，考生才能签字出场。*若考生私自提交成绩，后果自行承担。*

二、监考教师职责

第一监考教师职责：宣读考试规则→发放考生文件夹→强调考试流程→行使监考事务→接收成绩（①检查考生文件夹是否按要求改名；②若有交"白卷"、无"客观题答题卡"或操作题未作答等情况的考生，必须在"考试签到表"的备注栏进行具体备注；③对成绩作好备份），负责考生签到出场→将成绩复制到教学秘书处。

第二监考教师职责：组织考生就座→指导并督促"考生文件夹改名"工作→行使监考事务→帮助考生提交考生文件夹（①检查考生文件夹是否按要求改名；②检查考生文件夹中要提交的文件是否齐全。）

试题号	单选题 (20 分)	Word 操作题 (25 分)	Excel 操作题 (20 分)	PowerPoint 操作题 (15 分)	Windows 操作题 (10 分)	浏览器及电子邮件 操作题 (10 分)	总分
得分							
评卷人							
复核人							

(下面是试题内容)

一、单选题 (共 20 题，每小题 1 分，共 20 分)

……

二、Word 操作题 (25 分)

……

三、Excel 操作题 (20 分)

……

四、PowerPoint 操作题 (15 分)

……

五、Windows 操作题 (10 分)

……

六、浏览器及电子邮件操作题 (10 分)

……

第 1 页，共 1 页

图 8-6

7. 制作学生成绩表

制作学生成绩表。样张如图 8-7 所示。

学生平均成绩表

姓名	手机	性别	计算机	高等数学	英语	平均成绩
安然	13545678925	男	80	90	80	83.33
曾祥华	13545678927	女	76	98	77	83.67
陈军	13545678929	女	90	67	80	79.00
陈星羽	13545678931	男	115	80	90	95.00
成中进	13545678933	男	101	56	0	52.33
程会	13545678935	男	90	90	80	86.67
杜雪	13545678937	女	57	50	90	65.67
方祖巧	13545678939	男	70	90	90	83.33
付静	13545678941	男	70	53	90	71.00
高霄	13545678943	男	70	90	-60	33.33
韩丽	13545678945	女	56	90	39	61.67
何崇	13545678947	男	-80	80	-58	-19.33
黄讯	13545678949	女	90	80	80	83.33
纪文正	13545678951	男	80	90	80	83.33

图 8-7

操作要求：

（1）新建表格文件，并保存为"××-Excel 操作题汇总.xlsx"。

（2）将 Sheet1 工作表重命名为"学生成绩表制作-样张"，并按下列要求输入数据：

a."手机"列按文本型数据输入。

b."性别"列按序列填充（值分别为"男"和"女"），其他数据按默认格式输入。

c. 标题"学生平均成绩表"单元格合并、居中。

d. 给数据表加边框。

（3）计算平均分："平均成绩"指计算机、高等数学及英语三科的平均成绩，要求用函数或公式生成，并保留 2 位小数。

8. 设置数据条件格式及有效性

打开"××-Excel 操作题汇总.xlsx"，按要求进行设置，效果如图 8-8 所示。

条件格式操作要求：

（1）将 Sheet2 工作表重命名为"条件格式及有效性-样张"，并按下列要求输入数据：

a."手机"列按文本型数据输入。

b."性别"列按序列填充（值分别为"男"和"女"），其他数据按默认格式输入。

c. 标题单元格合并、居中。

d. 给数据表加边框。

（2）设置数据条件格式及有效性，已知设置数据条件格式及有效性的单元格区域是 D3:F16。

a. 条件格式设置要求：将大于 100 的数据设置成"浅红填充色深红色文本"，将小于 0 的数据设置成"黄填充色深黄色文本"。

b. 设置数据有效性：有效性条件为"大于或等于 0，小于或等于 100"。

圈释无效数据操作要求：

（1）将"条件格式及有效性-样张"工作表的数据复制到 Sheet3 工作表，将 Sheet3 工作表的标题改成"圈释无效数据"，将该工作表重命名为"圈释无效数据-样张"。

（2）进行圈释无效数据操作，最后保存文件，安全退出。

圈释无效数据

姓名	手机	性别	计算机	高等数学	英语
安然	13545678925	男	80	90	80
曾祥华	13545678927	女	76	98	77
陈军	13545678929	女	90	67	80
陈星羽	13545678931	男	115	80	90
成中进	13545678933	男	101	56	0
程会	13545678935	男	90	90	80
杜雪	13545678937	女	57	50	90
方祖巧	13545678939	男	70	90	90
付静	13545678941	男	70	53	90
高雪	13545678943	男	70	90	-60
韩丽	13545678945	女	56	90	39
何崇	13545678947	男	-80	80	-58
黄讯	13545678949	女	90	80	80
纪文正	13545678951	男	80	90	80

图 8-8

9. 学生成绩排名及设定等级

打开"××-Excel 操作题汇总.xlsx"。新建一张工作表，并命名为"排名及等级-样张"，用函数及公式进行排名和等级划分，效果如图 8-9 所示。

操作提示：

（1）数据输入。标题"学生成绩排名及等级表"单元格合并、居中，其他数据按默认格式输入，并给工作表添加边框。

（2）计算平均成绩。用函数或公式计算，并保留 2 位小数。

（3）计算名次。用 RANK 函数计算，以平均成绩为名次依据。

（4）输出等级。用 IF 函数计算，以平均成绩为等级依据：若平均成绩不低于 80 分，等级定为"好"；若平均成绩不低于 60 分、低于 80 分，等级定为"一般"；若平均成绩低于 60 分，等级定为"差"。

10. 统计考试情况

打开"××-Excel 操作题汇总.xlsx"，新建一张工作表，并命名为"考试情况统计-样张"，进行有关统计函数的操作，效果如图 8-10 所示。

学生成绩排名及等级表

姓名	计算机	高等数学	英语	平均成绩	名次	等级
安然	95	90	85	90.00	2	好
曾祥华	76	98	77	83.67	4	好
陈军	90	67	80	79.00	8	一般
陈星羽	68	80	90	79.33	7	一般
成中进	55	56	0	37.00	14	差
程会	90	90	98	92.67	1	好
杜雪	57	50	90	65.67	12	一般
方祖巧	70	93	90	84.33	3	好
付静	70	53	90	71.00	11	一般
高雪	70	90	60	73.33	9	一般
韩丽	56	90	39	61.67	13	一般
何崇	80	80	58	72.67	10	一般
黄讯	90	80	80	83.33	5	好
纪文正	80	90	80	83.33	5	好

图 8-9

考试情况统计

姓名	计算机	高等数学	英语
安然	95	90	85
曾祥华	50	98	77
陈军	0	67	80
陈星羽	68	80	90
成中进	55	56	0
程会	缺考	90	98
杜雪	57	50	90
方祖巧	70	93	90
付静	70	53	90
高雪	70	90	60
韩丽	56	90	39
何崇	80	80	58
黄讯	缺考	80	80
纪文正	80	90	80
计算机实考学生人数：			12
计算机成绩最高分：			95
计算机成绩为70分的人数：			3

图 8-10

操作提示：

（1）数据输入。标题"考试情况统计"单元格合并、居中，其他数据按默认格式输入，并给工作表添加边框。

（2）用 COUNT 函数统计计算机课程实考学生人数。

（3）用 MAX 函数统计计算机成绩最高分。

（4）用 COUNTIF 函数统计计算机成绩为 70 分的人数。

11. 学生成绩分类汇总

打开"××-Excel 操作题汇总.xlsx"，新建一张工作表，并命名为"分类汇总原始成绩表"，样张如图 8-11 所示；进行分类汇总操作，效果如图 8-12 所示。

分类汇总原始成绩表

姓名	性别	计算机	高等数学	英语	平均成绩
安然	男	80	90	80	83.33
曾祥华	女	76	98	77	83.67
陈军	女	90	67	80	79.00
陈星羽	男	115	80	90	95.00
成中进	男	101	56	0	52.33
程会	男	90	90	80	86.67
杜雪	女	57	50	90	65.67
方祖巧	男	70	90	90	83.33
付静	男	70	53	90	71.00
高雪	男	70	90	-60	33.33
韩丽	女	56	90	39	61.67
何崇	男	-80	80	-58	-19.33
黄讯	女	90	80	80	83.33
纪文正	男	80	90	80	83.33

图 8-11

学生成绩分类汇总

姓名	性别	计算机	高等数学	英语	平均成绩
安然	男	80	90	80	83.33
陈星羽	男	115	80	90	95.00
成中进	男	101	56	0	52.33
程会	男	90	90	80	86.67
方祖巧	男	70	90	90	83.33
付静	男	70	53	90	71.00
高雪	男	70	90	-60	33.33
何崇	男	-80	80	-58	-19.33
纪文正	男	80	90	80	83.33
男 计数					9
曾祥华	女	76	98	77	83.67
陈军	女	90	67	80	79.00
杜雪	女	57	50	90	65.67
韩丽	女	56	90	39	61.67
黄讯	女	90	80	80	83.33
女 计数					5
总 计数					14

图 8-12

操作提示：

（1）数据输入，要求如下：

a. 按样张格式输入分类汇总原始成绩表数据，并添加边框；

b. "性别"列数据自定义下拉列表序列填充，值为"男"或"女"。

c. 平均成绩用函数或公式生成，其他数据按默认格式输入。

（2）再新建一个工作表，并将"分类汇总原始成绩表"复制到该工作表。将该工作表重命名为"分类汇总-样张"，分类汇总关键字段按"性别"排序。

12. 筛选学生成绩

打开"××-Excel 操作题汇总.xlsx"，新建一张工作表，重命名为"筛选-原始表"，进行"筛选"操作。

操作提示：

（1）按照图 8-13 所示的原始表输入数据，并添加边框，"性别"列数据自定义下拉列表序列填充，值为"男"或"女"。

（2）自动筛选。新建工作表，重命名为"筛选-自动筛选-样张"，并将"筛选-原始表"工作表复制到该工作表中，筛选出所有计算机成绩为 70 分的男生，效果如图 8-14 所示。

（3）高级筛选。新建工作表，重命名为"筛选-高级筛选-样张"，并将"筛选-原始表"工作表复制到该工作表中，进行高级筛选。筛选条件 1：性别为"男"，计算机成绩不低于 90 分且英语成绩低于 60 分的人；筛选条件 2：性别为"男"且英语成绩低于 60 分，或者计算机成绩不低于 90 分的人），效果如图 8-15 所示。

原始表

姓名	性别	计算机	高等数学	英语
安然	男	80	90	80
曾祥华	女	76	98	77
陈军	女	90	67	58
陈星羽	男	115	80	50
成中进	男	101	56	0
程会	男	90	90	80
杜雪	女	57	50	90
方祖巧	男	70	90	90
付静	男	70	53	90
高雪	男	70	90	-60
韩丽	女	56	90	39
何崇	男	-80	80	-58
黄讯	女	90	80	80
纪文正	男	80	90	80

图 8-13

自动筛选（筛选出所有男生计算机成绩为70分的人）

姓名	性别	计算机	高等数学	英语
方祖巧	男	70	90	90
付静	男	70	53	90
高雪	男	70	90	-60

图 8-14

原始表

姓名	性别	计算机	高等数学	英语
安然	男	80	90	80
曾祥华	女	76	98	77
陈军	女	90	67	58
陈星羽	男	115	80	50
成中进	男	101	56	0
程会	男	90	90	80
杜雪	女	57	50	90
方祖巧	男	70	90	90
付静	男	70	53	90
高雪	男	70	90	-60
韩丽	女	56	90	39
何崇	男	-80	80	-58
黄讯	女	90	80	80
纪文正	男	80	90	80

筛选条件1

性别	计算机	英语
男	>=90	<60

按"筛选条件1"的筛选结果

姓名	性别	计算机	高等数学	英语
陈星羽	男	115	80	50
成中进	男	101	56	0

筛选条件2

性别	计算机	英语
男		<60
	>=90	

按"筛选条件2"的筛选结果

姓名	性别	计算机	高等数学	英语
陈军	女	90	67	58
陈星羽	男	115	80	50
成中进	男	101	56	0
程会	男	90	90	80
高雪	男	70	90	-60
何崇	男	-80	80	-58
黄讯	女	90	80	80

图 8-15

13. 创建图表分析学生成绩

打开"××-Excel 操作题汇总.xlsx"。新建一张工作表，重命名为"学生成绩图表-样张"，在该工作表中进行数据输入，并添加边框，进行创建图表操作，效果如图 8-16 所示。

14. 用图表方法制作函数图像

打开"××-Excel 操作题汇总.xlsx"。新建一张工作表，重命名为"函数图像-样张"，制作函数图像，如图 8-17 所示。

学生成绩表

姓名	计算机	高等数学	英语
安然	80	90	80
曾祥华	76	98	77
陈军	90	67	58
陈星羽	87	80	50
成中进	93	56	87
程会	90	90	80
杜雪	57	50	90

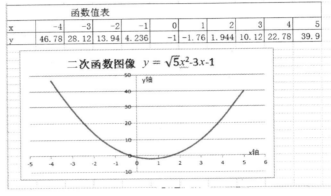

图 8-16

	函数值表									
x	-4	-3	-2	-1	0	1	2	3	4	5
y	46.78	28.12	13.94	4.236	-1	-1.76	1.944	10.12	22.78	39.9

二次函数图像 $y = \sqrt{5}x^2 - 3x - 1$

图 8-17

15. 根据身份证批量提取出生日期及性别

打开"××-Excel 操作题汇总.xlsx",新建一张工作表,重命名为"身份证信息提取-样张",按照要求完成操作,效果如图 8-18 所示。

A 身份证号	B 姓名	C 出生日期（按年月日表示）	D 性别
198606267001	曾成	1986年06月26日	女
199409210781	周兰	1994年09月21日	女
199404027622	小小	1994年04月02日	女
198207273208	美事怀	1982年07月27日	女
198408171764	刘大香	1984年08月17日	女
198607080729	刘世专	1986年07月08日	女
198505254723	刘邦后	1985年05月25日	女
198708287605	施方华	1987年08月28日	女
198502102315	刘小寻	1985年02月10日	男
198210155476	周星池	1982年10月15日	男
197807282984	陈进	1978年07月28日	女
197910176766	陈中国	1979年10月17日	女
198207234866	陈前后	1982年07月23日	男
197708223737	刘世美	1977年08月22日	男

图 8-18

操作要求:

（1）建立表结构（字段名分别为"身份证号""姓名""出生日期（按年月日表示）""性别"），输入各个记录中的"身份证号"数据，并添加表格边框。

（2）从身份证中提取出生日期。格式要求为"××××年××月××日"。

（3）从身份证中提取性别。格式要求为"男"或"女"。

操作提示:

（1）身份证号的第 7 位～第 14 位表示人的出生年月日。

（2）身份证号的第 17 位表示人的性别。奇数表示"男"，偶数表示"女"。

（3）用 VALUE 函数将一个代表数值的文本字符串转换成数值。

16. 制作计算机课程成绩数据表

打开"××-Excel 操作题汇总.xlsx"，新建一张工作表，重命名为"计算机成绩计算-样张"。将"身份证信息提取-样张"工作表复制到该工作表中，按照要求完成操作，效果如图 8-19 所示。

××班计算机成绩表

身份证号	姓名	出生日期（按年月日表示）	性别	计算机课程成绩					
				spoc成绩	键盘录入	上机成绩	课堂表现	期末统考	综合成绩
198606267001	曾成	1986年06月26日	女	56	65	62	70	89	I4*0.5
199409210781	周兰	1994年09月21日	女	98	52	71	53	54	62.85
199404027622	小小	1994年04月02日	女	93	91	98	78	75	83.05
198207273208	美事杯	1982年07月27日	女	55	51	51	65	88	71.5
198408171764	刘大香	1984年08月17日	女	80	77	65	52	70	69.65
198607080729	刘世专	1986年07月08日	女	79	92	55	70	99	85.8
198505254723	刘邦后	1985年05月25日	女	64	99	53	74	81	75.35
198708287605	施万华	1987年08月28日	女	53	93	90	84	78	78.15
198502102315	刘小寻	1985年02月10日	男	55	63	93	73	66	68.8
198210155476	周星池	1982年10月15日	男	88	96	51	96	73	76.55
197807282984	陈进	1978年07月28日	女	83	67	59	56	71	69.1
197910176766	陈中国	1979年10月17日	女	76	52	81	95	90	83.25
198207234866	陈前后	1982年07月23日	女	81	68	63	60	84	76.4
197708223737	刘世美	1977年08月22日	男	59	68	59	82	50	57.7

图 8-19

操作要求:

（1）添加"××班计算机成绩表"标题，编辑列标题，加边框。

（2）生成成绩数据（虚拟）。在 E4 单元格中输入公式"=INT((RAND()*(100-50)+50))"，得到一个随机成绩，其他学生成绩拖动填充柄生成。

（3）计算综合成绩。综合成绩按照一定权重编写公式计算，公式为"=E4*0.15+F4*0.1+G4*0.15+H4*0.1+I4*0.5"。

操作提示:

使用 RAND 函数得到大于或等于 0、小于 1 的随机数。生成 A 与 B 之间的随机整数的公式为"=INT(RAND()*(B-A)+A)"。

17. 制作电子相册

使用 PowerPoint 2016 制作一个电子相册，如图 8-20 所示（图片仅供参考，实际制作时可自选）。

图 8-20

操作要求：

（1）新建一个 PowerPoint 文件，按"插入相册"的方式生成相册演示文稿。图片版式为"1 张图片（带标题）"，相框形状为"柔化边缘矩形"，主题不定。

（2）幻灯片不少于五张，每张幻灯片自编一个标题，每张幻灯片中设置不同的动画效果。

18. 制作交互型教学课件

使用 PowerPoint 2016 制作交互型课件，效果如图 8-21 所示。

图 8-21

操作要求：

（1）按照样张制作五张幻灯片。

（2）界面设计及导航制作。要求使用幻灯片母版进行设计，导航包括"目录""欣赏""注释""作者简介"四个交互按钮。

（3）"目录"幻灯片包括"作者简介""诗欣赏""生字词释义"三个目录项，分别实现正确跳转到相应幻灯片。

19. 生成图书目录

使用 Word 2016 生成图书目录，效果如图 8-22 所示。

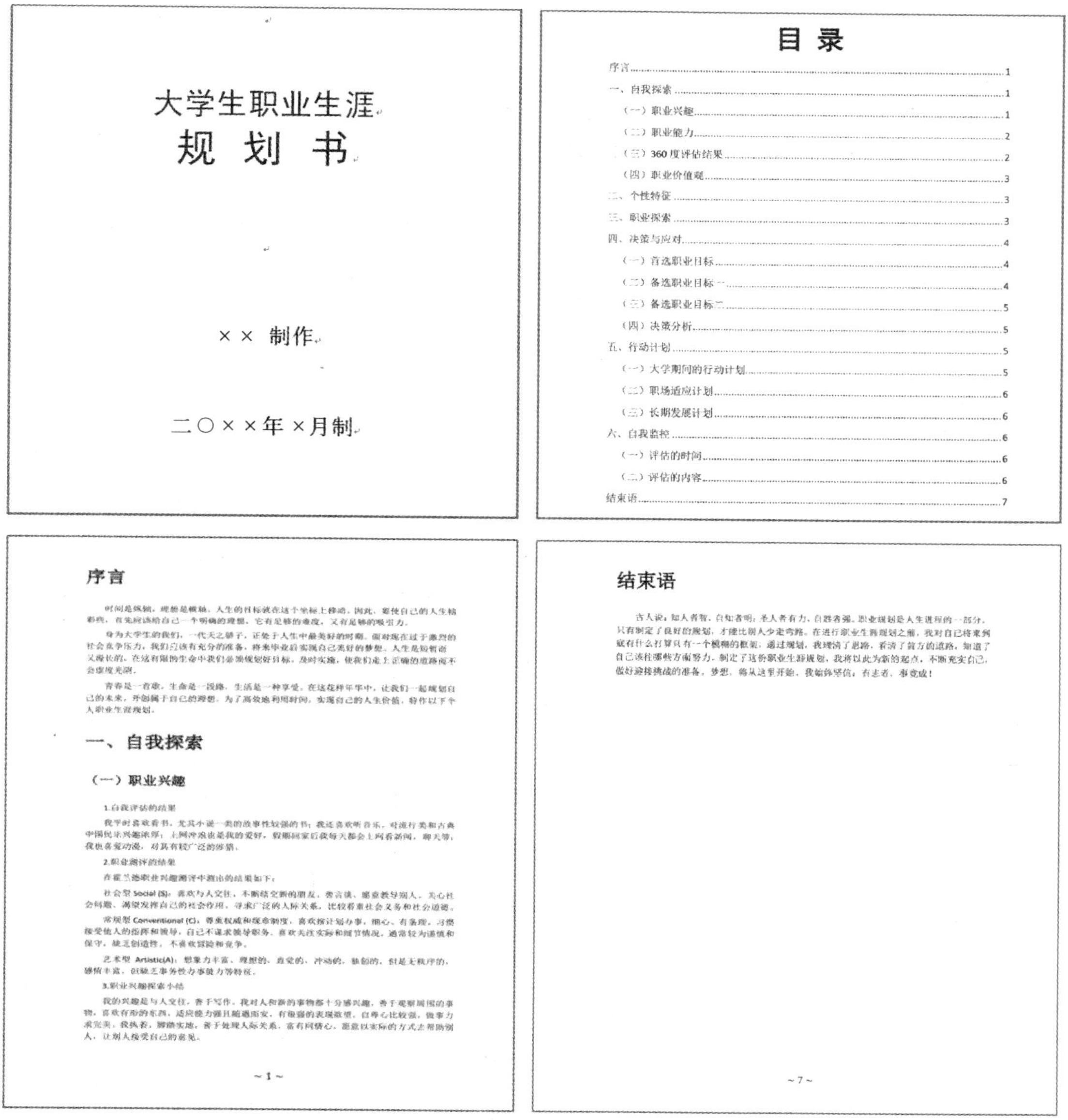

图 8-22

操作要求：

（1）封面："大学生职业生涯"（黑体，36 号，居中），"规划书"（黑体，48 号，居中，字符间距：加宽 15 磅），"×× 制作"和"二○××年×月制"（宋体，加粗，一号）。

（2）标题设置：一级标题按"标题 1"样式，二级标题按"标题 2"样式，其他保持默认设置。

（3）正文段落：首行空两个字（输入空格实现无效），段前空 0.3 行，其他保持默认设置。

（4）生成目录：插入目录（手动输入无效），封面、目录与正文均自成一页（用分隔符实现），为正文生成页码（格式"~ 223 ~"）。

参 考 答 案

1. 单项选择题参考答案

题号	1	2	3	4	5	6	7	8	9	10
答案	C	D	D	C	A	B	C	D	A	D
题号	11	12	13	14	15	16	17	18	19	20
答案	A	D	A	C	A	C	D	D	C	B
题号	21	22	23	24	25	26	27	28	29	30
答案	C	B	B	A	C	A	A	A	C	A
题号	31	32	33	34	35	36	37	38	39	40
答案	C	A	B	C	D	A	B	D	C	D
题号	41	42	43	44	45	46	47	48	49	50
答案	B	D	D	D	B	C	C	C	A	D
题号	51	52	53	54	55	56	57	58	59	60
答案	C	B	A	D	B	B	D	D	A	D
题号	61	62	63	64	65	66	67	68	69	70
答案	D	D	B	A	C	B	D	A	C	B
题号	71	72	73	74	75	76	77	78	79	80
答案	A	B	D	B	A	C	C	D	C	C
题号	81	82	83	84	85	86	87	88	89	90
答案	C	B	D	D	B	B	D	A	D	B
题号	91	92	93	94	95	96	97	98	99	100
答案	B	D	A	D	D	D	C	D	C	A
题号	101	102	103	104	105	106	107	108	109	110
答案	C	C	B	B	B	D	D	C	B	C
题号	111	112	113	114	115	116	117	118	119	120
答案	D	B	B	C	B	B	B	A	A	B
题号	121	122	123	124	125	126	127	128	129	130
答案	A	A	A	A	B	B	D	C	B	B
题号	131	132	133	134	135	136	137	138	139	140
答案	A	B	C	D	B	A	A	A	D	A
题号	141	142	143	144	145	146	147	148	149	150
答案	D	D	D	D	A	C	B	A	D	B

续表

题号	151	152	153	154	155	156	157	158	159	160
答案	C	A	D	A	A	D	A	A	A	A
题号	161	162	163	164	165	166	167	168	169	170
答案	B	A	D	C	C	B	D	A	B	C
题号	171	172	173	174	175	176	177	178	179	180
答案	B	C	D	C	C	A	A	A	B	A
题号	181	182	183	184	185	186	187	188	189	190
答案	D	A	C	B	D	B	C	A	B	C
题号	191	192	193	194	195	196	197	198	199	200
答案	D	C	B	D	A	D	D	C	D	B
题号	201	202	203	204	205	206	207	208	209	210
答案	A	C	D	D	C	A	D	B	B	D
题号	211	212	213	214	215	216	217	218	219	220
答案	A	D	B	C	A	C	D	B	A	A
题号	221	222	223	224	225	226	227	228	229	230
答案	D	C	A	C	C	A	D	D	A	D
题号	231	232	233	234	235	236	237	238	239	240
答案	D	B	D	B	B	B	D	A	C	D
题号	241	242	243	244	245	246	247	248	249	250
答案	C	B	A	B	C	C	C	A	A	C
题号	251	252	253	254	255	256	257	258	259	260
答案	A	B	B	C	A	C	C	B	B	B
题号	261	262	263	264	265	266	267	268	269	270
答案	B	A	B	C	A	C	D	C	D	B
题号	271	272	273	274	275	276	277	278	279	280
答案	B	B	C	C	D	C	B	B	B	C
题号	281	282	283	284	285	286	287	288	289	290
答案	B	D	A	C	B	C	A	A	B	A
题号	291	292	293	294	295	296	297	298	299	300
答案	B	D	B	A	A	B	A	A	C	A
题号	301	302	303	304	305	306	307	308	309	310
答案	D	A	B	B	D	A	A	C	A	C
题号	311	312	313	314	315	316	317	318	319	320
答案	B	B	C	A	A	D	A	C	A	B
题号	321	322	323	324	325	326	327	328	329	330
答案	A	C	B	D	D	B	B	A	C	C

续表

题号	331	332	333	334	335	336	337	338	339	340
答案	C	C	D	D	D	D	A	B	B	C
题号	341	342	343	344	345	346	347	348	349	350
答案	C	A	C	B	A	A	D	C	B	B
题号	351	352	353	354	355	356	357	358	359	360
答案	B	D	C	C	D	C	A	D	D	B
题号	361	362	363	364	365	366	367	368	369	370
答案	B	C	D	B	C	D	B	B	B	B
题号	371	372	373	374	375	376	377			
答案	B	B	C	B	B	A	D			

部分单项选择题答案提示：

单项选择题 3 提示：1 字节表示 8 个二进制（比特）位，从最小的 00000000 到最大的 11111111，也就是十进制数 0～255，共有 256 个。

单项选择题 34 提示：计算机病毒是编制者在计算机程序中插入的破坏计算机功能或数据的代码，是能影响计算机使用、能自我复制的一组计算机指令或程序代码。计算机病毒具有传播性、隐蔽性、感染性、潜伏性、可激发性、表现性和破坏性。

单项选择题 68 提示：汉诺塔问题是一个古典的数学问题，是一个只能用递归法（而不可能用其他方法）解决的问题。问题是这样的：古代有一个梵塔，塔内有 3 个座 A、B、C，开始时 A 座上有 64 个盘子，盘子大小不等，大的在下，小的在上。有一个老和尚想把这 64 个盘子从 A 座移到 C 座，但每次只能移动一个盘，且在移动过程中 3 个座上始终保持大盘在下，小盘在上。在移动过程中可以利用 B 座，要求编写程序输出移动的步骤。

单项选择题 90 提示：因为 1KB=1 024B，所以 16KB=16×1 024=16 384B。

单项选择题 171 提示：对于在 Word 中选中的表格，按 Delete 键，只删除表格中的内容（表格依然存在）。若要删除整个表格，可以选中表格后右击，在弹出的快捷菜单中选择"删除"命令。

单项选择题 299 提示：先将其 ASCII 码值转换成十进制数，再进行推算。

m 的 ASCII 码值为 6DH，6DH 为十六进制数，转换成十进制数：$6DH=6×16^1+13×16^0=$ 109D，将十六进制数 70H 转换成十进制数：$70H=7×16^1+0×16^0=112D$。p 的 ASCII 码值在 m 的后面 3 位，即 112。

注意：①在十六进制数中，分别用 A、B、C、D、E、F 表示 10、11、12、13、14、15 数码；②表示进制数时，通常在结尾用 B、O、D、H 分别表示二进制数、八进制数、十进制数和十六进制数。

单项选择题 371 提示：MP3 是一种音频压缩技术，这种压缩方式的全称是 MPEG（Moving Picture Experts Group）Audio Layer3。MP3 可以将声音按 1：10 甚至 1：12 进行压缩。WAV 是无损的格式，标准格式化的 WAV 声音文件质量和 CD 相当。

2．多项选择题参考答案

题号	1	2	3	4	5	6	7	8	9	10
答案	ABC	BCD	AD	ACD	ABC	ABD	AD	ABC	BC	AC
题号	11	12	13	14	15	16	17	18	19	20
答案	AB	BCD	ABCD	ABC	AD	BCD	ABCD	AD	ABC	AC
题号	21	22	23	24	25	26	27	28	29	30
答案	BCD	ABCD	AB	BC	ABCD	ABC	BC	ACD	BCD	ABD
题号	31	32	33	34	35	36	37	38	39	40
答案	ACD	ACD	ABCD	ABC	ABC	CD	ABD	ABC	BCD	ACD
题号	41	42	43	44	45	46	47	48	49	50
答案	ABC	ABCD	ABC	BCD	ABCD	ABCD	ABCD	ABCD	CD	ABD
题号	51	52	53	54	55	56	57	58	59	60
答案	ABC	ABCD	ABCD	ABC	ABCD	BCD	ACD	ABCD	ABC	ABCD
题号	61	62	63	64	65	66	67	68	69	70
答案	ACD	AD	ABCD	BD	BCD	BD	AC	BD	ABD	BD
题号	71	72	73	74	75	76	77	78	79	80
答案	ACD	ABCD	AB	ACD	ABD	BC	AD	ABC	ABD	ABC
题号	81	82	83							
答案	ACD	ACD	ABD							

3．判断题参考答案

题号	1	2	3	4	5	6	7	8	9	10
答案	√	×	√	×	√	√	√	×	×	√
题号	11	12	13	14	15	16	17	18	19	20
答案	√	×	×	×	×	×	√	×	×	×
题号	21	22	23	24	25	26	27	28	29	30
答案	×	√	√	×	√	√	×	√	√	×
题号	31	32	33	34	35	36	37	38	39	40
答案	√	×	×	√	√	√	×	×	√	√
题号	41	42	43	44	45	46	47	48	49	50
答案	×	×	×	×	×	√	√	×	×	×
题号	51	52	53	54	55	56	57	58	59	60
答案	×	√	√	√	√	×	√	×	√	√
题号	61	62	63	64	65	66	67	68	69	70
答案	×	√	√	√	√	×	×	√	×	√
题号	71	72	73	74	75	76	77	78	79	80
答案	×	×	√	√	√	×	√	√	√	×

题号	81	82	83	84	85	86	87	88	89	90
答案	√	√	√	√	√	×	×	×	×	√
题号	91	92	93	94	95	96	97	98	99	100
答案	×	×	×	√	×	√	×	×	√	×
题号	101	102	103	104	105	106	107	108	109	110
答案	×	√	√	√	×	√	×	×	×	×
题号	111	112	113	114	115	116	117	118	119	120
答案	√	√	√	×	×	×	×	√	×	√
题号	121	122	123	124	125	126	127	128	129	130
答案	√	√	√	√	√	√	×	√	√	×
题号	131	132	133	134	135	136	137	138	139	
答案	√	√	×	×	√	×	√	√	√	

4．填空题参考答案

题号	1	2	3	4	5
答案	操作码	984	运算	备注	广域
题号	6	7	8	9	10
答案	黑客	计算机	控制器	主频	读
题号	11	12	13	14	15
答案	只读	大	运算速度	位数	字长
题号	16	17	18	19	20
答案	科学计算	1946	晶体	电子	集成电路
题号	21	22	23	24	25
答案	逻辑	软件系统	程序	控制器	字节
题号	26	27	28	29	30
答案	二进制	存储	分辨率	128	254
题号	31	32	33	34	35
答案	标题栏	切换	控制	粘贴	更改
题号	36	37	38	39	40
答案	写字板	记事本	多	输入法	计算机辅助教学
题号	41	42	43	44	45
答案	计算机辅助设计	计算机辅助制造	二进制	信息交换	机器
题号	46	47	48	49	50
答案	像素数	喷墨	启动安全选项	隐藏	共享
题号	51	52	53	54	55
答案	总线	人工智能	显示器	内存	32

续表

题号	56	57	58	59	60
答案	静电	输入、输出	软件	电压	风扇
题号	61	62	63	64	65
答案	硬盘指示灯	散热	外围	执行时间	Enter
题号	66	67	68	69	70
答案	段落结束标记	三	右	左	右
题号	71	72	73	74	75
答案	1	文档	NTFS	16	浮动工具栏
题号	76	77	78	79	80
答案	审阅	引用	公式	数据源	表格工具
题号	81	82	83	84	85
答案	导航	开始	xlsx	视图	迷你图工具
题号	86	87	88	89	90
答案	308	开始	动画	视图	审阅
题号	91	92	93	94	95
答案	设计	切换	插入	文件	幻灯片放映
题号	96	97	98	99	100
答案	计算思维	图灵测试	时间	自动化	通用
题号	101	102	103	104	105
答案	网络化	实时操作系统	进程	管理员	样式
题号	106	107	108	109	110
答案	排序	6	72	线程	关系
题号	111	112	113	114	115
答案	#	关系	网络协议	网络服务机构	HTTPS

部分填空题答案提示：

填空题 107 提示：对于一个二进制整数而言，①原码：其本身就称为原码；②反码：正数的反码就是其原码，负数的反码是将原码中除符号位以外每位取反；③补码：正数的补码就是其原码，负数的补码就是反码+1。二进制表示有符号数时，其中最高位为符号位，并且分别用 0 和 1 表示正数和负数。在计算机中，正数是直接用原码表示的，负数用补码表示。

填空题 108 提示：24×24=576 位，1 字节=8 位，576÷8=72 字节。

反侵权盗版声明

  电子工业出版社依法对本作品享有专有出版权。任何未经权利人书面许可，复制、销售或通过信息网络传播本作品的行为，歪曲、篡改、剽窃本作品的行为，均违反《中华人民共和国著作权法》，其行为人应承担相应的民事责任和行政责任，构成犯罪的，将被依法追究刑事责任。

  为了维护市场秩序，保护权利人的合法权益，我社将依法查处和打击侵权盗版的单位和个人。欢迎社会各界人士积极举报侵权盗版行为，本社将奖励举报有功人员，并保证举报人的信息不被泄露。

举报电话：（010）88254396；（010）88258888

传 真：（010）88254397

E-mail： dbqq@phei.com.cn

通信地址：北京市海淀区万寿路 173 信箱
     电子工业出版社总编办公室

邮 编：100036